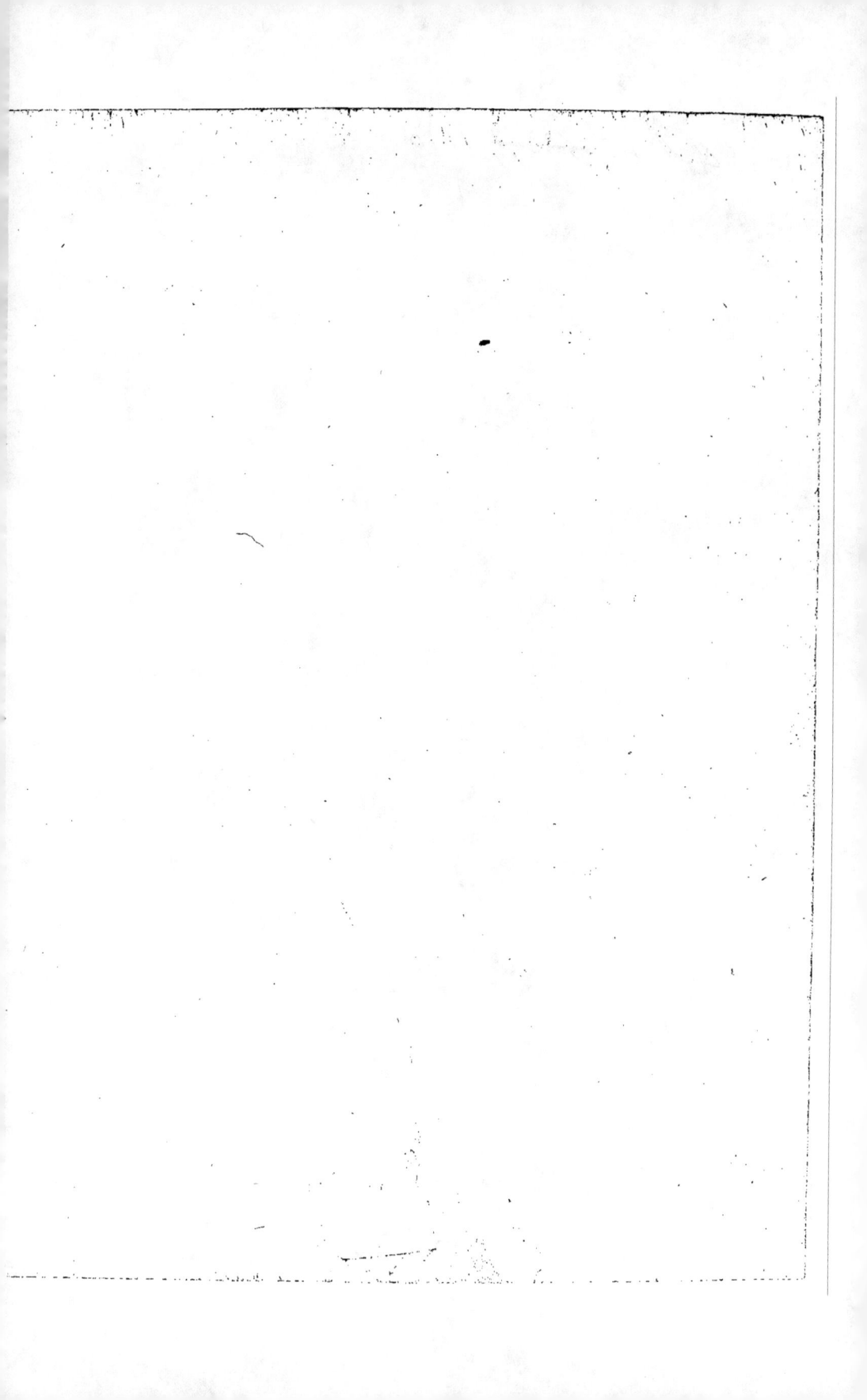

S. & A. N.º ~~1633~~ 2 1810

ESSAI

SUR

LA MINÉRALOGIE

DES

MONTS-PYRÉNÉES.

ESSAI

SUR

LA MINÉRALOGIE

DES

MONTS-PYRÉNÉES.

A PARIS,

Chez DIDOT jeune, Libraire, quai des Auguftins.

M. DCC. LXXXIV.

TABLE

De ce qui eſt contenu dans ce Volume.

Fin de la Table.

CARTE DES MONTS PYRÉNÉES

EXPLICATION DES PLANCHES.

PLANCHE PREMIÈRE.

N°. 1. Coupe de la montagne où se trouvent les filons de mine de cuivre, & les galeries de S. Louis, près de la fonderie de Baygorry. A, Ouvrages des Romains; B, Galeries de Saint-Louis; C, Puits; D, Pont; E, Machine hydraulique.

N°. 2. Coupe de la montagne d'Astoes Coria, dans la vallée de Baygorry. A, Chapelle; B, Maison du Directeur; C, Fourneaux pour la fonte des mines de cuivre; D, Fourneaux à griller la mine; E, Machine hydraulique; F, Machine hydraulique du Boccard; G, Ouvrages des Romains; H, Ouvrages dans les filons des mines de cuivre des Trois-Rois; I, Puits; K, Galeries abandonnées.

PLANCHE II.

N°. 1. Coupe de la montagne située derrière la fonderie de cuivre de Baygorry.

N°. 2. Plan d'une partie du lit de la rivière de Soule, entre Mauléon & Libarrens. Les bancs que cette Planche représente sont schisteux.

PLANCHE III.

N°. 1. Coupe de la montagne calcaire de Lichans dans le pays de Soule.

N°. 2. Coupe d'une montagne calcaire, située entre le village & la forge de Larrau, dans le pays de Soule.

PLANCHE IV.

N°. 1. Vue & coupe de la montagne de Gabedaille, dans la vallée d'Aspe.

N°. 2. Plan d'une partie du lit du Gave, au Sud du moulin Duplaa. Les bancs représentés dans ce N°. sont composés de pierre à chaux.

PLANCHE V.

N°. 1. Coupe d'une montagne calcaire, qui domine le Portalet, dans la vallée d'Aspe.

N°. 2. Coupe d'une montagne calcaire, située près du Portalet, dans la vallée d'Aspe.

PLANCHE VI.

N°. 1. Vue de la montagne dans laquelle on a ouvert le chemin qui conduit à la forêt du Pact, dans la vallée d'Aspe. Cette montagne est composée de bancs calcaires.

INTRODUCTION.

INTRODUCTION.

La Minéralogie, branche intéreſſante de l'Hiſtoire naturelle, ne s'eſt reſſentie que fort tard du renouvellement des Sciences & de leurs rapides progrès; l'organiſation phyſique de la terre excitoit à peine la curioſité des Naturaliſtes, qu'un profond génie découvroit déjà la cauſe du mouvement des corps céleſtes. Newton eut la gloire de trouver le ſyſtême du monde, avant que l'on fût parvenu à connoître les différentes matières dont eſt compoſé le globe que nous habitons; cette connoiſſance fut auſſi précédée par la deſcription des animaux & des plantes qui peuplent & embelliſſent ſa ſurface. Il étoit réſervé aux obſervations des Philoſophes modernes, ſur-tout aux ſavans écrits de M. le Comte de Buffon, de nous porter à l'étude du regne minéral, & de nous y attacher par la beauté d'un ſtyle qui charme le lecteur.

Depuis cette époque, que de lieux témoins des pénibles efforts que font les Minéralogiſtes pour étudier la conſtitution intérieure de la terre! Enflammés de ce deſir, les uns ne craignent pas de deſcendre dans les cavités ſouterraines, & c'eſt là qu'ils contemplent les ouvrages antiques de la Nature; les autres pleins de la même ardeur, bravent les injures du temps, graviſſent contre des rochers eſcarpés, parcourent de vaſtes déſerts: ni le bruit épouvantable du tonnerre, qui ſemble ébranler les montagnes, preſque toujours placées ſous un ciel orageux; ni leurs cîmes altières & menaçantes ne peuvent les arrêter; vous les voyez également audacieux, affronter les glaces éternelles que les ſiècles ont

b

accumulées fur la chaîne des Alpes, vaincre tous les obftacles, & recueillir des tréfors qui enrichiffent l'Hiftoire naturelle.

Déterminé par les mêmes motifs, j'ai parcouru les Pyrénées, fous les aufpices d'un Miniftre (M. Bertin), protecteur éclairé des Sciences & des Arts ; j'en ai examiné la ftructure. Ce ne font pas des obfervations ifolées, faites au gré du hafard qui ont été l'objet de mes voyages ; un plan fuivi & uniforme les a dirigés. Mon travail commence à l'extrémité de la chaîne que l'Océan baigne de fes flots ; il continue fuivant la pofition fucceffive des lieux, jufqu'aux montagnes qui vont fe perdre dans la mer Méditerranée. La régularité que la Nature a mife dans fes ouvrages, a été mon feul guide ; elle a concouru à l'ordre des faits que je me propofe de décrire.

Comme la découverte de cette admirable régularité ne pouvoit être que le réfultat de plufieurs obfervations, j'errai quelque tems avant que l'arrangement des différentes matières fixât mon efprit ; jufques-là j'avois reçu la feule impreffion que font les grands objets qui offufquent toujours la vue lorfqu'elle ne s'eft pas familiarifée avec eux. Le Voyageur qui, pour la première fois, découvre de loin le magnifique fpectacle des Pyrénées, nous offre une preuve de cette vérité : furpris de la hauteur prodigieufe de ces monts, il n'ofe fe livrer à l'efpoir de les franchir. Dans fa marche incertaine, fes yeux ne diftinguent que des roches arides, ou blanchies par les neiges, qui en défendent l'accès ; mais après avoir traverfé les contrées que cette chaîne de montagnes ombrage, fes doutes commencent à fe diffiper. Les objets fe développent alors infenfiblement, paroiffent fous leur vrai point de vue ; & de profondes vallées s'ouvrant au milieu des montagnes que nul intervalle ne fembloit féparer, elles lui offrent des paffages par lefquels il parvient aux lieux que leur grande diftance lui faifoit croire inacceffibles. Telle eft la foibleffe de l'efprit humain, qu'il fe trompe infailliblement, s'il ne juge des chofes que par leur fuperficie.

Il ne faut donc pas fe hâter de prononcer fur la conftitution des Pyrénées ; ces montagnes hériffées de pics, fillonnées par une infinité de torrens, & dégradées à leur furface, n'ont pas confervé leur forme primitive ; la terre couverte de rochers confufément entaffés, y montre fouvent l'image du chaos : ces grands changemens empêchent de reconnoître, au premier coup-d'œil, le plan régulier que la Nature a fuivi dans fes opérations ; mais lorfqu'à travers les ruines caufées par le tems, on pénètre dans le fein des montagnes, il eft facile alors d'appercevoir l'uniformité conftante de leur ftructure intérieure. Des couches parallèles dévoilent le travail paifible de l'agent qui les a formées. Mais n'anticipons pas des conféquences qui doivent être le réfultat de l'examen des faits raffemblés dans cet Ouvrage.

Les Monts-Pyrénées s'étendent depuis l'Océan jufqu'à la mer Méditerranée, l'efpace de quatre-vingt-cinq lieues en longueur. Ils commencent à Saint-Jean-de-Luz dans le Labourd, & finiffent au port Vendre, dans le Rouffillon ; leur largeur varie.

Cette chaîne de montagnes a toujours été la borne naturelle de l'Efpagne & de la France. Silius Italicus exprime, dans les vers fuivans, la féparation de ces deux Etats :

> *Pyrene celfa nimbofi verticis arce*
> *Divifos Celtis longè profpectat Iberos ;*
> *Atque æterna tenet magnis divortia terris.*

Pyrenei montes, dit Pline, *Hifpanias, Galliafque difterminant promontoriis in duo diverfa maria projectis.* Il veut parler du promontoire Olearfo, qui s'avance dans l'Océan, & du promontoire de Vénus, ou *Aphrodifium*, qui avance dans la mer Mediterranée. *Pline, Lib. III, Chap. 3.*

On donne différentes origines au nom de ces montagnes. Plufieurs anciens Ecrivains dérivent le nom de *Pyrene* (1) du grec Πύρ (*pyr*) qui fignifie *feu ;* ils prétendent que cette dénomination vient d'un grand incendie , caufé par des Bergers qui mirent le feu aux forêts qui couvrent ces montagnes. Silius Italicus , *Punic. Lib. III*, dit qu'Hercule , paffant par ces montagnes , leur donna le nom de *Pyrene* , en l'honneur de la fille du roi des Brébices qu'il avoit aimée.

Tout le terrain que les Monts-Pyrénées occupent eft partagé entre la France & l'Efpagne. Mes obfervations regardent principalement la partie Françoife ; je les ai étendues quelquefois au-delà des fommets qui font la féparation des deux royaumes.

Les Monts-Pyrénées font compofés de bandes calcaires & de bandes argileufes (2) qui fe fuccèdent alternativement , & de maffes de granit. Chaque bande eft un affemblage de lits qui fe prolongent en général de l'Oueft-Nord-Oueft à l'Eft-Sud-Eft , formant un angle de 73 degrés à l'Eft , avec la méridienne de l'Obfervatoire de Paris. Ces bancs font communément inclinés d'environ 30 degrés avec la perpendiculaire (3).

---

(1) Suivant M. Bullet , *pi* fignifie *montagnes ; ran* , en compofition *ren* , *partage* , *féparation.* Voyez *le Mémoire fur la Langue Celtique.*

(2) La plupart des matières argileufes font difpofées par couches , généralement connues fous la fimple dénomination de *fchifte.*

(3) Pour mettre le Lecteur à portée de juger de l'arrangement des matières que l'on trouve dans les Pyrénées , j'ai foin de faire connoître la direction des bancs ; j'aurois pu ajouter également à mon Ouvrage , celle des maffes pierreufes ou terreufes , qui ne font pas régulièrement difpofées ; elles paroiffent fe prolonger de même. Mais comme cette obfervation eft fujette à l'incertitude , à moins qu'on ne fuive les maffes dans toute leur étendue , ce qu'il eft impoffible de faire , je me fuis borné à déterminer la direction des fubftances arrangées par lits. Je n'ai pas négligé de rapporter l'inclinaifon des bancs ; fi quelquefois elle eft omife , c'eft parce que le plan varie , ou parce que les bancs font verticaux.

Le granit n'obferve que rarement la difpofition régulière des bancs compofés de pierre à chaux & des bancs argileux : il eft prefque toujours en maffe. On trouve cette roche, foit à la bafe, foit vers le fommet des montagnes, mais elle ne paroît pas dans toute la longueur de la chaîne. Les Monts-Pyrénées ne préfentent, depuis la vallée d'Afpe jufqu'à l'Océan, que des lits calcaires & des lits argileux, dont quelques-uns font interrompus, dans le pays de Soule, par des amas énormes de galets ; c'eft une efpèce de noyau qui coupe ces matières, ainfi qu'une fubftance étrangère coupe un filon métallique.

En général les bancs s'étendent à de grandes diftances, dans la direction de l'Oueft-Nord-Oueft à l'Eft-Sud-Eft. Comme elle varie néanmoins quelquefois, il eft poffible que les bancs fe croifent dans l'intérieur des montagnes, & que les matières qui femblent devoir être la continuation du même banc, foient au contraire le prolongement d'un autre ; mais l'ordre fucceffif des lits calcaires & des lits argileux ne fe trouvant pas dérangé, on eft autorifé à croire qu'ils ne fubiffent que de foibles finuofités. M. Guettard, de l'Académie des Sciences, a foupçonné « que les différentes matières qu'on tire » du fein de la terre y étoient arrangées avec plus d'ordre & de ré- » gularité, qu'on ne l'avoit cru jufqu'ici ; qu'elles n'y étoient pas » femées au hafard, mais raffemblées en différentes bandes, en- » forte que la largeur & la direction d'une de ces bandes, qui fe » continueroit dans un pays inconnu, étant données, il feroit pof- » fible de dire d'avance quelles pierres on y trouveroit ». C'étoit pareillement l'opinion de M. l'Abbé de Sauvages. « Ceux qui ont » étudié la continuité des terrains, ont pu s'appercevoir qu'ils fe » confervent les mêmes dans une grande étendue ; qu'une ou plu- » fieurs montagnes, qu'une même plaine, fi vafte qu'elle foit, » eft par-tout d'un même grain de terre & de rocher ». *Voyez le Mémoire contenant des obfervations lithologiques.* M. de Buffon dit que les couches parallèles s'étendent à des diftances très-confidérables, vérité qu'il établit par une infinité de preuves que l'on peut lire dans fon Hiſtoire naturelle. Je me borne à rapporter l'exemple ſuivant. « Les iſles Maldives ne ſont ſéparées les unes des autres que par de » petits trajets de mer, de chaque côté deſquels ſe trouvent des » bancs & des rochers compoſés de la même matière. Toutes ces » iſles, qui, priſes enſemble, ont près de deux cens lieues de lon- » gueur, ne formoient autrefois qu'une même terre. Elles ſont di- » viſées en treize provinces, que l'on appelle *Atollons*. Chaque » Atollon contient un grand nombre de petites iſles, dont la plu- » part ſont tantôt ſubmergées & tantôt à découvert ; mais ce qu'il » y a de remarquable, c'eſt que ces treize Atollons ſont chacun en- » vironnés d'une chaîne de rochers de même nature de pierre, & » qu'il n'y a que trois ou quatre ouvertures dangereuſes par où on » peut entrer dans chaque Atollon, ils ſont tous poſés de ſuite & » bout à bout, & il paroît évident que ces iſles étoient autrefois une » longue montagne couronnée de rochers ». *Voyez l'Hiſt. nat. tome I, pag.* 252 *&* 253.

Il eſt néceſſaire d'obſerver, avec M. Lehmann, que les lits ne ſont pas toujours uniquement compoſés de pierre calcaire, ou de ſchiſte argileux ; ces pierres ſe trouvent ſouvent mêlées & confondues en- ſemble ; cela ne doit pas empêcher de ranger les terres principales dont ces lits ſont formés, dans la claſſe des pierres calcaires ou d'ar- gile ; c'eſt ainſi que le vert campan a été placé parmi les marbres, quoiqu'il contienne une ſubſtance argileuſe, & que les ſchiſtes mê- lés de quartz n'en reſtent pas moins dans la claſſe des pierres com- poſées d'argile.

Je m'étois propoſé de fixer la largeur des bancs d'une ſeule eſpèce de pierre ; mais comme il eſt, pour ainſi dire, impoſſible de con- noître exactement les vraies limites des pierres calcaires & des pier- res argileuſes, puiſqu'il réſulte de la mixtion de ces différentes ma- tières une ſubſtance qui participe de la nature de l'une & de l'autre eſpèce, j'ai été obligé de renoncer à ce projet.

On fera peut-être étonné de voir que je ne faſſe pas mention d'une eſpèce de pierre , peu connue encore des Minéralogiſtes François ; c'eſt la roche de corne, décrite par les nomenclateurs étrangers ; cette dénomination a été appliquée à trop de ſubſtances diverſes , pour que j'aie oſé l'employer. L'Auteur des notes ſur les Pyrénées , perſuadé ſans doute que rien n'embrouille plus une ſcience que l'abus des noms, a également jugé à propos de ne point en faire uſage. Ce trait d'analogie n'eſt pas le ſeul dont je ſois au-toriſé à m'applaudir. Les rapports que l'on remarquera dans la na-ture des ſubſtances qu'il a décrites , avec celles que j'ai obſervées , eſt un préjugé que j'oſe interpréter en ma faveur, ſur-tout après les éloges donnés par M. Darcet à ce Naturaliſte. Ces notes (ſur les » Pyrénées) nous ont été communiquées par un ami très-inſtruit, » qui a long-tems parcouru & étudié ces montagnes. On peut d'au-» tant plus compter ſur la vérité de ſes obſervations qu'il eſt né avec » un eſprit juſte, que ſa tête ſe préoccupe rarement & qu'il n'a vu » de ces grands objets que ce qui y eſt en effet, comme j'ai été à » portée de m'en convaincre moi-même avec lui & ſur les lieux ». *Voyez le Diſcours ſur l'état actuel des Pyrénées.*

Les bancs des Monts-Pyrénées ſe prolongent communément , ainſi que nous l'avons déjà dit , de l'Oueſt-Nord-Oueſt à l'Eſt-Sud-Eſt. Lorſque je fus parvenu à découvrir cette direction , il me pa-rut convenable , pour ne pas ſuivre un même lit dans toute ſa lon-gueur, de faire mes obſervations du Nord au Sud ; j'exécutai ce deſſein avec d'autant plus de raiſon que , remontant les grandes val-lées que les eaux ont creuſées dans cette direction , j'avois la faci-lité de voir ſur des Cartes géométriquement levées la correſpon-dance qui exiſte entre les matières de différens cantons ; je me ſuis donc principalement attaché à décrire les ſubſtances que l'on ren-contre dans les profondes cavités qui ſéparent les montagnes. Cha-que vallée a ſa deſcription particulière : elle commence à la baſe des Pyrénées , & finit au ſommet.

Comme ces montagnes préfentent différens afpects, à mefure que l'on pénètre dans la chaîne qu'elles forment, je la divife, du Nord au Sud, en trois régions : j'appelle la première, *région inférieure ;* la feconde, *région moyenne ;* & la troifieme, *région fupérieure.*

Après avoir rendu compte des minéraux que renferment les montagnes qui dominent chaque vallée, je paffe à des obfervations que l'examen des faits produit naturellement. Pour faciliter l'intelligence de mon travail, j'infère dans cet ouvrage des vues & des coupes de montagnes ; des Cartes topographiques indiquent auffi les lieux que j'ai parcourus, & repréfentent, par des fignes minéralogiques, les genres d'où dérivent plufieurs efpèces que l'on ne trouvera que dans le difcours. Craignant que des objets trop multipliés n'occafionnaffent de la confufion, j'ai cru devoir en diminuer le nombre, pour fimplifier le tableau qui préfentera, au premier coup-d'œil, l'organifation phyfique des Monts-Pyrénées.

ESSAI

ESSAI
SUR LA MINÉRALOGIE
DES
MONTS-PYRÉNÉES.

DESCRIPTION MINÉRALOGIQUE
D'UNE PARTIE DU LABOURD.

Direction des Bancs.	Inclinaison des Bancs.	

LE Labourd eſt une petite contrée de France, bornée au Midi par les terres d'Eſpagne ; à l'Orient, par la Baſſe-Navarre ; au Nord, par la Guienne ; & à l'Occident, par la Mer. Les montagnes dont elle eſt hériſſée prennent naiſfance aux rives de l'Océan. Cette partie des Pyrénées n'ayant pas ſubi de dégradations conſidérables, ſatisfait beaucoup moins la curioſité des Naturaliſtes que les hautes montagnes ſituées vers le milieu de la chaîne, où la nature ſe montre dans un plus grand déſordre, & dépouillée d'ornemens ; ce n'eſt que dans les profondes cavités, ſur les flancs arides des rochers,

A

Direction des Bancs.	*Inclinaison des Bancs.*

& au milieu de leurs ruines, qu'il est possible d'étudier l'organisation physique de la terre.

Les montagnes du Labourd sont en général couvertes de bois ou de fougère ; comme ces obstacles ne permettent pas de bien examiner leur constitution intérieure, nous nous bornerons à la description des matières qu'on trouve depuis Bayonne jusqu'au pas d'Irun dans la Bidassoa, rivière qui forme les limites de la France & de l'Espagne.

Entre Bayonne & le village de Bidart, le terrain est en général composé de sable & de gravier, que les eaux de la mer y ont déposés.

De l'O.N.O. à l'E. S. E.   Du S.S.O. au N. N. E.

Après Bidart, on voit les flots de l'Océan se briser contre des bancs de pierre calcaire grise, dure & susceptible d'un poli grossier ; elle renferme des bandes de silex noirâtre qui n'excèdent pas trois pouces de largeur ; ces deux espèces de pierre se succèdent alternativement, & se prolongent dans la même direction. La mer jette sur cette côte pleine d'écueils, une quantité prodigieuse de plantes marines, que le cultivateur emploie pour féconder les terres.

L'éminence qui borde la baie de S. Jean-de-Luz, du côté de la chapelle de Sainte-Barbe, lieu d'où l'on découvre la vaste étendue de la mer, est composée de matières argileuses ; on y remarque des pierres de ce genre, dures, & assez douces au toucher, qui paroissent être de la terre glaise durcie ; on y découvre aussi quelques couches de schiste mol, & de l'argile qui n'est pas pétrifiée.

De l'Ouest à l'Est.   Du Sud au Nord.

Sous la chapelle de Sainte-Barbe, & le long de la Grève qui s'étend vers S. Jean-de-Luz, ville située à quatre lieues de Bayonne, on trouve des bancs de pierre calcaire grise & dure ; elle contient, comme celle de Bidart, des bandes (1) suivies de pierres à fusil qui

(1) Les environs de S. Jean-de-Luz ne sont pas les seuls endroits qui prouvent l'erreur

Direction des Bancs.	Inclinaison des Bancs.	
︶	︶	

n'ont pas au-delà de deux pouces de largeur ; la fuite de ces bancs difparoît du côté de l'Eft, fous les matières argileufes décrites ci-deffus ; ils traverfent vers l'Oueft la baie de S. Jean-de-Luz ; on remarque la continuation de ces bancs fous le fort Socoa, qui défend l'entrée de cette baie.

En arrivant à S. Jean-de-Luz, ville où la mer franchit fouvent fes bornes, & qu'elle menace de fubmerger, on voit quelques couches de marne grife, près defquelles croît la pomme épineufe, *Datura ftramonium*, Lin. plante venimeufe d'Amérique, qui s'eft naturalifée dans nos climats.

Sous le bourg de Sibourre, féparé de S. Jean-de-Luz par la rivière de Nivelle, & fitué fur une côte qui retentit au loin du bruit des flots,

De l'O.S.O. à l'E. N. E. | Du S.S. E. au N.N.O.

Du S. O. au N. E. | Du S. E. au N. O.

on trouve des bancs de pierre calcaire grife & affez dure pour recevoir une efpèce de poli par l'action continuelle des eaux de la mer ; entre ces bancs font des bandes continues de pierre à fufil, qui, de même que les matières calcaires, fe prolongent, en s'éloignant du rivage, fous des maffes d'argile qui les cachent à l'œil de l'obfervateur.

Après Sibourre, le terrain eft compofé de matières argileufes, parmi lefquelles on remarque quelques couches de fchifte mol de la même efpèce.

Avant que d'arriver au château d'Urtubie, on voit des maffes de marbre gris (2), & plu-

---

de plufieurs célèbres Naturaliftes, qui ont prétendu que le caillou ne fe trouvoit jamais par couches fuivies, qu'il n'exiftoit qu'en morceaux ifolés & difperfés dans les terres ; les montagnes voifines de Madrid, du côté de l'Orient & du Midi, font, fuivant M. Bowles, remplies de couches de cailloux non interrompues.

M. Ferber a vu dans le Cabinet de M. le Docteur Targioni Rozzetti, des calcédoines de la Maremma di volterra, tirées d'une carrière où elles font, comme on le lui a affuré, difpofées par couches. Voyez les *Lettres fur la Minéralogie d'Italie*. On lit dans le même Ouvrage que, près de la Cafcade de Tivoli, plufieurs petites couches minces de pierre à fufil, de deux à trois pouces d'épaiffeur, alternent avec des couches calcaires.

(2) J'appelle maffes les matières qui ne font difpofées ni par couches, ni par bancs.

Direction des Bancs.	*Inclinaison des Bancs.*
De l'O. S. O. à l'E. N. E.	Du S. S. E. au N. N. O.
De l'O. S. O. à l'E. N. E.	Du N. N. O. au S. S. E.

fieurs fours à chaux ; les terres argileufes reparoiffent bientôt après , & font féparées fréquemment par des pierres calcaires jufqu'au delà du village d'Urrugne.

Après ce lieu, éloigné de S. Jean - de - Luz d'environ deux mille toifes , on trouve une colline compofée de maffes de marbre gris ; on apperçoit auffi quelques bancs de marbre au Nord de cette petite montagne.

En continuant de fuivre la route d'Efpagne , bordée d'un affez grand nombre d'habitations , on parvient à une colline peu éloignée de la précédente , dont le pied eft compofé de couches de fchifte mol , argileux , de couches de terre argileufe jaunâtre , & de pierres de la même nature, ayant un demi-pouce d'épaiffeur, qui fe fuccèdent alternativement.

Au-delà, le terrain préfente des couches de marne mêlée avec de l'argile.

Plus loin, des collines fans culture font compofées de matières argileufes ; on y découvre de l'argile jaunâtre, des pierres grifes , dures , & grenues de la même forte, & quelques fchiftes mous qui fe féparent facilement par feuilles ; ces matières fe prolongent jufqu'aux environs d'une éminence fituée fur la rive droite de la Bidaffoa , d'où l'on découvre Andaye , remarquable par fes eaux-de-vie , & Fontarabie que François premier , fuivant le confeil de Bonnivet , refufa de rendre à Charles-Quint. Par ce moyen , dit Mezerai , un Miniftre vifionnaire & orgueilleux , jetta la France dans une guerre qui , ayant duré trente-huit ans , a donné lieu à charger les peuples d'impôts, à rendre la juftice vénale , & à renverfer les anciennes loix & la bonne conftitution de l'état. Mais laiffons les faits hiftoriques pour continuer la defcription des chofes naturelles.

Des maffes de marbre gris fe trouvent dans les collines qui dominent, du côté de la France,

Direction des Bancs.	*Inclinaison des Bancs.*
〜	〜

l'Iſle des Faiſans qui eſt célèbre par la paix des Pyrénées, conclue en cet endroit en 1659, & par l'entrevue des Rois de France & d'Eſpagne lors du mariage de Louis XIV.

Outre les eſpèces de pierre & de terre que je viens de décrire, on trouve dans le Labourd des maſſes de grès gris-blanc & de grès rougeâtre ; les montagnes qui bordent le vallon de Bera, ſont en général compoſées de cette roche du côté de la Rhune ; quelques blocs de ce grès renferment de petits morceaux de ſchiſte argileux, verdâtre, ainſi qu'on peut l'obſerver dans le grès qu'on a employé à la conſtruction de la digue de S. Jean-de-Luz.

De l'O.N.O. à l'E. S. E.	*Du S. S. O. au N. N. E.*

On trouve auſſi dans le vallon de Bera des couches de ſchiſte argileux, qui ſe diviſe par feuilles ; ni ces couches d'argile pétrifiée, ni les matières calcaires que j'ai obſervées dans le Labourd, n'offrent aucun veſtige de plantes ni de corps marins.

OBSERVATIONS.

Les montagnes du Labourd ſont médiocrement élevées, & baiſſent vers l'Océan. Il ne paroît pas qu'elles continuent ſous les eaux de la mer : ſi ce prolongement avoit lieu, il s'éleveroit, dans le golfe de Biſcaye, des Iſles qu'on pourroit regarder comme le ſommet de ces montagnes. C'eſt ainſi, ſuivant M. de Buffon, que les Iſles Canaries paroiſſent être une continuation de la côte montagneuſe qui commence au Cap-Blanc, & qui finit au Cap de Badajos, & que les Iſles du Cap-Verd ſont une continuation du Cap-Verd ou celle du Cap-Blanc, qui eſt une terre élevée encore plus conſidérable & plus avancée que celle du Cap-Verd.

La ville de S. Jean-de-Luz, célèbre par le mariage de Louis XIV avec Marie-Thérèſe, Infante d'Eſpagne, eſt ſituée au pied des Pyrénées. Autour d'elle s'élèvent de nombreux côteaux qui demeurent incultes : fi de la route d'Efpagne , le voyageur porte au loin fes regards du côté de l'Eft , il ne trouve fous fes yeux que des terres en friche : dans ces lieux écartés peu d'habitations s'offrent à fa vue ; la mer a attiré vers fes rivages la plus grande partie des habitans du Labourd : féduits par l'efpoir, fouvent trompeur , des avantages que promet le commerce, ils préfèrent les hafards de la navigation à la réalité des biens que recueillent ceux qui fe livrent aux foins de la vie ruftique.

Les Labourdains , accoutumés à braver l'Océan , furent les premiers qui ofèrent entreprendre la dangereufe pêche de la baleine, & attaquer ce monftrueux animal au milieu des montagnes de glaces qui flottent dans la Mer du Nord ; ce peuple fouffre beaucoup du Traité de paix, figné à Paris le 10 Février 1763 , entre la France & l'Angleterre. La perte des poffeffions Françoifes dans l'Amérique Septentrionale, a entraîné celle du commerce du Labourd. On ne voyoit au mois de Juillet 1777 , dans le port de Saint-Jean-de-Luz, qu'une barque de Bilbao, chargée de mine de fer pour les forges de l'Abbaye d'Urdache : il femble que tout concourt à la ruine de cette ville. Pendant l'hiver de 1777 , elle manqua d'être fubmergée par la mer qui , dans une tempête furieufe , rompit la digue élevée pour la défendre contre les vagues. Cet ouvrage a été réparé ; mais il n'eft pas vraifemblable qu'il puiffe réfifter aux attaques continuelles de la mer , qui s'avance infenfiblement vers S. Jean-de-Luz. Ce mouvement eft contraire au mouvement général, dont l'exiftence eft reconnue par plufieurs Phyficiens. Il réfulte du flux & reflux, fuivant M. de Buffon , un mouvement continuel de la mer , d'Orient en Occident , parce que l'aftre qui produit l'intumefcence des eaux , va lui-même d'Orient en Occident ; & qu'agiffant fucceffivement dans cette direction , les eaux fuivent le mouvement de l'aftre dans la même direction. « Le même » Naturalifte rapporte qu'il y a des endroits où la mer a un mou- » vement contraire , comme fur la côte de Guinée. Mais ces » mouvemens, contraires au mouvement général , font occafionnés

» par les vents, par la pofition des terres, par les eaux des grands
» fleuves, & par la difpofition du fond de la mer. Ces caufes pro-
» duifent des courans qui altèrent & changent fouvent tout-à-
» fait la direction du mouvement général dans plufieurs endroits
» de la mer ; mais comme ce mouvement des mers, d'Orient en
» Occident, eft le plus grand, le plus général & le plus conf-
» tant, il doit auffi produire les plus grands effets, & tout pris
» enfemble, la mer doit avec le tems gagner du terrain vers l'Oc-
» cident, & en laiffer vers l'Orient ; quoiqu'il puiffe arriver que
» fur les côtes où le vent d'Oueft fouffle pendant la plus grande par-
» tie de l'année, comme en France, en Angleterre, la mer gagne
» du terrain vers l'Orient. Voyez *Hiftoire Naturelle*, *tome pre-*
» *mier*, *page 440* ».

La ville de Saint-Jean-de-Luz n'eft pas le feul endroit des
côtes Occidentales de France, que la fureur des eaux femble
menacer. Voici ce qu'on lit dans les Effais de Michel Montagne. « En Médoc, mon frère, dit fieur d'Arzac, voit
» une fienne terre enfévelie fous les fables que la mer vo-
» mit devant elle ; le faîte d'aucuns bâtimens paroît encore ;
» les habitans difent que depuis quelque tems, la mer fe
» pouffe fi fort vers eux, qu'ils ont perdu quatre lieues de
» terre ».

Il eft vifible, fuivant Colonne, qu'en plufieurs endroits de la
Guienne, de la Bretagne, de la Normandie, la mer avance
infenfiblement dans les terres. « On voit encore dans la mer d'Har-
» lem les pointes de plufieurs clochers, triftes monumens des
» villes, bourgs & villages engloutis. La mer ayant rompu fes
» digues fur les côtes de la Hollande à Dordrech, le Dimanche
» des Rameaux, 17 Avril 1446, plus de cent mille hommes
» & une multitude innombrable de beftiaux de toutes les
» efpèces, périrent dans cette inondation. Ricciol, *Chro-*
» *nol. reform. 1. 2. in chronol. mag. ad annum 1446* ». Ces
exceptions particulières ne détruifent point, ainfi que nous l'avons

déjà vu , l'effet de la caufe générale. Il paroît conftant , fuivant M. de Buffon , que les eaux de la mer ont un mouvement général d'Orient en Occident , & qu'elles doivent
par conféquent gagner du terrain fur les côtes oppofées à ce
mouvement.

DESCRIPTION

DESCRIPTION MINÉRALOGIQUE
DES MONTAGNES
QUI BORDENT LA VALLÉE DE BAYGORRY,

Du Nord au Sud.

Aprés avoir parcouru une partie du Labourd, contrée moins remarquable par ses productions naturelles, que par les événemens politiques dont elle a été le théâtre, nous allons pénétrer dans les vallées de la Navarre ; là, des minéraux d'une espèce particulière, & qui ne suivent point l'arrangement général des matières des Pyrénées, s'offrent aux yeux de l'observateur. La nature semble s'être plu à mettre autant de différence entre les montagnes de la Navarre & les autres parties de la chaîne des Monts-Pyrénées, qu'elle en a mis entre les habitans de ce pays & les peuples qui les environnent, dont ils diffèrent par leur langue & par leur caractère. Pour continuer avec ordre la description des minéraux que renferment les Pyrénées, examinons la vallée de Baygorry, bornée au Sud par la Navarre Espagnole, au Sud-Est par le pays de Cize, & à l'Ouest par la Biscaye.

À S. Etienne, chef-lieu de la vallée de Baygorry, on voit des masses d'une pierre argileuse, verdâtre, dont quelques parties sont assez dures pour donner des étincelles, lorsqu'on les frappe avec le briquet ; cette pierre que nous nomme-

B

Direction des Bancs. *Inclinaison des Bancs.* rons *ophite* (1), & qu'on emploie à S. Etienne, à la conftruction des bâtimens, eft enveloppée d'une croûte ferrugineufe de couleur brune.

A une petite diftance de ce village dominé par le château d'Echaux, on découvre des blocs de marbre gris ; cette pierre eft vraifemblablement convertie en chaux dans les fours établis à côté des moulins de S. Etienne.

Plus loin, vers les forges d'Echaux, dont le fer a été employé, pendant quelque tems, à la fonte des canons, les montagnes font compofées d'une pierre qui m'a paru un mêlange d'argile & de quartz ; elle eft en général fchifteufe (2), mais fes feuilles ne font pas affez minces pour fervir à couvrir les toîts ; les petits intervalles que laiffent les couches entr'elles font remplis de fubftances quartzeufes & ferrugineufes, qui détruifent la difpofition feuilletée que cette pierre femble avoir eue primitivement : frappée avec le briquet, elle donne des étincelles lorfqu'on rencontre les parties de quartz. En fuivant la vallée de Baygorry, qui, dans fes obliques détours, préfente plufieurs angles rentrans oppofés aux angles faillans, nous trouverons les montagnes qui la bordent compofées de bancs de cette pierre jufqu'à l'entrée de la petite plaine des Aldudes. On découvre auffi quelques pierres calcaires, qu'il eft difficile de diftinguer à caufe de l'ocre ferrugineufe qui les mafque ; mais les fours à chaux que l'on voit près du ruiffeau qui defcend du village de Belechi, & dans d'autres endroits de la vallée de Baygorry, en prouvent l'exiftence.

On remarque de même quelques couches

_____

(1) On trouvera dans le cours de cet Ouvrage l'analyfe que M. Bayen a faite de cette efpèce de pierre, qui, foumife à la vitriolifation, donne de l'alun, de la félénite, du vitriol martial, & du fel de fedlits.

(2) Comme il n'y a point d'argile parfaitement fimple, & qu'elle eft mêlée avec une quantité plus ou moins grande de particules fableufes, vérité qui a été démontrée par MM. de Buffon, Monnet, Macquer, &c. on ne doit pas être étonné de trouver du fable dans les fchiftes, puifque cette pierre fiffile n'eft que de l'argile pétrifiée.

Direction des Bancs. | *Inclinaison des Bancs.*

calcaires à une petite diſtance Nord de la fonderie de Baygorry, environnée de montagnes où l'on trouve des mines d'argent & de cuivre qui n'ont point encore trompé les eſpérances que fit naître la découverte des filons.

Les matières calcaires précédentes ſont feuilletées & interpoſées entre des bancs de l'eſpèce de ceux que nous avons obſervés près des forges d'Echaux ; le Lecteur voudra bien ſe rappeller qu'ils ſont compoſés d'argile & de quartz.

En continuant de ſuivre la vallée de Baygorry, où croiſſent le noyer, le châtaignier, le hêtre, le chêne, le peuplier, le bouleau & le frêne, on voit, non loin de la Chapelle de la fonderie, des pierres calcaires très-dures & d'une couleur griſâtre. Les montagnes voiſines du pont de Bihourieta, où l'on a établi des fours à chaux, en contiennent auſſi.

Après le pont de Bihourieta, éloigné de la fonderie de Baygorry, d'environ cinq cens toiſes, & bâti ſur un torrent qui ſe nomme *Haïria*, on trouve une tuilerie ; les montagnes qui la dominent ſont compoſées de ſchiſte dur, argileux, mêlé de quartz ; les matières argileuſes que l'on obſerve depuis S. Etienne, ſont communément en maſſe, & ſéparées par des fentes tranſverſales ſouvent remplies de quartz ; on découvre auſſi dans ces montagnes des bancs, mais qui, en général, ne ſont point arrangés aſſez réguliérement pour que l'on puiſſe déterminer exactement leur diſpoſition ; les bancs de la fonderie & des environs de cet établiſſement ſe prêtent mieux aux obſervations du Naturaliſte ;

De l'O.N.O. à l'E. S. E. | *Du N. N. E. au S. S. O. Du S. S. O. au N. N. E.*

il eſt aiſé de remarquer qu'ils ſe prolongent dans la direction qu'on voit en marge ; leur inclinaiſon varie. *Voyez* la Planche II.

Après la tuilerie dont j'ai fait mention ci-deſſus, on paſſe ſur un pont, deſſous lequel coule une des principales branches de la Nive ; les montagnes ſituées au-delà, ſur la rive gauche de cette

Direction des Bancs.	*Inclinaison des Bancs.*
Du Nord au Sud.	De l'Ouest à l'Est.

rivière, font compofées de poudingues & de grès rougeâtre, dont les bancs ont environ un pied d'épaiffeur.

Plus loin on trouve des fchiftes durs & quelques pierres calcaires. Arrivé au lieu où ceffe cette compofition, le voyageur découvre la petite plaine des Aldudes, où l'on feme du maïs ; jufques-là deux chaînes de montagnes refferrent extrêmement la vallée de Baygorry.

Avant que d'arriver aux Aldudes, contrée remarquable par l'agilité, la force & la vivacité de fes habitans, les montagnes préfentent des maffes de grès à petits grains, & dont la couleur eft d'un gris-blanc. Elles paroiffent généralement compofées de cette roche jufqu'auprès des palomières de Roncevaux. Les environs de ce lieu font la vraie patrie des hêtres ; dans ces montagnes couronnées de futaies, la terre ne porte nulle autre efpèce d'arbres.

Je n'ai pas découvert, dans cette partie de la Navarre, de pierres calcaires ; les torrens n'en offrent pas même de veftiges ; on remarque cependant des fours à chaux, à la diftance d'environ une lieue au-deffus d'une maifon qui fe nomme *Igneharbie ;* circonftance qui prouve que ces montagnes n'en font pas entiérement dépourvues.

Au-deffous des palomières de Roncevaux, on trouve du côté de la France, des couches de fchifte argileux, dont les feuilles font minces, friables, & dans quelques parties mêlées de quartz : ces mêmes fchiftes continuent par les palomières & par la chapelle d'Ibagnette, qui, felon M. de Marca, s'appelloit anciennement *la Chapelle de Charlemagne.* Les couches ne fuivent aucun ordre ; je n'ai remarqué de direction conftante que dans quelques bancs de fchifte dur,

De l'O.N.O. à l'E. S. E.	Du S. S. O. au N. N. E.

argileux, qui fe trouvent au-deffous d'Ibagnette, à l'extrémité du Val-Carlos.

DESCRIPTION DES MINES

qu'on a ouvertes dans les montagnes qui dominent la vallée de Baygorry.

IL n'y a point de contrée dans les Pyrénées où la nature ait répandu des métaux plus précieux & plus abondans que dans les montagnes de Baygorry. En vain de profonds abîmes receloient ces tréfors ; l'avarice des Nations qui ont fuccessivement occupé la Navarre, a fu triompher de tous les obstacles ; le fer, le cuivre & l'argent ont été la récompenfe de leurs pénibles travaux.

On trouve au Nord du château d'Echaux de la mine de fer fpathique. *Minera ferri alba fpathiformis. W.* Cette mine est convertie en fer dans une forge qui appartient à M. le Vicomte d'Echaux.

On tire de la montagne d'Aftoefcoria de la mine de cuivre jaune : *Cuprum mineralifatum pyriticofum fulvum. Lin.* Cette mine produit environ trente livres de cuivre par quintal. La même montagne fournit de la mine de cuivre d'un gris clair : *Cuprum arfenico ferro & argento mineralifatum, minerâ albefcente. W.* La gangue de ces deux efpèces de mines est quartzeufe.

La mine de cuivre grife d'Aftoefcoria, rend, fuivant M. Romé de Lifle, 30 livres de cuivre par quintal, & depuis 2 jufqu'à 5 marcs d'argent.

M. Chaptal, de Montpellier, a eu la bonté de me communiquer une analyfe de cette même mine, dont voici les réfultats : elle contient par quintal 20 livres de cuivre, 42 d'antimoine, 36 de foufre, 1 livre 2 onces 1 gros 56 grains d'argent.

On rencontre quelquefois, dans les minières de Baygorry, du fer fpathique, en cristaux lenticulaires, qui font pofés de champ ; ces morceaux curieux contiennent en même tems des cristaux triangulaires de mine d'argent.

En 1728, M. Beugniere de la Tour obtint du Miniſtre une conceſſion, pour travailler à la recherche des mines, dans la Baſſe-
Navarre, dans le pays de Soule, & celui de Labourd ; les premiers
eſſais ſe firent dans la vallée de Baygorry, où l'on trouva des veſ-
tiges d'une ancienne exploitation, que l'on préſuma avoir été faite
par les Romains, comme ſembloit l'indiquer la découverte de
quelques Médailles, dont une préſentoit les noms des Triumvirs,
Octave, Antoine & Lépide. Plus de cinquante galeries & un pareil
nombre de puits qu'offroit la montagne d'Aſtoeſcoria, perſuadèrent
à M. de la Tour que ces travaux immenſes n'avoient point été entrepris ſans un filon réel ; en conſéquence il tâcha de pénétrer juſqu'à
l'endroit où les Anciens étoient parvenus. Après avoir employé pluſieurs années à des recherches malheureuſes dans la vallée de Baygorry, & aux environs, la riche minière d'Aſtoeſcoria fut enfin
découverte le jour des Trois-Rois dont elle porte le nom.

Les ouvrages des Anciens, qu'on a découverts juſqu'à préſent,
paroiſſent avoir été commencés à moitié hauteur de la montagne,
leur étendue horizontale étoit très-conſidérable ; quant à la profondeur elle n'étoit que d'environ cinq toiſes au-deſſous du niveau de
la rivière ; ce qui fait préſumer que les Anciens ne firent pas uſage de
machines hydrauliques dans l'exploitation des mines de Baygorry.

Lorſque leurs ouvrages furent déblayés, on s'apperçut qu'ils
avoient travaillé ſur deux filons, d'une nature & d'un produit différens ; l'un contenoit de la mine de cuivre jaune, l'autre de la mine
de cuivre griſe, tenant argent, quelques parties de fer, &c. Ces filons
avoient auſſi une direction & une inclinaiſon différentes ; on crut
qu'ils ſe ſépareroient, mais cela n'arriva point ; après s'être étendus
l'eſpace de neuf à dix toiſes, ils furent coupés par une veine ſauvage ;
cet événement détermina les ouvrages en profondeur, le filon ſe ſou-
tint aſſez également par-tout, mais ne fournit de la mine que par
intervalles ; on étoit parvenu à 35 toiſes au-deſſous du niveau de la
rivière lorſqu'il diſparut ; on ne tarda point à le retrouver, mais tout-
à-fait couché ; enfin il reprit ſon inclinaiſon naturelle, qui étoit de

80 degrés, il l'a confervée jufqu'à préfent; fa direction eft du levant
au couchant, entre fept heures fept minutes de la Bouffole.

Les ouvrages qui ont été faits depuis la découverte de la minière
des Trois-Rois, font confidérables, & fur-tout au couchant de la fonderie, parce que le minéral y eft plus abondant, & le rocher facile
à travailler; c'eft une efpèce d'ardoife; les ouvrages y ont toujours
réuffi, avec cette particularité cependant, que lorfqu'on joignoit le
fecond filon qui donne de la mine de cuivre grife, il fe trouvoit conftamment coupé par la veine de rocher fauvage : la feule différence
qui ait été obfervée, c'eft qu'à mefure qu'on approfondiffoit, cette
jonction fe faifoit à des diftances plus grandes.

On n'a jamais pu déterminer la direction du filon de la mine de
cuivre grife, il ne s'eft étendu que très-peu; fon inclinaifon n'a pas
même été régulière, il s'eft toujours partagé en plufieurs branches;
la pierre qui enveloppoit cette mine n'avoit aucune confiftance, ce
n'étoit qu'une ardoife noire & gluante.

Les opérations néceffaires pour réduire en métal la mine de cuivre
font très-multipliées.

On réduit la mine de cuivre jaune de Baygorry en mine groffe,
en mine criblée & en mine de boccard; les deux premières qualités
font portées dans le fourneau de fonte fans aucune préparation.

La mine de boccard eft mêlée avec un quart de chaux; on ajoute
à ces diverfes efpèces de mine, de la mine noire de fer, & des fcories ordinaires qui fervent à s'emparer du foufre, & à rendre le cuivre
plus doux.

La fonte des mines brutes fe fait dans un fourneau à manche; le
produit qui en fort eft de la matte; on en met communément deux
cens quintaux dans un fourneau de grillage, pour lequel on emploie
le bois de hêtre; cette opération eft répétée quatorze fois en deux
mois de tems : on porte de nouveau toute la partie dans la fonderie, où
elle eft refondue dans un fourneau à lunettes : on obtient alors du
cuivre noir, & environ fix quintaux de matte fine; ce cuivre eft
enfuite raffiné dans un fourneau ouvert ordinaire. La manière de

traiter la mine grife eſt à-peu-près la même ; le cuivre qui en provient eſt mis en lingots, & ſe vend pour l'argent qu'il contient, parce qu'on n'a point de mine de plomb aſſez à portée pour pouvoir faire utilement l'opération de la liquation. Voyez l'*Expoſition des Mines, par M.* Monnet.

Je ne connois pas le produit annuel de la mine de cuivre jaune : voici ce qu'elle rendoit, ſuivant M. Hellot, en 1756.

On fond, dit ce célèbre Chymiſte, 430 quintaux, ou 43 milliers par quinzaine.

Ces 430 quintaux rendent 322 quintaux de matte ; ceux-ci four-niſſent 90 quintaux de cuivre noir, qui diminuant de 8 livres par quintal dans le raffinage, on a tous les quinze jours 8280 livres de cuivre roſette ou cuivre purifié, ce qui fera, ſi toutes les années ſont auſſi favorables que les années 1754 & 1755, deux cens quinze mille deux cens livres par an.

A 22 ſols la livre, c'eſt un produit annuel de 225960 liv.

La conſommation en bois, tant pour les grillages que pour le chauffage de M. de la Tour & des ouvriers, eſt de quarante mille bûches, qui coûtent 6 liv. le cent, rendues par flottage à la fonderie.

Pour cet article 2400 liv.

Celle de charbon eſt de quinze mille charges, leſquelles, à 32 ſols la charge, tant pour la façon que pour le tranſport, montent à 24000 liv.

Il y a d'employés à ces travaux, tant en commis principaux, qu'en mineurs, boiſeurs, machiniſtes, fondeurs, raffineurs, forge-rons, charpentiers, & autres ouvriers, trois cens quatre-vingt-neuf perſonnes, qui, toutes enſemble coûtent chaque année 112465 liv.

Ce qui, avec les 26400 liv. de dépenſes, en bois, en charbon, monte à 138865 liv.

Leſquels ſouſtraits de 225960 liv. du produit annuel, il reſte de bénéfice, par chaque année, 87095 liv.

La préſente année 1756 ſera encore plus conſidérable ; mais comme il n'y a point de rivière navigable dans la vallée de Baygorry,

il

Pl. I.

Coupe de la Montagne ou se trouvent les Filons de mine de Cuivre et les Galeries de St. Louis près la Fonderie de Baygorry. *N.º 1.*

Coupe de la Montagne d'Asto es cour ra ou se trouvent les Filons de Mine de Cuivre et les Galeries des trois Rois dans la Vallée de Baygorry. *N.º 2*

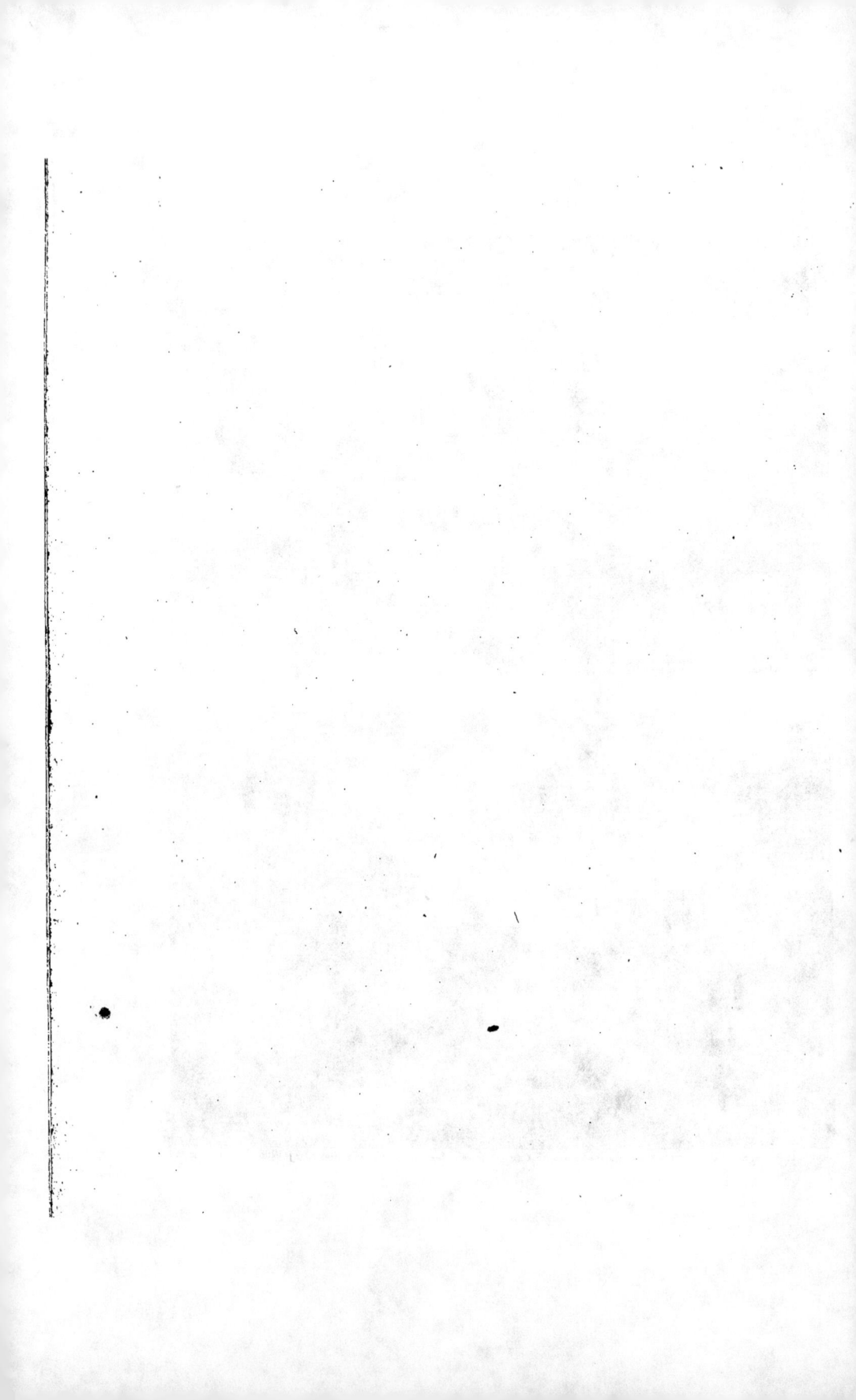

il est obligé de faire transporter ses cuivres à dos de mulet jusqu'à Pau & jusqu'à Toulouse, ce qui emporte un quart au moins de bénéfice.

Mais à quelles conditions, dit un Historien célèbre de nos jours, tirons-nous ces richesses du sein de la terre ? Il faut percer des rochers à une profondeur immense ; creuser des canaux souterrains qui garantissent des eaux qui affluent & qui menacent de toutes parts ; entraîner dans d'immenses galeries des forêts coupées en étaies ; soutenir les voûtes de ces galeries contre l'énorme pesanteur des terres qui tendent sans cesse à les combler & à enfouir, sous leur chûte, les hommes audacieux qui les ont construites ; inventer ces machines hydrauliques si étonnantes & si variées ; courir le danger d'être étouffé ou consumé par une exhalaison qui s'enflamme à la lueur des lampes qui éclairent le travail, & périr enfin d'une phthisie qui réduit la vie de l'homme à la moitié de sa durée,

C

DESCRIPTION MINÉRALOGIQUE,

DEPUIS SAINT-JEAN-PIED-DE-PORT,

JUSQU'A LA CHAPELLE D'IBAGNETTE,

En fuivant le Val-Carlos.

Direction des Bancs.	Inclinaifon des Bancs.

LE Val-Carlos fe prolonge du Nord au Sud ; il eft arrofé par un torrent qui prend naiffance au Port d'Ibagnette ; il n'appartient pas dans toute fon étendue à la France ; les Efpagnols ont reculé les limites de leur territoire jufqu'à la paroiffe d'Arneguy, fituée en deçà des montagnes qui verfent leurs eaux du côté de France & d'Efpagne, & dont les fommets font, dans prefque toute la chaîne des Pyrénées, la féparation des deux états.

La ville de Saint-Jean-Pied-de-Port eft dominée, du côté du Nord, par une montagne qu'on appelle *Arradoy*. On y trouve des maffes d'une pierre grenue & de couleur rouge ; c'eft un grès argileux, mêlé de paillettes de mica ; il ne donne pas d'étincelles lorfqu'on le frappe avec le briquet ; on remarque dans cette pierre, des efpèces de feuillets plus ou moins épais ; elle fe lève auffi par tables d'environ deux pouces d'épaiffeur ; placées de champ, elles fervent à enclorre des héritages ; outre ces matières, la montagne d'Arradoy renferme des pierres blanches affez dures, qui, dans leur configuration, reffemblent au grès ; mais la vive efferveffence qu'elles font avec l'eau-forte, décèle leur nature calcaire.

Direction des Bancs.	*Inclinaison des Bancs.*
〰	〰
Du Nord au Sud.	De l'Oueft à l'Eft.

Sur la rive gauche de la Nive, dans un bois de chênes, fitué à une petite diftance d'Azcarat, on trouve des couches de grès argileux, rougeâtre ; il ne contient pas des parties affez dures pour étinceller lorfqu'on le frappe avec le briquet. Au-delà d'Azcarat, du côté du village d'Anhaux, on trouve auffi des terres argileufes ; elles font différemment colorées, rouges, jaunes ou grifes ; cette efpèce de terre eft, dans quelques endroits, affez pétrifiée pour former des couches d'un fchifte tendre & rougeâtre.

A Saint-Jean-Pied-de-Port, ville où naquit Jean Huarte, qui s'acquit de la réputation par un Ouvrage intitulé : *L'Examen des Efprits*, on

De l'O.N.O. à l'E.S.E.	Du N.N.E. au S.S.O.

voit des bancs d'une pierre calcaire, grife & dure ; ils fe trouvent fous la citadelle, près la porte de la ville.

La partie de la citadelle de Saint-Jean-Pied-de-Port, qui regarde le Nord, eft bâtie, ainfi que nous l'avons déjà dit, fur des bancs calcaires ; les fortifications qui font du côté du Sud, ont pour bafe des maffes d'une pierre argileufe, verdâtre, pareille à celle que j'ai nommée ci-devant, *ophite*. J'ai obfervé les maffes de cette pierre dans le glacis de la citadelle ; elle eft très-ferrugineufe, de couleur brune ou jaune à l'extérieur, mais verdâtre dans le centre ; certaines parties, frappées avec le briquet, donnent des étincelles ; toutes ont la propriété d'être attirées par l'aimant ; j'ai caffé un morceau de cette pierre dont l'intérieur étoit rempli de dendrites. L'ophite abonde à Saint-Jean-Pied-de-Port ; l'éminence fur laquelle la citadelle fe trouve bâtie, en eft entiérement compofée du côté du Sud ; l'églife paroiffiale eft adoffée contre des maffes de cette pierre.

A une petite diftance Sud du Moulin de Laffe, on trouve des couches de pierre calcaire, peu dure, & de couleur grife, ou rougeâtre : on y remarque auffi des maffes de marbre gris ; cette

Direction des Bancs. | *Inclinaison des Bancs.*

dernière espèce de pierre se voit dans une petite éminence située presque en face du château de ce lieu ; ces pierres servent à faire de la chaux ; on apperçoit plusieurs fours non loin & au Sud du moulin de Lasse.

Au delà, on a établi une tuilerie. Les montagnes situées autour de ce lieu, sont composées de bancs de schiste dur, argileux, qui ne suivent aucun ordre ; elles renferment aussi des couches de schiste plus feuilleté, ainsi qu'on l'observe aux environs d'Arneguy, où cette pierre est employée pour couvrir les toits ; il y a apparence que cette espèce d'ardoise est grossière, & qu'on ne peut la séparer par feuilles minces ; si elle étoit d'une bonne qualité, il est à présumer qu'elle auroit été employée pour le toit du clocher de l'église paroissiale de Saint-Jean-Pied-de-Port, qui a été récemment couvert d'ardoise tirée des carrières d'Angers.

Après le village d'Arneguy, les montagnes présentent des bancs de schiste dur, mêlé de quartz. Cette pierre est moins feuilletée & plus quartzeuse à mesure qu'on approche de Lussayde.

Depuis ce lieu jusqu'à Gorosgaray, où l'on parvient en suivant le Val-Carlos, qui, dans ses sinuosités, forme des angles saillans, opposés aux angles rentrans, on trouve des schistes durs, mêlés de quartz : quoiqu'un gluten quartzeux, ou ferrugineux, lie les bancs les uns aux autres, ils conservent néanmoins une apparence schisteuse ; parmi ces matières fissiles, on trouve une pierre argileuse un peu grenue, disposée par masses, & qui n'étincelle point lorsqu'on la frappe avec le briquet ; elle accompagne presque toujours les schistes durs ; les bois du Val-Carlos empêchent communément d'appercevoir la direction des bancs ; les hêtres qui couronnent la cîme des montagnes, les chênes & les châtaigniers dont leurs flancs sont couverts, les frênes sans nombre qui parent les bords escar-

Direction des Bancs.	Inclinaison des Bancs.

pés des torrens, ne nuifent pas moins aux recherches du Naturalifte, que la culture des terres & la prodigieufe quantité de fougère que produifent celles qui font en friche. J'ai remarqué dans les endroits où ces obftacles n'exiftent

Du Nord au Sud. — **De l'Eft à l'Oueft.** pas, des bancs prefque perpendiculaires de fchifte dur, mêlé de quartz ; ils fe prolongent en général dans la direction qu'on voit en marge. Les matières fchifteufes qu'on trouve au-delà de Luffayde, contiennent de la mine de fer ; on la convertit en métal dans une forge qui eft à la diftance d'environ une demi-lieue au Sud de ce village.

Les montagnes fituées au-delà de Gorofgaray, font compofées de bancs de fchifte argileux, mince & friable, qui, en général, ne fuivent aucune direction conftante.; on remarque cependant fous la chapelle d'Ibagnette, quel-

De l'O.N.O. à l'E. S. E. — **Du S. S. O. au N. N. E.** ques bancs de fchifte dur, qui fe prolongent de l'Oueft-Nord-Oueft à l'Eft-Sud-Eft. Ces bancs continuent du côté de la montagne d'Aftoabifcar, mot qui, dans la Langue Bafque, veut dire *dos d'âne ;* & font mêlés, ainfi que prefque tous les fchiftes des Pyrénées, de fubftances quartzeufes qui préfentent rarement des formes régulières ; on ne voit pas briller dans ces montagnes les fuperbes grouppes de criftaux dont la nature a enrichi celles de la Suiffe & du Dauphiné, & qui, façonnés par la main de l'Artifte, deviennent un des objets les plus précieux du luxe ; les feules richeffes de ce genre confiftent dans quelques petits morceaux de criftal de roche, que l'œil du plus curieux obfervateur ne découvre qu'avec peine.

Les pierres calcaires font rares dans les montagnes qui dominent le Val-Carlos ; le hafard n'en a prefque point offert à mes yeux ; mais les fours établis du côté de Mefpia, d'Uhaldia, & de Luffayde, atteftent que ces montagnes en contiennent. Ces pierres

Direction des Bancs.	*Inclinaison des Bancs.*

converties en chaux, font répandues fur des terres qui fe prêtent difficilement aux foins du Laboureur ; il les rend fertiles par le même moyen que les Heduins (1) & les Poitevins employoient déjà du tems de Pline.

(1) Ceux d'Autun.

DESCRIPTION MINÉRALOGIQUE,

DEPUIS SAINT-JEAN-PIED-DE-PORT,

JUSQU'AUX MONTAGNES DE SAINT-SAUVEUR,

En fuivant vers le Sud la vallée de Ciʒe.

<table>
<tr><td>*Direction des Bancs.*</td><td>*Inclinaifon des Bancs.*</td></tr>
</table>

N E nous preffons point d'entrer dans le pays de Ciʒe, dont Saint-Jean-Pied-de-Port eft le chef-lieu. Jettons auparavant un coup-d'œil rapide fur les environs de cette ville ; elle commande à une plaine féconde, que les torrens ont créée, & qu'une chaîne de montagnes ceint prefque de toutes parts. La nature & l'art femblent s'être réunis pour répandre dans ce baffin la plus agréable variété ; du milieu de cette enceinte, vous découvrez la Citadelle & la ville de Saint-Jean, plufieurs villages, des habitations éparfes & admirablement placées entre les arbres. Là, font des prairies fraîches & riantes, ici s'élèvent des bois de chênes, dont les têtes touffues forment une ombre impénétrable ; plus loin, des campagnes fertilifées par trois rivières, offrent la culture de plufieurs efpèces de grains. Ce charmant payfage eft terminé par des côteaux plantés de vignes, & par des montagnes que la verdure des fougères décore. Tels font, près de Saint-Jean, les bords de la Nive, dont nous allons remonter une des branches, pour continuer, en fuivant les profonds ravins que les eaux ont creufés, la defcription de cette longue fuite de rochers, qui féparent la France & l'Efpagne.

Direction des Bancs.	*Inclinaison des Bancs.*

A une petite diſtance Sud de Saint-Jean-Pied-de-Port, on voit des maſſes d'argile jaune, *argilla, colorata, flaveſcens.* W.

Plus loin, vers le château d'Olhonce, on trouve des maſſes de marbre gris traverſé de veines ſpathiques ; on remarque auſſi quelques

De l'O.N.O. à l'E.S.E. | **Du S.S.O. au N.N.E.**

bancs de cette même eſpèce de pierre, près de ce lieu, ſur les bords de la Nive.

Avant que d'arriver à Saint-Michel, village ſitué à quatorze cens toiſes, ou environ, de Saint-Jean-Pied-de-Port, vous trouvez de la terre glaiſe, *marga argillacea pinguedinem imbibens, calore indurabilis.* W. On a établi dans cet endroit une Tuilerie ; on y *maigrit* la terre glaiſe avec du ſable pour empêcher que les tuiles ne ſe tourmentent au feu, & ne perdent leur forme.

De l'O.N.O. à l'E.S.E.

A Saint-Michel, les collines ſont compoſées de bancs de marbre gris, dont le plan d'inclinaiſon varie.

A deux cens toiſes Sud du village de Saint-Michel, les montagnes préſentent des maſſes de pierre argileuſe verdâtre ; c'eſt de l'ophite plus ou moins ferrugineux, & dont quelques parties ſe réduiſent facilement en poudre ; dans cet état de deſtruction ſa couleur eſt d'un gris jaunâtre.

Près du confluent formé par les eaux de la Nive & par celles d'un torrent qui prend naiſſance du côté de la Chapelle d'Oriſſon, les montagnes ſont compoſées de galets ſiliceux, liés par un gluten ; ces roches continuent juſqu'à Berbal, maiſon éloignée de Saint-Michel, d'environ deux mille toiſes. Pluſieurs fours à chaux atteſtent que ces montagnes contiennent auſſi des pierres calcaires ; mais la prodigieuſe quantité de fougère qui croît dans cette partie des Pyrénées, empêche de les découvrir facilement.

A une petite diſtance du moulin d'Alçu, ſitué à cinq cens toiſes ou environ, Sud, de Berbal, on trouve de la pierre calcaire dont on fait de la chaux.

Avant

Avant que d'arriver aux falines, on découvre des bandes argileufes de fchifte dur, & d'ardoife féparées par des bandes de marbre gris. Ces falines font fituées à trois mille toifes des ruines du château Pignon, forterefse qui en 1521 réfifta, ainfi que Saint-Jean-Pied-de-Port, aux Efpagnols qui dans ce temps-là reprirent la Navarre.

Aux falines, les montagnes préfentent des bancs de marbre gris. Les eaux falées jailliffent du fein de cette efpèce de pierre ; on obtient par l'évaporation de ces eaux du fel très-blanc, que les habitans du pays confomment pour leur ufage ; il n'eft pas inutile de remarquer que ces falines fe trouvent, comme la plupart des fources falées d'Efpagne, dans des lieux élevés, tandis que celles de France & d'Allemagne font ordinairement dans des plaines ou dans des terrains bas.

Quittons des montagnes, où la nature fe refufe aux efforts de l'homme, & où la ftérilité augmente du côté du Sud, jufqu'au roc aride & nu ; revenons au moulin d'Alçu, pour fuivre vers le Sud-Eft, la gorge qui mène à la Chapelle de Saint-Sauveur ; nous trouverons à fon entrée, des pierres calcaires qu'on emploie à faire de la chaux, ainfi que nous l'avons déjà dit.

Plus loin, les montagnes font compofées de maffes d'une pierre argileufe, grenue, ferrugineufe & de couleur jaunâtre.

On trouve au-delà, des maffes de marbre gris.

En pourfuivant fa route pour gagner les hauteurs de Saint-Sauveur, par un vallon étroit qui recèle quelques habitations éparfes, le voyageur découvre des pierres argileufes, grenues, jaunâtres, quelquefois mêlées de quartz ; parmi ces matières, on remarque auffi des couches de fchifte argileux, qui n'obfervent aucune direction conftante. Cette compofition n'eft interrompue qu'à une demi-lieue ou environ en deçà

D

de la chapelle de Saint-Sauveur, où les montagnes préfentent des maffes de marbre gris, féparées par des maffes de pierre argileufe, grenue, & d'un gris jaunâtre.

Préférant l'avantage d'être utile à celui de plaire, je vais continuer de mettre fous les yeux du Lecteur, malgré la féchereffe & la monotonie d'un pareil récit, l'arrangement de ces différentes matières. A la diftance d'environ une demi-lieue de Saint-Sauveur, on trouve des maffes de marbre gris, orné de veines fpathiques calcaires.

Plus loin, on paffe par un petit col, où l'on découvre des maffes de pierre argileufe, grenue, & d'un gris jaunâtre. On remarque auffi dans les environs de ce paffage, des maffes de grès argileux, rougeâtre, mêlé de paillettes de mica.

Elles font fuivies de maffes de marbre gris, traverfé de veines de fpath calcaire ; ces rochers dominent la gorge que nous venons de parcourir, où la pédiculaire des bois, la brunelle commune, le lamion, & la digitale à fleurs purpurines, étalent leurs brillantes couleurs.

En continuant de diriger fa marche vers le Sud, l'obfervateur trouve des maffes de pierre argileufe, d'un gris jaunâtre, & mêlée de couches de fchifte, qui, de même que les autres lits fchifteux de cette partie des Pyrénées, ne fuivent point de direction conftante. Sur ces matières argileufes font pofés, de diftance en diftance, des blocs ifolés de marbre gris. La chapelle de Saint-Sauveur eft bâtie dans une efpèce de col, où l'on trouve des bancs de fchifte groffier, couverts en quelques endroits de pierres arrondies; ce lieu folitaire touche aux plus hautes montagnes de la Navarre, qui font chargées de hêtres. Leurs cimes voifines de la région des frimats portent auffi des fapins.

Les fchiftes argileux de la Navarre, ainfi que

ceux des autres parties des Pyrénées , ne contiennent point d'empreintes de plantes , ni de
poiffons , comme la plupart des matières fchifteufes que l'on trouve dans plufieurs autres contrées ; on cherche pareillement en vain des corps
marins dans les pierres calcaires ⸺ cela n'empêche pas qu'il ne faille les regarder , fuivant l'opinion des naturaliftes , comme tirant leur origine
des corps organifés , appartenans au règne animal ; tels que les coquilles , les madrepores.
« Qu'on fe repréfente, dit M. de Buffon, le nom-
» bre des efpèces de ces animaux à coquille ,
» ou pour les tous comprendre, de ces animaux
» à tranfudation pierreufe , elles font peut-être
» en plus grand nombre dans la mer , que ne
» l'eft fur la terre le nombre des efpèces d'infec-
» tes ; qu'on fe repréfente enfuite leur prompt
» accroiffement , leur prodigieufe multiplication,
» le peu de durée de leur vie , dont nous fup-
» poferons néanmoins le terme moyen à dix ans ;
» qu'enfuite on confidère qu'il faut multiplier par
» cinquante ou foixante , le nombre prefque im-
» menfe de tous les individus de ce genre , pour
» fe faire une idée de toute la matière pierreufe
» produite en dix ans ; qu'enfin on confidère que
» ce bloc , déjà fi gros de matière pierreufe ,
» doit être augmenté d'autant de pareils blocs
» qu'il y a de fois dix dans tous les fiècles qui
» fe font écoulés depuis le commencement du
» monde, & l'on fe familiarifera avec cette idée,
» ou plutôt cette vérité , d'abord repouffante ,
» que toutes nos collines , tous nos rochers de
» pierre calcaire , de marbre, de craie , &c. ne
» viennent originairement que de la dépouille
» de ces animaux ». *Voyez* l'Introd. à l'Hiftoire
des minéraux , pag. 105.
En réfléchiffant aux changemens que les corps
organifés font fufceptibles d'éprouver, on ceffera
d'être étonné de ne pas en trouver de veftiges
dans les montagnes de la Baffe - Navarre ; des

*Direction
des Bancs.* | *Inclinaison
des Bancs.*

cauſes particulières ſont capables d'accélérer plus ou moins leur deſtruction. On ſait d'ailleurs que la quantité de coquilles détruites qui compoſent les pierres calcaires , eſt infiniment plus conſidérable que celle des coquilles conſervées.

DESCRIPTION MINÉRALOGIQUE,

DEPUIS LES ENVIRONS DE SAINT-PALAIS,

JUSQU'A LA CHAPELLE DE SAINT-SAUVEUR,

Située à l'extrémité du vallon de Laurhibarre.

Direction
des Bancs.

Inclinaison
des Bancs.

LES minéraux que nous nous proposons d'examiner dans cette partie de la Navarre, ne font pas tous renfermés dans le fein des montagnes; nous allons nous occuper aussi de la structure des collines situées au pied des Pyrénées, & qui s'élevant en amphithéâtre, offrent comme autant de degrés pour monter sur les plus hautes cimes; dans cette contrée le voyageur voit avec peine beaucoup de terres incultes, couvertes de fougère & de bruyère; riches en substances marneuses, elles n'attendent que la semence pour montrer leur fécondité.

Au village d'Offerain, situé sur la rive gauche du Gaifon, rivière qui prend sa source dans les montagnes du pays de Soule, on trouve des

Du Nord
au Sud.

De l'Ouest
à l'Est.

couches de pierre marneuse d'une couleur noirâtre.

Après Offerain, on traverse des côteaux composés de matières argileuses; on y découvre des pierres tendres, formées de terre glaise, ou d'une argile plus sablonneuse : elles sont disposées en masses ou en couches qui ne suivent pas de direction constante.

Non loin de Saint-Palais, ville qui dispute à Saint-

Direction des Bancs.	Inclinaison des Bancs.
De l'O.N.O. à l'E. S. E.	Du N. N. E. au S. S. O.

Jean-Pied-de-Port , le titre de Capitale de la Navarre , on rencontre des couches de marne peu dure & d'un gris foncé ; elles continuent du côté de Garris , dans la direction qu'on voit en marge ; ce bourg qui se trouve à une lieue Nord-Ouest de Saint-Palais , est bâti sur une éminence, composée de cette espèce de pierre marneuse.

De l'O.N.O. à l'E. S. E.	Du N. N. E. au S. S. O.

En sortant de Saint-Palais , par la route de Saint-Jean-Pied-de-Port , on découvre, à quelque distance de la ville , des couches minces de pierre argileuse , tendre , parmi lesquelles on remarque d'autres couches pareillement de la nature de l'argile , & ayant deux ou trois pouces d'épaisseur & peu de dureté.

De l'O.N.O. à l'E. S. E.	Du N. N. E. au S. S. O.

On trouve au-delà , jusqu'à Uhart , des côteaux composés de couches de marne , elles sont séparées près du château de ce lieu , par quelques couches purement argileuses. Cette partie de la Navarre produit des bois de chêne roure , & de chêne lanugineux , dont les feuilles différemment nuancées offrent un agréable mêlange.

De l'O.N.O. à l'E. S. E.	Du N. N. E. au S. S. O. Du S. S. O. au N. N. E.

A Uhart commencent des pierres calcaires moins feuilletées , & assez dures pour recevoir le poli , c'est du marbre gris disposé par bancs dont l'inclinaison varie.

Plus loin , en suivant la rive gauche de la Bidouse , on trouve la même espèce de pierre calcaire , mais les bancs sont séparés par des couches argileuses ; ces différens lits varient dans leur plan d'inclinaison & dans leur direction ; ils

De l'O.N.O. à l'E. S. E.	

se prolongent communément de l'O. N. O. à l'E. S. E.

Au Sud d'Uhart , dans les collines qui bordent la grande route de Saint-Jean-Pied-de-Port , on trouve des bancs de marbre gris , qui forment une véritable courbe ; parmi les pierres calcaires que l'on observe après ce village , on remarque des parties composées de grains de spath calcaire & de marbre gris ; à la première inspection il est aisé de confondre cette pierre avec les granits , mais

Direction des Bancs.	Inclinaison des Bancs.

elle fait effervescence avec les acides , & ne donne d'étincelles que lorsqu'on frappe sur quelques petits grains pyriteux , parsemés dans cette pierre calcaire.

Si nous nous écartons un peu de la route que nous suivons pour examiner les environs de Juxue , Paroisse située à trois mille toises Sud d'Uhart, nous y trouverons des couches d'ardoise marneuse.

De l'O.N.O. à l'E. S. E.

Près de Larcebeau , lieu renommé par la bonne qualité des vins qu'il produit , le terrain est composé de matières argileuses de l'espèce du schiste mol.

On trouve à Cibits , ainsi qu'au Sud de ce village , des lits de pierre calcaire , c'est communément de la marne , on y remarque aussi des bancs de marbre gris ; Cibits est à la distance d'environ huit mille toises d'Osserain , lieu remarquable par la fin tragique de Centouil , Seigneur des Bearnois, qui, pour avoir violé leurs fors & leurs privilèges, fut tué (1) dans cet endroit par le commandement d'une cour composée des Evêques, des Gentilshommes & des principaux hommes des Communautés de ce pays.

De l'O.N.O. à l'E. S. E.

Du S. S. O. au N. N. E.

Près de Montgelos , le voyageur rencontre des couches de schiste argileux , d'un gris jaunâtre , & qui , quoique feuilleté , ne peut être employé comme l'ardoise à cause de sa friabilité ; ces couches se prolongent de l'O. N. O. à l'E. S. E. & sont inclinées du S. S. O. au N. N. E. On remarque aussi des couches qui n'ont pas de direction constante. Celles-ci sont mêlées avec des masses d'une pierre argileuse qui ne paroît point feuilletée.

Sous le château de Lacarre , situé à quatre cens toises ou environ Sud de Montgelos , on trouve des masses de marbre gris traversé de veines de spath calcaire.

(1) Histoire de Béarn , par Marça , page 485.

Après ce lieu le terrain eft compofé de matiè-res argileufes de plufieurs efpèces, mais qui ne paroiffent que des argiles pétrifiées, plus ou moins dures ; ce font des fchiftes feuilletés, qui ne fe lèvent qu'en très-petites lames, des pierres gre-nues, tendres & jaunâtres, &c. &c.

Avant que d'arriver à l'Hôpital d'Apat, lieu voifin d'un fol couvert de fougère & de bois, où la force de la végétation femble inviter à la culture, on voit des collines de marbre gris. On trouve auffi, fous le château d'Harriette qui eft à la diftance d'environ deux mille cinq cens toifes Sud de Lacarre, des maffes de marbre gris.

Nous venons de traverfer un pays inégal, rempli de collines ; nous allons pénétrer mainte-nant dans le fein des montagnes, par le vallon de Laurhibarre, que nous fuivrons dans toute fa longueur. A une petite diftance Sud du village d'Ahaxa, on trouve des maffes d'une pierre ver-dâtre en partie argileufe, que je continuerai de nommer ophite ; un monticule fitué fur la rive droite de la Nive, eft compofé de cette pierre ; la rive gauche doit pareillement contenir de l'ar-gile ; on y remarque une tuilerie.

Plus loin le village de Leccumberry eft do-miné, du côté du Nord, par une chaîne de mon-tagnes compofées de pierre calcaire, & dont la pente affez douce & facile jufqu'à une cer-taine hauteur, offre des prairies, des vignobles & des terres labourées ; de l'autre côté de la Nive, font des montagnes où croît abondamment la fougère ; on trouve auffi près de Leccumberry, dans le lit d'un petit ruiffeau, du plâtre grenu, rougeâtre, & du plâtre blanc ; mais ce dernier eft moins abondant ; cette fubftance falino-pier-reufe n'eft point fous une forme criftalifée régu-liérement ; les environs du village de Mendive, près de ce même ruiffeau qui prend fa fource dans les montagnes de Behorleguy, fourniffent du plâtre qu'on dit moins coloré que celui de Leccumberry.   A

Direction des Bancs.	*Inclinaison des Bancs.*
De l'O.N.O. à l'E.S.E.	

A une demi-lieue & au-delà de ce dernier village, on rencontre des lits verticaux de fchifte argileux feuilleté & d'un gris jaunâtre.

De l'O.N.O. à l'E.S.E.	Du S.S.O. au N.N.E.

Plus loin, & toujours en remontant les eaux de la Nive, dont les bords font ombragés de châtaigniers, de chênes, d'aunes & de frênes, on remarque des couches de fchifte argileux, qui fe lève auffi par feuillets, & des bancs d'une pierre argileufe, grenue, d'un gris jaunâtre.

De l'O.N.O. à l'E.S.E.	Du S.S.O. au N.N.E.

On trouve au pied de la montagne, par laquelle on monte à la Chapelle de Saint-Sauveur, des maffes de marbre gris & quelques couches de pierre calcaire, friable.

De l'Oueft à l'Eft.	Du Sud au Nord.

Au-delà, dans des lieux inhabités, où l'œil cherche en vain quelque chaumière, on découvre un petit nombre de bancs de fchifte dur, argileux.

En continuant d'avancer vers la chapelle de Saint-Sauveur, on rencontre des couches de fchifte argileux feuilleté, mêlé de pierre argileufe grenue; il y a dans cet endroit un four à chaux.

Ces couches fchifteufes font fuivies de maffes de marbre gris, & de breches filiceufes & calcaires.

Plus loin, fans s'écarter du chemin qui conduit à la Forêt d'Iratie, d'où la marine tire quelquefois du bois de conftruction, on remarque des couches de fchifte argileux feuilleté.

On trouve bientôt après, des maffes de marbre gris, orné de veines fpathiques.

Du S.S.E. au N.N.O.	Du N.N.E. au S.S.O.

Au Nord de la chapelle de Saint-Sauveur, on voit des bancs de fchifte dur argileux; de ce lieu élevé & folitaire, on découvre un payfage immenfe; la vue fe promène fur les montagnes & les vallons, dans les bois & les fombres bruyères, entremêlées de terres cultivées. A travers un atmofphère chargé de vapeurs, j'ai cru même diftinguer au loin la mer Océane.

De l'O.N.O. à l'E.S.E.	

La chapelle de Saint-Sauveur eft bâtie dans une efpèce de col, où l'on trouve des bancs de

E

Direction des Bancs.	Inclinaison des Bancs.

schiste argileux, grossier, & des pierres arrondies qui les couvrent. On ne découvre pas de carrières d'ardoise dans les montagnes de la basse Navarre ; presque tous les schistes sont formés de lames épaisses ; une substance ferrugineuse sert à lier les couches de cette pierre, qui en général est rougeâtre ; couleur qu'on remarque sur-tout dans les montagnes qui dominent la vallée de Baygorry, nom qui en langue basque, signifie *Passage-Rouge*.

OBSERVATIONS.

Les montagnes de la Basse-Navarre sont plus hautes que celles du Labourd, qui se perdent dans l'Océan ; mais leur élévation est moindre que celle des montagnes du pays de Soule. En suivant la description des Pyrénées, nous verrons cette chaîne s'élever presque insensiblement jusqu'aux environs de la vallée de Luchon, & baisser ensuite vers la Méditerranée. Elles changeront d'aspect à mesure que nous approcherons de ce point élevé, où les plus grandes rivières de la chaîne prennent leur source. Les montagnes de la Basse-Navarre, suffisamment arrondies pour être cultivées jusqu'à une certaine hauteur, sont couvertes en partie, de blés, de bois & de pâturages. Vous trouvez des habitations dans les endroits les plus reculés, jusqu'à l'extrémité des vallées voisines de la plaine, appellée *la Playa de Andrès Zaro*, où l'on prétend que se donna la bataille dans laquelle périt le fameux Roland. Les montagnes du Béarn, du Bigorre, sont moins accessibles. Vous y remarquerez un plus grand nombre de ces précipices, dont on ne peut sonder la profondeur qu'avec effroi. Les sommets de ces hautes éminences ne sont qu'une suite de pics, ou rochers sourcilleux, déserts horribles, où quelques animaux sauvages fixent à peine leur retraite. Les montagnes de la Navarre ne sont pas aussi dépeuplées, & abondent du moins en oiseaux de passage ; des nuées de ramiers couvrent les forêts, dans la saison où les arbres commencent à se dépouiller de leurs feuilles. Les Navarrois, ainsi que d'autres peuples qui habitent au pied des Pyrénées, savent profiter de la transmigration de cette espèce de gibier. Le ramier, qui cherche les climats d'une douce température, quitte le Nord, & fuit dans les contrées du Midi, avant les froids de l'hiver. Son instinct le détermine à suivre la direction la plus droite, pour parvenir dans ces heureuses régions où l'on ne craint point la rigueur des frimats; mais repoussé par la chaîne des Pyrénées qui s'élève brusquement, il la côtoie jusqu'aux rivages de l'Océan, où des montagnes plus basses lui offrent un passage moins difficile. Ce détour l'expose à tomber dans des pièges qu'il n'auroit pas à redouter, en traversant les majestueux boulevards d'où sa timidité l'éloigne. Lorsqu'une bande de ramiers paroît dans l'air, des chasseurs, cachés sous l'épais feuillage des cabanes qu'on a construites sur de hauts trépieds placés à certaines distances les uns des autres, lancent vers ces oiseaux une espèce de raquette; instrument qui leur présente l'image de l'épervier: les ramiers fondent jusqu'à terre, & la rasent pendant quelque temps, pour se dérober à la poursuite de ce redoutable ennemi; à peine, foiblement rassurés, reprennent-ils leur vol vers la moyenne région de l'air, que le même artifice les en fait descendre, & les précipite dans des filets qu'on oppose à leur passage.

DESCRIPTION MINÉRALOGIQUE,

DEPUIS LE VILLAGE DE SUSMION,

Jusqu'aux Montagnes situées à l'extrémité méridionale du pays de Soule.

Direction des Bancs.	Inclinaison des Bancs.

Nous allons suivre une vallée où le voyageur pénètre rarement ; quoique les montagnes qui la bornent du côté du Sud , offrent des passages pour communiquer avec l'Espagne , ils ne sont frequentés ordinairement que par les peuples limitrophes : d'ailleurs le pays de Soule ne renferme pas des objets dignes de la curiosité des étrangers ; on n'y trouve pas ces eaux salutaires qui donnent la force aux foibles , & la santé aux malades ; dons précieux que la nature a répandus dans les autres parties des Pyrénées ; on n'y admire point ces ouvrages merveilleux entrepris pour l'exploitation de plusieurs forêts de ces montagnes. Mais comme il fournit des faits intéressans à ceux qui s'appliquent à la Minéralogie & que nous sommes principalement excités par le desir de connoître les minéraux dont le sol du pays de Soule est composé , nous allons parcourir cette région écartée. Examinons auparavant les matières qui se trouvent dans quelques collines , situées au Sud de Navarreins , ville bâtie par Henri d'Albret , Roi de Navarre.

On découvre après avoir traversé Susmion , Paroisse voisine de Navarreins , des pierres de différentes espèces , qui ont été roulées par les torrens ; on y remarque des morceaux de marbre ,

Direction des Bancs.	*Inclinaison des Bancs.*

de fchifte rougeâtre & de granit qui fe pulvérife facilement; ces amas, quoique féparés du gave (1) d'Oléron par des côteaux, ne font pas moins l'ouvrage de cette rivière, qui, avant que l'art ou la nature eût fixé fon lit, a tranfporté des montagnes d'Offau, le granit, roche qu'on ne trouve point dans les contrées plus voifines de l'Océan : quant aux fchiftes rougeâtres & aux pierres calcaires, ces débris peuvent avoir été chariés des mêmes montagnes, ou de celles d'Afpe & de Baretons, dont les torrens fe déchargent dans le gave d'Oléron.

De l'O.N.O. à l'E. S. E.	Du S. S. O. au N. N. E.

Près du village d'Angous, fur la route de Navarreins à Mauléon, on découvre des couches de fchifte gris.

A Montcayol, Paroiffe éloignée d'Angous, d'environ deux mille deux cens toifes, on trouve des pierres calcaires, fur lefquelles on remarque des accidens qui repréfentent des arbriffeaux : ces dendrites fixent d'une manière agréable l'œil de l'obfervateur.

Au-delà, en defcendant à Berrogain, lieu fitué au Sud de Montcayol, le terrain préfente des couches de fchifte argileux, friable.

De l'O.N.O. à l'E. S. E.	Du S. S. O. au N. N. E.

En continuant d'avancer vers le Sud, on trouve près de Laruns, des bancs prefque verticaux de pierre calcaire grife, fufceptible de recevoir le poli. Cette même efpèce de pierre qui traverfe la vallée de Soule, fe trouve près de Viodos, & va former de hautes collines à l'Oueft de ce village. A Laruns finiffent des côteaux que nous avons traverfés depuis Sufmion ; arrivés fur les bords du Gaifon, qui coule près de Laruns, nous remonterons cette rivière jufqu'aux montagnes d'où elle tire fa fource.

A une petite diftance de Viodos, paroiffe fituée à près de mille toifes, Nord de Mauléon,

_____

(1) Ce nom eft générique dans le Béarn, on le donne à plufieurs torrens qui defcendent des Pyrénées.

Direction des Bancs.	Inclinaison des Bancs.	

qui est la capitale du pays de Soule, il y a des matières argileuses ; on voit une tuilerie dans les environs de Viodos.

Quittons la rive gauche du Gaison, pour suivre une plaine formée des débris des montagnes ; nous trouverons à Mauléon des pierres calcaires grises ; cette ville a donné naissance à Henri de Sponde, Evêque de Pamiers, & à Arnaud d'Oihenard, connu par un livre fort savant, intitulé *Notitia utriusque Vasconiæ*.

Près de Libarrens, paroisse située à huit cens toises ou environ, Sud de Mauléon, les bords & le lit du Gaison, présentent des couches de schiste argileux noir & friable, parmi lesquelles vous remarquez des pierres de la même nature, rougeâtres, dures, fort douces au toucher & dont l'intérieur est feuilleté. La direction des couches schisteuses qu'on trouve près de Libarrens, varie singuliérement. *Voyez la Planche II.* Elles sont suivies à Gottein de masses d'une pierre verdâtre que je nommerai ophite, elle contient des cristaux de schorl vert.

Ne nous écartons pas de la plaine qu'arrose le Gaison ; nous trouverons après avoir passé Gottein, des pierres calcaires.

A Sauguis, village situé à la distance d'environ deux mille toises, Nord de Tardets, on découvre des couches de schiste argileux, noir & friable ; on remarque entre ces couches la même espèce de pierre argileuse rougeâtre, qu'à Libarrens.

De l'O.N.O. à l'E.S.E.   Du S.S.O. au N.N.E.

Arrivé à Tardets, ville située sur la rive droite du Gaison, abondant en truites, le voyageur trouve des pierres calcaires noirâtres, qui se divisent facilement par lames ; c'est une espèce d'ardoise marneuse, dont les bancs sont presque verticaux, ainsi que les précédens.

De l'O.N.O. à l'E.S.E.

Dans le territoire de Laguinge & de Montori, paroisses situées au Sud de Tardets, on trouve des couches d'ardoise marneuse, & des masses de marbre gris ; on découvre aussi dans les col-

De l'O.N.O. à l'E.S.E.   Du S.S.O. au N.N.E.

Pl. II.

Ouest

Sud   *Nord*

Est

Mouset del.   Coupe de la Montagne Située derriere la Fonderie de Baygorry.   N.º 1.

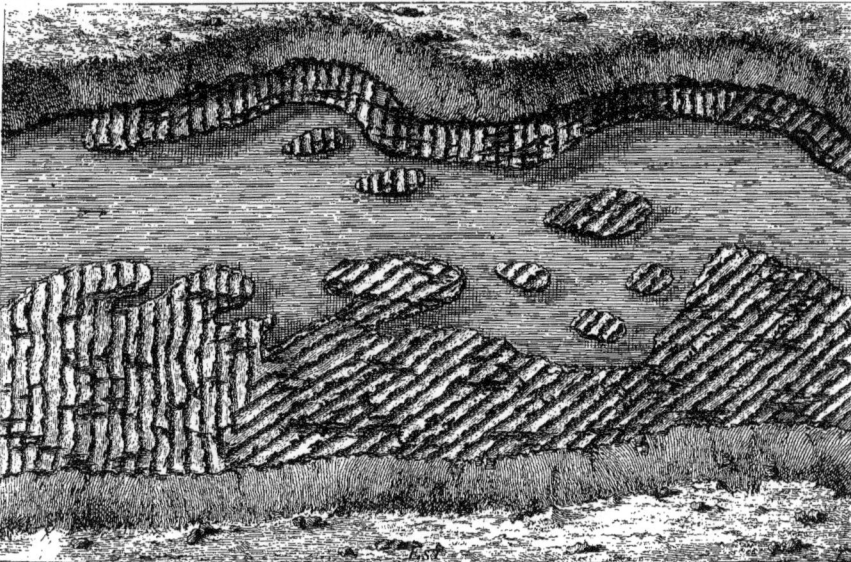

Ouest

Sud   *Nord*

Est

Flamichon del.   Plan d'une partie de la Riviere de Soule entre Mauleon et Libarrens

*Direction
des Bancs.* *Inclinaison
des Bancs.*

lines qui entourent le village de Montori, des masses d'argile pétrifiée parmi les ardoises marneuses ; mais les substances argileuses & calcaires n'ont pas été mêlées au point de produire la substance mixte, qui compose presque tout le territoire de Montori, & qu'on appelle Marne. Le Gaison est bordé jusqu'à Laguinge de hautes collines ; on entre au-delà de ce village, dans les montagnes de la région inférieure, où la vallée de Soule devient une gorge étroite : ces montagnes sont composées de bancs de marbre gris, parmi lesquels on remarque du marbre blanc, taché de rouge. *Marmor variegatum album. W.* Ces bancs vont traverser dans la direction de l'O. N. O. à l'E. S. E. le Barlanés qui est un vallon parallèle à la vallée de Soule. Leur plan d'inclinaison varie, *voyez la Planche III.* On trouve aussi en deçà du moulin d'Atheray, des bancs calcaires dont la direction différé de celle que l'on voit ci-dessus.

De l'O.N.O. à l'E.S.E. Du S.S.O. au N.N.E.

Près du moulin d'Atheray, s'élèvent des masses d'une pierre quelquefois un peu schisteuse & communément nuancée de vert clair & de vert obscur ; elle forme des montagnes entières qui se prolongent vers l'Est, par le vallon de Barlanés, où les rochers laissent aussi peu de place à la culture que la partie de la vallée de Soule que nous suivons depuis le village de Laguinge.

La pierre verdâtre que je nomme ophite, frappée avec le briquet, donne foiblement des étincelles, prend à l'air une couleur brune, & se vitrifie sans aucun intermède, lorsqu'on l'expose à l'action du feu. Demi-once de cette pierre, mêlée dans un creuset avec trois gros de borax calciné, & dix grains de charbon, n'a point donné de culot métallique. Les scories ont fourni une poudre qui avoit la propriété d'être attirée par l'aimant. La pierre d'Atheray, quelquefois couverte d'aiguilles divergentes de schorl verdâtre, ne fait point d'effervefcence avec les acides, elle fe fépare en efpèces de cubes.

M. Bayen nous ayant appris que cette pierre, foumife à la vitriolifation, donnoit, comme le porphyre vert, & le porphyre rouge antique, de l'alun, de la félénite, du vitriol martial, & du fel de fedlitz ; on ne peut fe refufer à la ranger parmi les ophites : on obferve cependant quelques différences dans les caractères extérieurs de ces pierres ; les plus remarquables confiftent en ce que l'ophite des Pyrénées eft parfemé de taches rondes, & qu'il n'a point la propriété d'être attiré par l'aimant, à moins qu'il ne contienne des criftaux de fchorl. L'ophite antique au contraire a des taches oblongues, & fouffre l'attraction de l'aimant.

J'ai cru pouvoir défigner l'ophite, dans les cartes minéralogiques, par le caractère que j'emploie pour les fubftances argileufes, puifque la terre qui fert de bafe à l'alun domine dans cette pierre, & que d'ailleurs on la trouve toujours confondue avec les fchiftes, ou qu'elle les remplace dans les endroits par lefquels les bancs d'argile femblent devoir fe prolonger ; elle ne fe rencontre pas mêlée avec les lits calcaires.

L'ophite, très-abondant dans les Pyrénées, pourroit être employé à différens ufages ; mais comme il fe rencontre beaucoup de fentes à fa furface, & qu'il ne fe détache qu'en maffes irrégulières, je penfe qu'il feroit néceffaire de faire des fouilles profondes, pour en tirer de gros blocs.

A un quart de lieue ou environ Sud du moulin d'Atheray, les montagnes font compofées de bancs de pierre calcaire, dont la direction varie ; mais à mefure qu'on s'éloigne des maffes d'ophite, on voit qu'ils reprennent celle de l'O. N. O. à l'E. S. E.

Si nous montons à Licq, paroiffe éloignée d'environ trois mille toifes, Sud de Tardets,

nous

Direction des Bancs. *Inclinaifon des Bancs.*

nous découvrirons des maffes d'ophite, & des bancs de fchifte dur, qui fe prolongent dans une direction oppofée à celle que fuivent ordinairement les matières des Pyrénées. On trouve pareillement dans le vallon de Barlanés des fchiftes-argileux, leur couleur eft rougeâtre.

A un quart de lieue, Sud de Licq, les montagnent préfentent des pierres calcaires grifes, fufceptibles de prendre le poli, & dont les bancs font dans la même direction que les précédens ; mais ceux qui fe trouvent les plus éloignés des pierres argileufes & des ophites fuivent la direction ordinaire de l'O. N. O. à l'E. S. E. Le fommet de la montagne de Laccurde, fituée au Sud-Eft de Licq, & à l'extrémité méridionale du Barlanés, eft compofé de marbre gris. En continuant de pénétrer dans la vallée de Soule, nous trouverons la même efpèce de pierre jufqu'au-delà du confluent des torrens qui defcendent des montagnes de Sainte-Engrace & de Larrau, mais les maffes de marbre font féparées par trois ou quatre bandes de fchifte argileux. Le bouleverfement des matières de cette région moyenne des Pyrénées qui eft d'ailleurs couverte de hêtres, empêche de déterminer la direction des bancs.

Après ces pierres calcaires & fchifteufes, des montagnes compofées de galets liés par un gluten, fixent l'attention du naturalifte : ces matières qui de même que les pierres calcaires prouvent que les Pyrénées ont été couvertes par les eaux de la mer, fe prolongent par la rive gauche du Gaifon, jufqu'à Larrau, village fitué au pied des montagnes de la région inférieure.

A la jonction des torrens qui fe précipitent des Ports (1) de Belay & de Larrau, montagnes qui fe refufent à la culture des grains, mais où l'on voit des arbres néceffaires pour la conftruction des

De l'O. N. O. à l'E. S. E.

---

(1) Les ports ou cols font des paffages élevés entre des montagnes qui les dominent.

F

Direction des Bancs.	Inclinaison des Bancs.
De l'O.N.O. à l'E. S. E.	Du S. S. O. au N. N. E.

vaiſſeaux, on découvre des couches de pierre calcaire griſe, la rive droite du torrent de Larrau, préſente en deçà du village de ce nom, des bancs preſque horizontaux de marbre gris, appellés la muraille des Géans ; ce degré d'inclinaiſon eſt très-rare dans les Pyrénées, où les bancs approchent preſque toujours plus ou moins de la perpendiculaire.

A une petite diſtance de Larrau, dernière paroiſſe du côté de l'Eſpagne, & qui eſt comme cachée au fond de la vallée de Soule, l'obſervateur trouve des maſſes d'ophite.

Au moulin de ce lieu, il découvre des maſſes de pierre calcaire griſe.

Au confluent de deux torrens qui mêlent leurs eaux en deçà de la forge de Larrau, on rencontre des maſſes d'ophite.

De l'O.N.O. à l'E. S. E.

Plus loin les montagnes préſentent des pierres calcaires, dont les bancs forment une ligne courbe à l'extrémité de laquelle s'élèvent perpendiculairement d'autres bancs de la même eſpèce. *Voyez la Planche III.* Je ne hazarderai aucune conjecture ſur la cauſe de cet arrangement ſingulier ; perſuadé, comme l'a dit Fontenelle, que le meilleur moyen d'expliquer la nature, lorſqu'il peut être employé, c'eſt de la contrefaire, & d'en donner pour ainſi dire des repréſentations, en faiſant produire les mêmes effets à des cauſes que l'on connoît, je prie le Lecteur de vouloir bien jetter les yeux ſur la note inférée ci-deſſous ; (1) les

---

(1) Marchant par la route d'analogie, dit le Docteur Paccard, tâchons ſynthétiquement de faire produire à la nature en petit ce qu'elle produit en grand dans les vaſtes fonds des mers, & ſuivons-la pas à pas.

J'ai pilé de cinq terres différentes, priſes dans différentes couches ; j'ai mis de chacune trois petites cuillerées dans un récipient de trois pouces & un quart de diamètre, étant rempli d'eau juſqu'à la hauteur de cinq pouces ; l'intervalle que je mettois avant l'immiſſion de chaque cuillerée, étoit le temps qu'il falloit pour remplir la cuillere, & racler avec une règle ce qui débordoit ; l'eau reſta trouble quelque temps. Une demi-heure après je l'examinai, j'ai obſervé des couches preſque toutes rangées parallélement. Dans cinq endroits quelques couches, au nombre de deux ou trois, formoient des voûtes ou arcs. Il y avoit ſept concavités ou arcs tournés en bas, mais dont deux ou trois ſeulement méritoient attention. On y voyoit un feſton compoſé de deux couches ; deux

Pl III

ſud

Nord

Eſt

Flamichon del.   Coupe de la Montagne Calcaire de Lichans dans le Païs de Soule.   N.º I.

P.35

Oneſt

ſud

Nord

Flamichon del.   Coupe d'une Montagne Calcaire ſituée entre le Village et la Forge de Larrau dans le Païs de Soule   N.º 2.

Direction des Bancs.	Inclinaison des Bancs.
De l'O.N.O. à l'E. S. E.	
Du S. O. au N. E.	Du N. O. au S. E.
Du S. O. au N. E.	Du N. O. au S. E.

expériences que l'on y rapporte me paroiſſent propres à fixer ſon opinion ſur la diſpoſition ſingulière que nous venons de remarquer & qui ſe trouve dans d'autres parties des Monts-Pyrénées.

Mais reprenons notre deſcription. On découvre à la forge de Larrau, des bancs de ſchiſte gris qui ſe diviſe difficilement par feuillets.

A une petite diſtance, Sud de cette forge, ſont des maſſes de marbre gris ; malgré l'éloignement de ce lieu à la montagne d'Orhi, la plus élevée du pays de Soule, l'œil diſcerne très-bien les bancs de pierre calcaire dont eſt compoſé le ſommet de cette montagne, qui offre une tête aride & chenue.

Comme les obſervations & les faits ſont la baſe des ſyſtêmes, nous croyons pouvoir ajouter à la deſcription du pays de Soule, celle d'une branche de cette vallée, qui ſe prolonge juſqu'au port d'Urdaix ; nous commencerons nos recherches à la jonction des torrens qui deſcendent des montagnes de Sainte-Engrace & de Larrau ; on trouve dans cet endroit des bancs de ſchiſte dur avec des maſſes d'ophite.

Ces deux eſpèces de pierre, ſont ſuivies de bancs de marbre gris.

---

voûtes étoient pliées en coin : il s'en eſt trouvé de très-obliques qui s'étendoient juſqu'aux arcs. La ſubſtance d'une couche lamelleuſe s'eſt diviſée un jour après en trois bandes.

Toutes ces couches arquées, feſtonnées en coin, &c. &c. conſervoient conſtamment leur paralléliſme ; un ſeul arc avoit une proéminence en tête d'oiſeau : une couche par ſes différens zig-zags alloit former la tête avec ſon bec, &c. &c.

Suivant que la terre que je mettois dans le récipient, étoit plus ou moins fine & peſante, elle troubloit plus ou moins long-temps l'eau. La plus peſante ſe dépoſoit plus vîte, & par cette raiſon n'avoit pas le temps de ſe bien diſtribuer dans l'eau pour ſe dépoſer également ; ainſi elle formoit des inégalités ou proéminences plus ou moins convexes, où l'affluence de la matière étoit plus grande. Sur ces convexités il s'en dépoſoit d'autres parallèles ſans que la matière coulât ; elles repréſentoient très-bien les couches arquées, &c. Voilà l'origine de quelques couches arquées que la nature a produites en ma préſence, que différens eſſais m'ont démontré inconteſtables.

En ſuivant la nature, il m'a paru que les couches arquées, obliques, &c. ſe formoient par le ſimple dépôt, &c. &c. *Voyez* Extrait de quelques Lettres du Docteur Paccard, ſur les cauſes de l'arrangement en arc, en feſton, en coin, &c. &c. dans le Journal de Phyſique, Septembre 1781.

Direction des Bancs.	Inclinaison des Bancs.
Du S. O. au N. E.	Du N. O. au S. E.

On découvre presque immédiatement après, des masses d'ophite & des bancs de schiste argileux, qui ne se divise point par lames. Ces matières se trouvent avant que d'arriver au hameau de Sainte-Engrace, lieu qui s'appelloit, dit-on, anciennement Urdaix, & qui a perdu ce nom depuis que l'on y a consacré une Église à Sainte Engrace.

On voit près de ce village des montagnes d'une élévation considérable, composées jusqu'à leur sommet de galets liés par un gluten : ces cailloux arrondis paroissent avoir été entassés par les eaux de la mer ; on ne sauroit se persuader que ces amas prodigieux de pierres roulées, aient été formés par les torrens qui coulent dans le sein des montagnes. On remarque dans plusieurs énormes morceaux isolés, que les pierres dont ils sont composés sont plates à l'extérieur, tandis qu'au contraire, lorsqu'on les détache, le côté par lequel elles tiennent à la masse se trouve arrondi ; il semble qu'on les a coupées avant qu'elles eussent acquis un certain degré de consistance.

Direction des Bancs.	Inclinaison des Bancs.
Du S. O. au N. E.	

Au-delà de ces montagnes de galets, vous trouvez des bancs presque perpendiculaires de marbre gris.

Direction des Bancs.	Inclinaison des Bancs.
De l'O.N.O. à l'E.S.E.	Du S.S.O. au N.N.E.

A une petite distance de Sainte-Engrace, on découvre des couches d'ardoise argileuse jaunâtre & des masses d'ophite, qui ont pour base des pierres calcaires. La montagne qui se trouve au Nord de Sainte-Engrace, est en général composée d'ophite. Celle qui domine ce lieu, du côté du Sud, présente des bancs considérables & très-réguliers de marbre gris. Leur plan est incliné ainsi que les autres bancs des Pyrénées.

Direction des Bancs.	Inclinaison des Bancs.
De l'O.N.O. à l'E.S.E.	Du S.S.O. au N.N.E.

Un peu au-dessous de Sainte-Engrace, un torrent qui prend naissance dans les montagnes voisines, se perd sous des masses calcaires ; mais il ne tarde pas à sortir de son lit ténébreux & à reparoître avec la même abondance d'eau.

DESCRIPTION DES MINES
du pays de Soule.

LES montagnes qui entourent la vallée de Soule, renferment des minières, dont l'exploitation n'a point eu, jufqu'à préfent, d'heureux fuccès; les mines de fer font les feules que l'on perfifte à travailler : nous rapporterons celles que l'on trouve dans ce pays, en fuivant la direction du Nord au Sud; marche dont on ne s'écartera prefque jamais dans le cours de cet Ouvrage.

On trouve dans la paroiffe d'Etchabar de la mine de fer en chaux : *Minera ferri calciformis. Cronft.* Elle eft folide, matte, & d'un brun qui approche du violet.

On tire du village de Haux, de la mine de fer, à-peu-près femblable à la précédente. On affure qu'on y rencontre auffi une mine de cuivre.

Le territoire d'Atheray fournit du vert de montagne.

On trouve à Bos-Mendiette, de la mine de fer en chaux; elle eft folide, brune & matte : cette mine eft convertie en fer dans la forge de Larrau, ainfi que celles de Haux & d'Etchabar.

La forge de Larrau eft fituée à l'origine d'une des branches de la rivière, qu'on appelle le *Gaifon*, à trois quarts de lieue plus haut que le village de Larrau. On tire, comme je l'ai déjà dit, la mine de fer des minières d'Etchabar, de Haux, & de Bos-Mendiette.

On compte près de cinq lieues de la minière de Haux à la forge de Larrau; celle d'Etchabar eft à-peu-près à la même diftance, la minière de Bos-Mendiette en eft éloignée d'environ deux lieues.

On paie, pour tirer le minérai de la minière de Haux, fept fols par quintal, & onze fols fix deniers, pour les frais de tranfport jufqu'à la forge.

L'extraction de la mine d'Etchabar, coûte neuf fols fix deniers par quintal, & douze fols pour la tranfporter à la forge.

Il en coûte pour extraire la mine de fer de Bos-Mendiette, onze fols par quintal, & feize fols pour le tranfport.

Ces mines font calcinées dans une enceinte de brique; une grille fépare le minerai, du foyer où l'on met du bois de hêtre : on calcine à la fois quatre cens quintaux de mine; le grillage dure quarante-huit heures.

Le fourneau où l'on réduit ces mines en fer, est construit selon la méthode de la Navarre Espagnole.

Six quintaux de mine grillée, donnent un masset qui pèse environ deux quintaux. Lorsque le masset est formé, on le coupe en deux morceaux, qu'on appelle *masselottes* : on les porte au milieu du foyer enflammé, où elles restent quelque temps exposées à l'action du feu : on retire ensuite une masselotte du foyer, & on la bat avec le gros marteau : le fer s'alonge, mais on n'en obtient qu'une très-petite quantité en bandes; l'extrémité de la masselotte qui a reçu les premiers coups de marteau, est seule capable d'en donner. On est obligé de réduire le restant de cette masse en barres quarrées, d'environ un pied de long, sur dix-huit lignes d'équarrissage. Ces barres sont portées dans un fourneau d'affinerie, pour être exposées ensuite aux coups d'un marteau moindre que le précédent qui les réduit en bandes. Le fer de la forge de Larrau m'a paru aigre.

A un quart de lieue à l'Ouest de Camou, on trouve, dit-on, des eaux tièdes, qui exhalent une odeur de foie de soufre.

Au Sud de la même paroisse, il y a des eaux salées, qui donnent, par l'évaporation, une petite quantité de sel marin.

L'Auteur d'un Mémoire sur les mines de Gascogne, rapporte que M. de la Tour a fait travailler, sans succès, à un filon de mine de cuivre près de la paroisse de Larrau, en 1758 & 1759; le filon s'étant entièrement coupé dans la profondeur.

OBSERVATIONS.

Les bancs qui traversent la Soule, se prolongent communément de l'O. N. O. à l'E. S. E., & sont inclinés du S. S. O. au N. N. E.; mais on remarque dans les montagnes de ce pays, plus de désordre que nous n'en observerons dans les autres parties des Pyrénées. La direction des matières varie quelquefois; la cause d'un pareil dérangement peut être attribuée aux montagnes de galets, qui s'élèvent vers l'extrémité de la vallée de Soule; ces pierres siliceuses ont pris la place des pierres calcaires & argileuses; les énormes masses qu'elles forment auront vraisemblablement interrompu la continuité des bancs, dont le déplacement n'a pu avoir lieu, sans occasionner, de proche en proche, plus ou moins de désordre, & sans troubler en même temps la direction & l'arrangement des matières , qui font de nature à être difposées par couches.

Les montagnes de ce pays , habité du temps de Céfar par les *Sibillates* , ne font pas fort élevées ; leur forme arrondie, moins fujette à l'action des torrens que des endroits plus efcarpés , facilite la propagation des forêts ; elles font couvertes de hêtres & de fapins. Strabon , qui vivoit fous Augufte , dit au contraire , qu'elles font entiérement dépourvues de bois : *Supra Jaccetaniam , verfus Septentrionem , habitant Vafcones , in quibus urbs eft Pompelom , quafi Pompeii fi urbem diceres. Ipfius Pyrenes Hifpanicum latus arborum dives eft, omnis generis filvam habet etiam perpetuò virentem , gallicum latus nudum eft. Geog. Strabonis* , page 245 , édit. d'Amfterdam.

La forêt des Aldudes , en Baffe-Navarre ; celle d'Irati , dont une partie fe trouve dans le territoire de France ; les forêts de Soule , de Baretons , &c. , doivent nous porter à croire que les bois de ces montagnes , vraifemblablement confumés par quelque incendie , avant le temps où Strabon écrivoit , fe font renouvellés depuis cette époque ; les defcriptions de cet Auteur font trop exactes , pour que nous foyons autorifés à penfer que celle que nous venons de rapporter ne le foit pas ; l'embrâfement des forêts dans la Soule fembleroit être indiqué par le nom que les Bafques donnent à ce pays ; ils l'appellent *fuberoua* , ce qui fignifie *feu très-chaud ;* l'origine de ce mot ne fauroit être attribuée aux feux des volcans : la Soule ne préfente point de veftiges de ces violentes convulfions de la nature , du moins dans les endroits que j'ai parcourus ; il faut cependant en convenir , l'étymologie que je viens de rapporter eft fort incertaine ; on lit dans Oihenart ce qui fuit : *Solæ nomen ab antiqua voce* Subola *contractum fuit , quæ vafconicâ linguâ filveftrem regionem fignificat.* (Vid. not. utriufque Vafconiæ). Selon François Ranchin , le pays & vicomté de Soule étoit anciennement appellé par les Bafques *Suberoua* (vous êtes chaud) , en langage Bafque , & depuis a eu le nom de Soule *Subola* , pour s'être maintenu feul dans l'obéiffance des Rois de France, parmi les pays dont il eft environné.

Le pays de Soule abonde en bois; il y a cependant des endroits qui en font entiérement dépouillés, & fur-tout à l'Oueft de Tardets, où l'on n'apperçoit que des roches nues : les montagnes, compofées de galets, offrent à-peu-près la même perfpeċtive; de fréquens éboulemens nuifent à la produċtion des végétaux, & occafionnent quelquefois des accidens auxquels on ne peut fonger fans frémir. On a vu plufieurs champs & plufieurs maifons du hameau de Sainte-Engrace, enfévelis fous d'énormes monceaux de pierres; & les malheureux habitans, qui n'obtenoient de la nature les moyens de fubfifter, qu'en luttant fans ceffe contre fes rigueurs, périr au milieu des débris.

Les montagnes voifines de Sainte-Engrace ne préfentent pas le même bouleverfement : fituées à l'extrémité méridionale du pays de Soule, où l'on ne parvient que par une efpèce de ravin, dont les bords font incultes & inhabités, on eft loin de s'attendre à y trouver des terres cultivées; vous croyez au contraire pénétrer dans des lieux triftes & déferts, éloignés de la fréquentation des hommes; mais l'œil eft furpris agréablement au hameau de Sainte-Engrace; il découvre fur les montagnes qui bordent la rive gauche du Gaifon, une multitude de maifons ifolées, dont l'extérieur peint en blanc, ne contribue pas moins à égayer cette folitude, que l'afpeċt varié des champs & des prairies; ces paifibles habitations font couronnées de forêts, qui s'étendent prefque jufqu'aux plus hautes cîmes : ici l'on ne voit que des rochers efcarpés, qui ne parent leur tête d'aucune efpèce de verdure : le vent feul règne fur ces lieux élevés, ainfi que l'atteftent des fapins abattus près du col de Sifcous, par le fouffle impétueux de l'Oueft.

> . . . . . *Loca declarat furfum ventofa patere,*
> *Res ipfa & fenfus montes cum adfcendimus altos.*
>
> Lucret. Lib. VI.

M. de Buffon prétend que la condenfation de l'air par le froid,

dans

dans les hautes régions de l'atmofphère, doit compenfer la diminution de denfité, produite par la diminution du poids incom-
bant, & que par conféquent l'air doit être auffi denfe fur les
fommets froids des montagnes, que dans les plaines : il paroît
même certain que les vents font plus violens fur les hautes éminences, que dans les plaines, comme j'ai eu fouvent occafion
de m'en convaincre, fur-tout au col des Moines, fitué à l'extrémité méridionale de la vallée d'Offau ; ayant hafardé de franchir ce port, vers la fin de l'automne, j'y effuyai un ouragan
terrible ; à cette élévation le vent brûlant du Midi qui promet
une pluie bienfaifante à la terre qu'il deffèche, fouffloit avec tant
de force, qu'il falloit continuellement s'appuyer fur les rochers pour
n'être pas renverfé : ce ne fut qu'avec une peine extrême que je
pénétrai jufqu'à l'Hôpital de Sainte-Chriftine, feul gîte que le voyageur trouve dans ces lieux déferts. La violence des vents fur la
cime des monts a été pareillement remarquée par plufieurs voyageurs. Les hautes montagnes des Quelenes (dans la Nouvelle
Efpagne) font dangereufes, parce qu'il s'y trouve des paffages
fort étroits, & d'une élévation qui expofe les voyageurs à des
coups de vent fi furieux, que les hommes & les chevaux font
quelquefois renverfés de cette hauteur, & périffent miférablement
dans les précipices qui font au-deffous. *Voyez l'Hiftoire générale des
Voyages, tome 12, page 462.* Sur la réfolution qu'on prit de continuer
les triangles du côté du Sud, les Mathématiciens fe partagèrent en
deux compagnies ; Don George Juan & M. Godin paffèrent à la
montagne de Pambamarca, & les trois autres montèrent au fommet de celle de Pichincha : de part & d'autre on eut beaucoup
à fouffrir de la rigoureufe température de ces lieux, de la grêle
& de la neige, & fur-tout de la violence des vents. *Voyez
l'Hiftoire générale des Voyages, tome 12, page 618.*

G

DESCRIPTION MINÉRALOGIQUE,

DEPUIS NAVARREINS,

JUSQU'AU PIC D'ANIE,

En suivant la vallée de Baretons.

Direction des Bancs.	Inclinaison des Bancs.	

LA vallée de Baretons que nous allons suivre dans toute sa longueur, s'étend du Nord au Sud, entre le pays de Soule & la vallée d'Aspe; on y compte six paroisses; les montagnes qui la bordent couvertes de forêts ou de fougère, n'offrent qu'un petit nombre d'endroits propres pour les observations des minéralogistes; la nature semble vouloir s'y dérober à leurs recherches; plusieurs causes contribuent à voiler le secret de ses opérations. Ici, des tapis de gazon; là, d'épaisses forêts; plus loin des débris de rochers, confusément entassés, sont autant d'obstacles que trouvent ceux qui cherchent à connoître l'organisation physique de cette partie des Pyrénées; on conçoit combien il est difficile de les surmonter. En vain l'homme sillonne la surface de la terre, ou déchire son sein, ses ouvrages n'embrassent qu'un petit espace; des galeries où la lumière du jour ne pénètre jamais, des coupes faites dans les flancs des montagnes ne peuvent suppléer qu'imparfaitement aux profondes & larges cavités, que les torrens creusent avec les siècles & dans lesquelles, une longue suite de rochers se montre à nu; malgré des motifs si

Direction des Bancs. *Inclinaison des Bancs.*

décourageans, nous allons pénétrer dans la vallée de Baretons, après avoir décrit les matières qu'on trouve au pied de cette partie des Monts-Pyrénées. Commençons nos recherches à Navarreins ; on y découvre des bancs calcaires & des bancs de grès jaune, friable, qui se succèdent alternativement ; leur inclinaison est presque perpendiculaire.

Si nous passons au village de Prechacq, nous y trouverons des bancs de pierre calcaire blanchâtre, parmi lesquels on remarque des couches d'une espèce d'ardoise marneuse ; la direction & le plan d'inclinaison de ces matières varient. Prechacq est situé, de même que Navarreins, dans la plaine la plus fertile du Béarn ; le Gave d'Oléron, après l'avoir couverte de débris des montagnes, l'a sillonée si profondément, que les eaux ne peuvent plus sortir du lit qu'elles se font creusé ; c'est sur les rives escarpées de cette rivière que j'ai observé les bancs dont je viens de faire mention.

Au Sud de Prechacq, sur la rive gauche du Gave, rivière où les truites & les saumons se plaisent, on trouve de l'argile propre à faire de la brique.

Du N. O. au S. E.   Du S. O. au N. E.

Au village de Poey, situé à cinq mille toises ou environ de Prechacq, on découvre des couches de schiste argileux, jaunâtre & friable ; cette pierre, rude au toucher, est une espèce de grès argileux, où l'on voit briller quelques paillettes de mica. Sous le bois de la métairie de Labaig, dans le territoire de Leduis, on trouve aussi des

Du N. O. au S. E.   Du S. O. au N. E.

bancs de schiste argileux, jaunâtre, grenu, & qui n'a point une grande dureté ; ces bancs sont couverts de pierres arrondies de marbre, de schiste, sur-tout de granit qui se pulvérise facilement sous les doigts.

Les rives du Gave, au Sud du village de Verdets, sont composées de pierres à chaux grises, dures & qui contiennent des paillettes de mica.

G 2

Direction des Bancs.	Inclinaison des Bancs.

Marmor radiens solubile, particulis micantibus arenaceis. Lin. Entre les bancs de cette espèce de pierre, sont interposées des couches de pierre calcaire, tendre, & friable; on trouve aussi près du confluent des rivières du Vert & du Gave, vis-à-vis du château de Moumour, des couches presque horizontales de pierre à chaux feuilletée; quelques couches de cette pierre sont si proches les unes des autres, qu'elles paroissent disposées par bancs de deux ou trois pieds d'épaisseur; mais elles se détachent facilement par feuilles minces : ces lits calcaires sont couverts de pierres arrondies, que la rivière a déposées avant que les hautes rives qui la dominent, n'eussent fixé son cours.

L'éminence sur laquelle la ville d'Oléron est bâtie, présente des bancs de pierre à chaux dont la direction n'est pas constante; on remarque

De l'O.N.O. à l'E.S.E.   Du S.S.O. au N.N.E.

près du Pont de Sainte-Marie, quelques bancs qui suivent celle que le Lecteur voit en marge.

A Saint-Pé, village éloigné d'Oléron d'environ quinze cens toises, on trouve des amas de pierres arrondies de différente nature & déposées par les torrens qui tombent des Pyrénées; ce lieu est au pied d'un côteau, d'où l'on tire des pierres argileuses, jaunâtres & grenues.

Du Nord au Sud.   De l'Est à l'Ouest.

Entre Saint-Pé & le village de Feas, on découvre des couches presque verticales d'ardoise marneuse; on en trouve aussi du côté du village de Barcux, dont les environs présentent des pierres calcaires sur lesquelles on remarque des dendrites. Les collines qui bordent le Vert, rivière qui parcourt la vallée de Baretons & qui souvent ravage les terres qu'elle devroit fertiliser, sont pareillement composées d'ardoise marneuse, jusqu'au delà du village d'Ance; dans quelques endroits, ces matières sont séparées par des couches de schiste argileux, friable. Les environs du lieu d'Ance, fournissent du plâtre grenu; j'ai vu dans un morceau de cette subs-

Direction des Bancs.	Inclinaison des Bancs.	

tance saline, des pyrites d'un jaune pâle, crista-lisées en groupe.

En continuant d'avancer vers le Sud, le voyageur trouve au village d'Aramits, situé à deux

De l'O.N.O. à l'E. S. E. — *Du S. S. O. au N. N. E.* — mille toises du lieu d'Ance, des couches de schiste argileux, mol & friable; mais en approchant de la paroisse de Lanne, on s'apperçoit que cette pierre devient plus dure; on peut la ranger parmi les ardoises; ces mêmes couches se pro-longent du côté de l'Est, vers Issor; on les trouve

De l'O.N.O. à l'E. S. E. — *Du S. S. O. au N. N. E.* — près de ce village, dans la direction qui est en marge.

Après celui d'Arrete, où finissent les collines situées au pied de cette partie des Pyrénées, & où commencent les montagnes de la région infé-

Du N. O. au S. E. — *Du N. E. au S. O.* — rieure, on découvre des couches presque verti-cales d'ardoise marneuse; on y remarque aussi des bancs de marbre gris foncé, qui prend très-bien le poli, & qu'on emploie pour des chambranles. Plus loin la pene (1) d'Ourdi & la montagne d'Iré, qui resserrent la vallée de Baretons, sont composées de masses de marbre gris, traversé de veines spathiques; on y voit aussi des corps circulaires qui paroissent être des coquillages que le temps a dénaturés.

On trouve des masses d'ophite, en continuant de remonter le Vert, dont les bords produisent une grande quantité d'aunes; on connoît l'utilité de cet arbre, qui se plaît dans les lieux humides; on sait qu'il défend les terres voisines des rivières, contre les débordemens, & que son bois qui pourrit facilement à l'air, dure éternellement, lorsqu'il est enfoncé dans une terre marécageuse.

De l'O.N.O. à l'E. S. E. — *Du N. N. E. au S. S. O.* — Les masses d'ophite précédentes sont suivies de couches presque verticales d'ardoise marneuse.

_____

(1) Pen désigne, en Langue Celtique, une élévation ou la cime d'un lieu dominant, dénomination qui s'est à-peu-près conservée dans l'idiome Béarnois; on appelle *Pene* une roche élevée.

Direction des Bancs.	Inclinaison des Bancs.
De l'O. N. O. à l'E. S. E.	Du N. N. E. au S. S. O.
De l'Ouest à l'Est.	Du Nord au Sud.
De l'O. N. O. à l'E. S. E.	Du N. N. E. au S. S. O.
De l'O. N. O. à l'E. S. E.	Du S. S. O. au N. N. E. Du N. N. E. au S. S. O.

Après ces matières, les montagnes préfentent des maffes de marbre gris & des bancs très-réguliers de cette même efpèce de pierre calcaire, d'un pied ou environ d'épaiffeur.

Plus loin, on trouve des maffes d'ophite dont la configuration eft groffière ; fa couleur eft d'un gris verdâtre, ces maffes forment des endroits moins élevés que les pierres calcaires, mais comme ces deux efpèces de pierre pénètrent verticalement au deffous du niveau de la rivière, on ne peut découvrir ici laquelle des deux fert de bafe à l'autre. On remarque près des maffes d'ophite des couches de fchifte argileux un peu grenu qui ne fe lève qu'en partie par lames minces : ces couches, dont la direction varie, n'excédent pas un demi-pouce d'épaiffeur : n'omettons pas de faire obferver au Lecteur que l'ophite eft prefque toujours accompagné de bancs de fchifte.

Avant que d'arriver aux premières baraques que l'on a conftruites pour les ouvriers employés à l'exploitation des forêts qui couronnent ces montagnes, on trouve des galets filiceux, liés par un gluten de la même nature, & des couches d'ardoife marneufe féparées par des couches de fchifte argileux ; dans les environs de ce nouvel établiffement, les eaux du Vert coulent fous l'agréable ombrage du frêne, du bouleau, de l'aune & du forbier ; les flancs des montagnes font couverts de hêtres & de fapins.

On découvre près des baraques dont j'ai fait mention ci-deffus, des maffes d'une pierre argileufe, grenue, ferrugineufe & jaunâtre.

Plus loin, les montagnes font compofées de galets filiceux, féparés par des maffes d'une pierre argileufe, grife, & mêlée de grains de quartz. Là, le voyageur voit avec étonnement les moyens dont on fe fert pour tirer des bois de conftruction d'un lieu hériffé de rochers, ou entre-coupé de profonds ravins. Comme la confection d'un chemin a paru vraifemblablement trop difpendieufe aux entrepreneurs de cette exploitation, on a employé des poutres de hêtre, que les flancs de la montagne foutiennent d'un côté & qui portent de l'autre, fur des troncs de ce même arbre, placés verticalement : c'eft fur ces groffes pièces de bois, qu'à force de bras, on fait gliffer jufqu'aux premières baraques, les fapins deftinés pour la marine. Mais laiffons ces ouvrages de l'art pour continuer la defcription minéralogique des montagnes qui bordent du Nord au Sud, la vallée de Baretons.

On trouve près des baraques fituées à l'extrémité du ravin qui mène au col du Benou, des maffes d'une pierre rougeâtre, qui ne fait point efferve fcence avec les acides, & qui ne donne pas d'étincelles lorfqu'on la frappe avec le briquet ; elle eft dans quelques-unes de fes parties un peu grenue ; mais en général, elle approche d'un fchifte qui ne feroit point feuilleté.

En montant plus haut on découvre une efpèce de brèche ; c'eft un mélange groffier de différentes pierres, parmi lefquelles on en remarque de calcaires.

On trouve au pied de la montagne où eft fitué le col du Benou, des maffes d'une pierre grenue, mêlée de paillettes de mica, & qui fait feu avec le briquet ; cette roche de couleur d'ardoife, eft une efpèce de grès ; le même canton préfente des maffes d'une pierre argileufe grenue.

Après avoir décrit les montagnes qui font du côté du col du Benou, nous allons defcendre par le ravin qu'elles bordent pour paffer dans celui qui mène vers la forêt d'Iffeaux, où de grandes clairières pleines de fouches de fapins, atteftent la prodigieufe quantité de bois qu'elle a fourni pour la marine.

En montant au col de Sifcous, éloigné du précédent d'environ quinze cens toifes, on voit des montagnes compofées de marbre gris.

Si delà, l'obfervateur dirige fa marche du côté

de l'Eſt, vers le quartier du Puy, il découvre de grandes maſſes d'ophite; cette pierre verdâtre, qui préſente à ſa ſurface des criſtaux de ſchorl vert, ſe trouve entre des montagnes de marbre gris.

Plus loin, en avançant vers le Sud, on découvre des couches de ſchiſte argileux, qui ſe diviſe facilement par feuilles; on les rencontre après avoir traverſé le chemin qui mène de la vallée d'Aſpe à la forêt d'Iſſeaux, dont l'exploitation a exigé des travaux incroyables; il a fallu percer des rochers, applanir des montagnes, combler des ravins & élever des digues pour contenir les torrens les plus rapides.

Au-delà de ces couches de ſchiſte, des maſſes énormes de marbre gris s'élèvent comme des remparts inacceſſibles ſur les côtés du col, qu'on

De l'O.N.O. | Du S. S. O.
à l'E. S. E. | au N. N. E.

appelle le *pas d'Azun*; le déſordre affreux qui règne près de ce paſſage permet à peine de reconnoître quelques bancs.

On rencontre, entre les pierres calcaires précédentes, des couches d'ardoiſe argileuſe, dont la direction décline moins que celle des autres lits, vers le Sud.

Au pas d'Azun, lieu où l'on ne découvre aucune trace de vie, ni de fécondité, mais où d'arides rochers s'élèvent de toutes parts, l'obſervateur trouve des bancs de marbre gris, qui, à

De l'O.N.O. |
à l'E. S. E. |

une certaine diſtance vers l'Oueſt, ont une ſurface ondulée.

De l'O.N.O. |
à l'E. S. E. |

Il découvre au-delà, des couches d'ardoiſe argileuſe; cette eſpèce de pierre forme juſqu'aux environs de Leſcun, le lit d'un ruiſſeau qui coule vers ce village.

Nous touchons au pic d'Anie, qui préſente un front ſourcilleux : il eſt ſitué dans la région ſupérieure & élevé, ſuivant les obſervations de M. Flamichon, de onze cens dix-neuf toiſes au deſſus du pont de Pau; la cime de cette montagne eſt compoſée de bancs calcaires.

DESCRIPTION

DESCRIPTION DES MINES
de la vallée de Baretons.

Nous avons vu les obstacles que les montagnes de Baretons oppofent aux curieux qui cherchent à découvrir leur conftruction ; les fubftances métalliques dont il eft poffible que la nature les ait enrichies, demeurent pareillement cachées fous les terres qui proviennent de la deftruction des rochers & des végétaux. Le fuccès des recherches qu'on a tentées fe borne jufqu'à préfent à la découverte d'un lit de bleu & vert de montagne, placé entre des bancs calcaires, & fitué dans la montagne de Béré, qui eft compofée de bancs de marbre gris.

Deux onces de ce minerai, deux gros de borax calciné, dix-huit grains de charbon, demi-once de verre en poudre, le tout mis dans un creufet brafqué, avec fuffifante quantité de fel marin pour couvrir l'effai, a donné trois gros de cuivre.

La même chaux de cuivre, traitée plufieurs fois avec du flux noir, n'avoit point rendu de culot métallique.

On voit dans le cabinet d'Hiftoire Naturelle de fon Alteffe Séréniffime Monfeigneur le Duc d'Orléans, un beau morceau de mine de cuivre verte & bleue de la montagne de Béré.

OBSERVATIONS.

La vallée de Baretons, une des moins étendues des Monts-Pyrénées, eft proportionnée à la petite quantité d'eau qu'elle reçoit ; le Vert, rivière dont il faut placer la principale fource au col de Siffcous, n'eft pas affez confidérable pour creufer, à travers les montagnes, une large & profonde vallée ; fi l'on en excepte la plaine agréable & fertile qu'on trouve depuis le village de Féas jufqu'à celui d'Arrete, ce pays n'offre qu'une gorge étroite, inhabitée, bordée de bois de hêtre & de fapin. Quoique le penchant de quelques-unes de ces montagnes, & certaines parties fituées fur les bords du Vert, foient fufceptibles de culture, l'homme ne force ici la terre à aucune efpèce de rapport ; ni les vertes prairies, ni

H

les moiffons jauniffantes n'égaient ce vallon folitaire ; les plantes qu'on y voit croître font abandonnées à leur propre fécondité.

Comme tous les phénomènes de la nature intéreffent ceux qui aiment à la contempler, je ne pafferai pas fous filence un accident auffi fingulier que malheureux, furvenu dans les bois qui couvrent les montagnes de Baretons.

Le 29 de Septembre 1777, il s'éleva un violent orage dans cette partie des Pyrénées ; trois jeunes Bergers & une fille fe mirent à l'abri fous un hêtre ; la fille, munie d'une couverture, la partagea avec un d'entre eux, les deux autres s'adoffèrent contre l'arbre ; dans cette fituation, placés deux à deux aux côtés oppofés du hêtre, ils attendoient que l'orage fe calmât pour retourner au village, lorf-qu'il furvint un grand coup de tonnerre qui tua les deux jeunes gens, fans laiffer fur eux aucune trace de bleffure. La fille, & celui qui fe trouvoit près d'elle, furent griévement bleffés par le même coup de foudre, qui leur brûla, depuis la tête jufqu'aux pieds, le côté du corps par lequel ils fe touchoient ; mais leur plaie ne fut point mor-telle, ils échappèrent à l'accident qui avoit fait périr les autres.

L'homme fe flatteroit en vain de pouvoir éviter le péril dont il eft menacé, lorfque le tonnerre gronde fur fa tête ; il n'a point de moyen fûr pour fauver fa vie ; mais il peut quelquefois en devoir la confervation à fa prévoyance ; la plupart des perfonnes frappées de la foudre, font des habitans de la campagne, qui, furpris par l'orage, fe mettent à couvert fous des arbres, dont la hauteur & l'agitation attirent le feu du tonnerre ; de pareils accidens feroient plus rares, fi l'on favoit préférer l'inconvénient momentané d'une pluie abon-dante, au danger auquel on s'expofe imprudemment ; cette fage précaution feroit fur-tout néceffaire dans les Monts-Pyrénées, & dans les pays fitués aux pieds de ces montagnes, où les orages font très-fréquens : ces grandes maffes qui femblent toucher les cieux de leurs cimes, arrêtent les vapeurs & les exhalaifons, à mefure que ces météores fe forment ; les nuages chaffés par les vents de divers points de l'horizon, y trouvent pareillement des barrières impénétrables; ils s'épaiffiffent, demeurent fufpendus fur la chaîne des Pyrénées, jufqu'à ce que l'agitation de l'air, fuccédant au calme, occafionne des orages d'autant plus terribles, qu'ils ont moins de facilité à s'étendre; c'eft communément la réaction qui les éloigne des montagnes; on les voit alors fe répandre fur des contrées entières, fe réfoudre en grêles funeftes aux campagnes qu'elles dépouillent de leurs riches moiffons; fléau fur-tout à redouter, lorfque durant les faifons orageufes du printemps & de l'été, il refte fur les Pyrénées une quantité de neige affez confidérable pour refroidir l'atmofphère. Les orages qui, en 1778 (1) & 1782, ont ravagé les pays fitués au pied de ces monts, fourniffent des preuves funeftes de cette vérité; ils ont eu lieu principalement dans le mois de Juin, temps où la haute région des Pyrénées étoit couverte de neige.

(1) Les Lettres d'Auch nous apprennent que la grêle du 24 Juin (1778) qu'on peut, en quelque forte, regarder comme un fléau général, caufa de grands ravages dans toute la généralité. Plus de deux cens Communautés en ont été maltraitées : environ 40 Paroiffes ont perdu toute efpèce de récolte. Dans celle de Labarthe, on ne reconnoît plus aucun veftige de culture. *Voyez* la Feuille circulaire des Pyrénées, du Mardi 14 Juillet 1778.

DESCRIPTION MINÉRALOGIQUE
DES MONTAGNES
QUI BORDENT LA VALLÉE D'ASPE (1),

Du Nord au Sud, & de quelques contrées voisines.

Direction des Bancs.	*Inclinaison des Bancs.*

COMME la nature s'est conduite dans la formation des Pyrénées, par des règles qui se démentent rarement, nous allons reprendre nos recherches, en suivant le même ordre que nous avons observé jusqu'ici ; notre marche constamment dirigée du Nord au Sud, est très-favorable ; on voit dans un court espace, presque tous les bancs calcaires & argileux, qui par leur prolongement de l'Ouest-Nord-Ouest à l'Est-Sud-Est, forment la plus grande partie de la chaîne des Monts-Pyrénées ; par ce moyen on n'erre point au gré du hazard, pour examiner souvent des faits, dont la constante uniformité seroit capable de rebuter la curiosité la plus avide. Nous n'avons déjà que trop à nous plaindre de la monotonie d'un récit, que la composition peu variée des matières des Pyrénées ne permet pas d'éviter ; tâchons de ne pas accroître l'ennui qu'elle doit causer au Lecteur ; continuons d'exposer seulement à ses yeux, les raretés que ces montagnes renferment & ce qui est capable de faire

---

(1) La vallée d'Aspe, *Vallis Aspensis*, a la vallée d'Ossau à l'Est, celle de Baretons à l'Ouest, & les terres d'Espagne au Sud ; le Gave d'Aspe la traverse dans toute sa longueur : on y compte quinze paroisses.

Direction des Bancs. *Inclinaifon des Bancs.*

connoître leur conformation. La gloire d'employer une infinité de matériaux raffemblés pendant des voyages pénibles, ne nous féduit pas. Convaincus de leur fuperfluité, nous ne regretterons pas de ne point en faire ufage pour multiplier des volumes ; de pareils faits ne ferviroient qu'à furcharger ce livre, de répétitions faftidieufes, fans éclairer davantage l'efprit. Quand on ne doit décrire que des objets uniformes, les parties qui les compofent ne méritent point de longs détails ; il fuffit alors de repréfenter les grandes maffes. Tel eft le plan qu'on a fuivi jufqu'à préfent dans cet ouvrage, & dont on ne croit pas devoir s'écarter ; après avoir expofé les motifs qui nous déterminent à ne pas lui donner toute l'étendue que fembloit exiger le fujet que j'y traite, nous allons pénétrer dans la vallée d'Afpe, d'où nous pafferons dans le val de Canfranc ; mais nous porterons auparavant notre attention fur le fol du pays fitué au pied des montagnes de la partie feptentrionale des Pyrénées ; on peut regarder la plupart des matières qu'on y trouve comme un prolongement de celles qui conftituent cette grande chaîne de monts.

Dans les environs de Monein, lieu où mourut Henry d'Albret, preffé (fuivant l'expreffion d'Olhagaray) d'un indicible regret d'avoir perdu la Navarre, on voit des côteaux prefque entiérement compofés de galets.

A une demi-lieue au Sud du village de Cardeffe, fur la route d'Oléron, on trouve des maffes de terre glaife.

De l'O.N.O. à l'E.S.E. Du S.S.O. au N.N.E.

Arrivé au Nord d'Eftialefcq, le voyageur découvre des bancs d'une pierre calcaire, blanche, fufceptible jufqu'à un certain point d'être polie ; on la convertit en chaux dans des fours fitués à une petite diftance Nord de ce village.

En avançant vers le Sud, on traverfe des côteaux compofés de terre argileufe, où croiffent le chêne roure & la fougère.

Direction des Bancs.	Inclinaison des Bancs.

A Oléron, ville que les Normands ruinèrent en 843, & qui fut rebâtie par Centulle IV, vicomte de Béarn, on trouve des bancs de pierre calcaire, grise; c'est une espèce de marbre grossier, dont quelques lits se prolongent dans la direction qu'on voit en marge.

De l'O.N.O. à l'E. S. E. — **Du S. S. O. au N. N. E.**

Au-delà d'Oléron, au pied des côteaux ornés de prairies qui dominent le village de Vidos, on apperçoit des terres argileuses.

Si nous dirigeons un moment notre route vers l'Est, nous trouverons, à une petite distance Sud du moulin Duplaa, situé à deux mille toises ou à-peu-près d'Oléron, des bancs de marbre gris dont le plan est perpendiculaire avec l'horison, & qui dans cet endroit forment le lit du gave d'Ossau. Leur direction varie, *voyez la Planche IV.*

De l'O.N.O. à l'E. S. E. — **Du S. S. O. au N. N. E.**

Les côteaux qui bordent le Gave d'Aspe, jusque auprès du village d'Eysus, sont composés de couches d'ardoise marneuse, parmi lesquelles on trouve de la pierre calcaire, grise, dure & qui approche de la nature du marbre; ces couches sont séparées, à une petite distance Nord d'Eysus, par quelques couches argileuses; comme la marne est un mêlange d'argile & de terre calcaire, il n'est pas étonnant de trouver ces différentes substances dans les endroits formés de ce mixte.

Entre les villages d'Eysus & de Lurbe, on laisse sur sa gauche un côteau où l'on trouve des couches de marne dont l'inclinaison varie.

De l'O.N.O. à l'E. S. E. — **Du S. S. O. au N. N. E.** **Du N. N. E. au S. S. O.**

Le village de Lurbe, où commence la région inférieure de cette partie des Pyrénées, est dominé du côté de l'Est, par une montagne de marbre qu'on appelle *Binet*, qui, au rapport de quelques-uns, présage les changemens de temps, selon qu'elle est plus ou moins couverte de nuées & de brouillards; la même pierre calcaire se trouve dans les montagnes des environs d'Asaps, village séparé de Lurbe, par le Gave, elle est disposée par masses; on y découvre aussi

Pl. IV.

Flamichon del.　Vue de la Montagne de Gabedaille dans la Vallée d'Aspe　N.º 1.

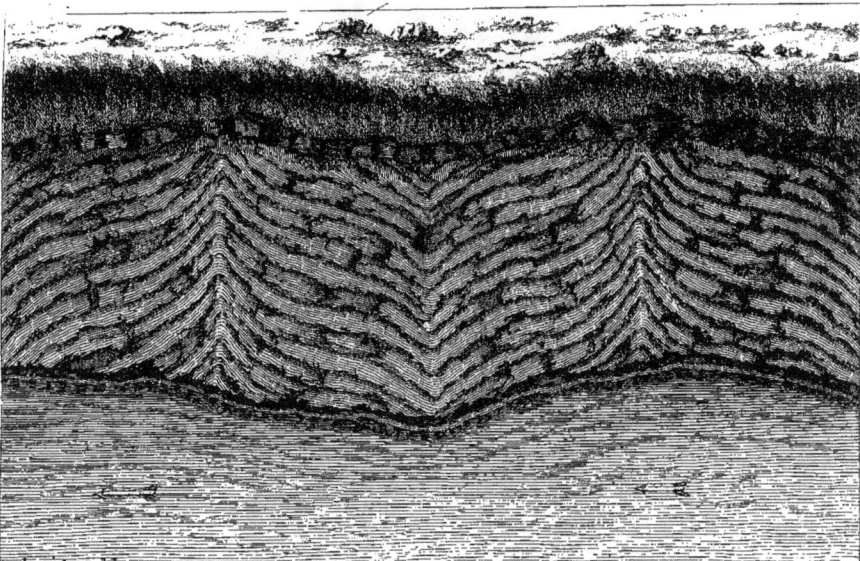

Flamichon del.

N.º 2　Plan d'une partie du Lit du Gave au Sud du Moulin Duplaa. *Ces Bancs sont Calcaires.*

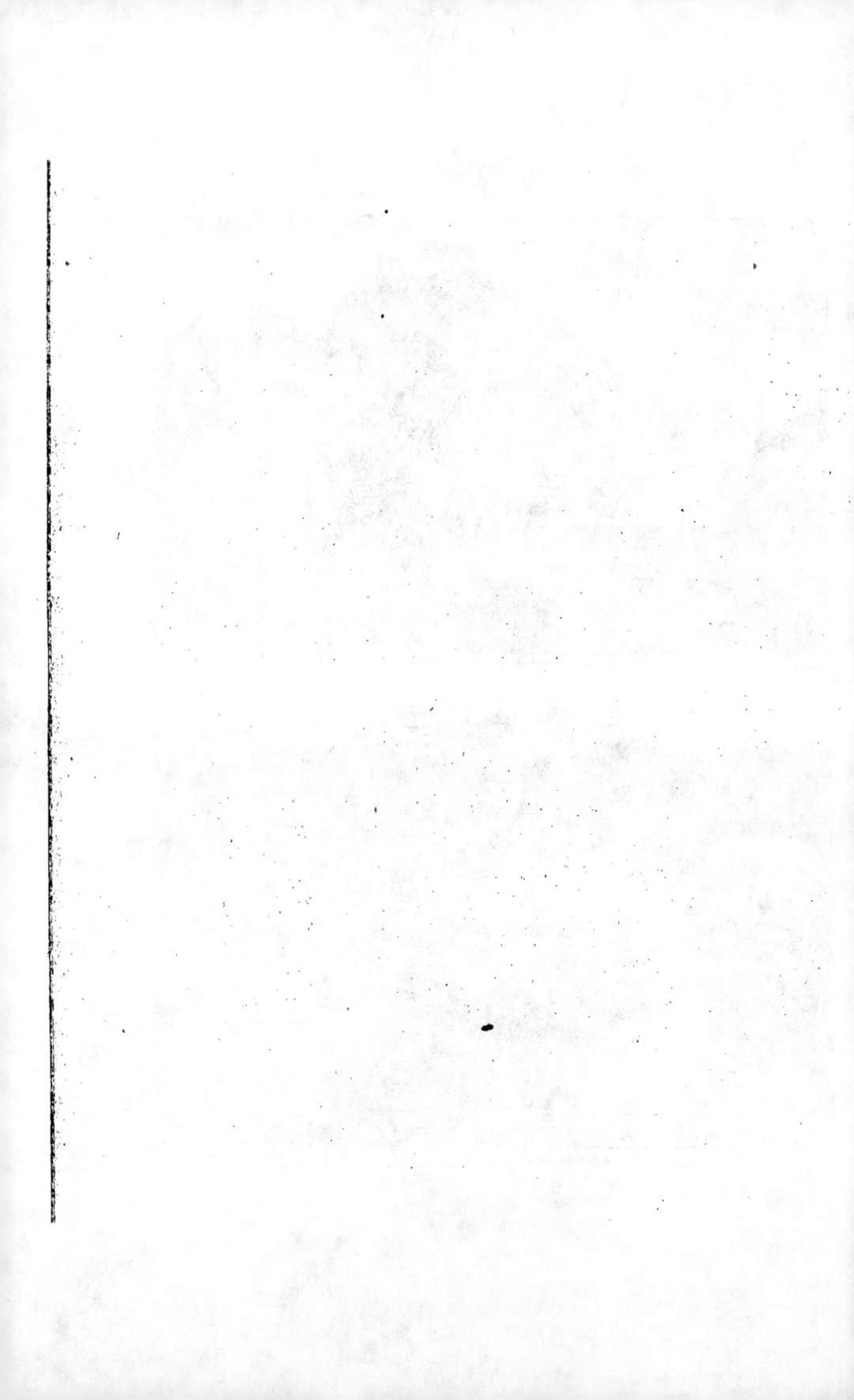

Direction des Bancs.	*Inclinaison des Bancs.*
De l'O.N.O. à l'E.S.E.	Du S.S.O. au N.N.E.

un arrangement régulier ; il se fait sur-tout remarquer au-dessous du pont de Lourdios, où il y a des bancs de marbre gris, traversé de veines spathiques.

Après Lurbe, on monte sur une petite éminence composée d'argile ; cette terre est bientôt suivie de masses de granit qui se réduit facilement en sable ; ce lieu est le seul, depuis l'Océan, où le hazard ait offert cette roche à mes yeux.

Plus loin en continuant d'avancer vers le Sud, le voyageur trouve des matières argileuses, parmi

De l'O.S.O. à l'E.N.E.	Du N.N.O. au S.S.E.

lesquelles on remarque des couches de schiste friable & mou.

Au Nord du village d'Escot, sur la rive droite du Gave, on trouve des couches de marne sé-

De l'O.S.O. à l'E.N.E.	Du N.N.O. au S.S.E.

parées par d'autres couches de schiste mou, argileux.

Entre les couches précédentes, on a ouvert, sur la rive gauche, des ardoisières. Les inter-

De l'O.N.O. à l'E.S.E.	Du N.N.E. au S.S.O.
De l'O.N.O. à l'E.S.E.	Du N.N.E. au S.S.O.

valles de ces couches marneuses sont quelquefois remplis de veines d'une pierre argileuse verdâtre, mêlée d'un peu de quartz. Des couches marneuses se font pareillement remarquer au village d'Escot, éloigné d'Oléron d'environ six mille toises.

A la pene d'Escot, lieu où la vallée se resserre considérablement, on voit s'élever à perte de vue, des roches nues, escarpées ; elles sont de marbre gris, formé d'une infinité de petits corps circulaires que le naturaliste considère comme les dépouilles d'une seule famille de coquillages : le marbre de la pene d'Escot est en général disposé par masses, on remarque

De l'O.N.O. à l'E.S.E.	Du S.S.O. au N.N.E.

aussi quelques bancs, & principalement près des sources minérales d'Escot ; sa surface présente des cristaux de spath calcaire à trois pans.

Sous le pont de Sarrance, on apperçoit des bancs de marbre, dans une direction qu'ils sui-

Du Nord au Sud.	

vent rarement dans les Pyrénées ; on a ouvert une marbrière à une petite distance Sud de ce pont.

On trouve un peu au-delà de Notre-Dame de

Direction des Bancs.	Inclinaison des Bancs.
Du N. N. O. au S. S. E.	De l'O. S. O. à l'E. N. E.

Sarrance, des couches de pierre calcaire, grife, tendre & feuilletée ; ce lieu eft un Pélerinage célèbre, qui, fuivant M. de Marca, a été vifité par Louis XI, avec cette circonftance particulière, qu'en entrant dans le Béarn, ce Roi fit baiffer fon épée, que l'on portoit haute devant lui, & ne voulut point qu'on fcellât aucune lettre, tandis qu'il y fit fon féjour, difant qu'il étoit hors de fon royaume.

De l'O. N. O. à l'E. S. E.	Du S. S. O. au N. N. E.

Avant que d'arriver au Pont-Sufon, fitué à mille toifes Sud de Sarrance, les montagnes font compofées de bancs & de maffes de marbre gris, plus ou moins foncé & fufceptible d'un beau poli ; on exploite dans ces montagnes une carrière de ce marbre, mais le voyageur admire beaucoup moins les richeffes tirées de leur fein que les objets & les productions qui ornent la furface de la terre ; des habitations ruftiques fur la pointe des rochers, des champs & des prairies au bord des précipices, des bois plantés dans des endroits qui paroiffent inacceffibles, ne font pas les moindres merveilles de ce lieu.

Non loin, & au Nord du Pont-Sufon, on voit tomber en cafcade, un petit ruiffeau, qui, par fa chûte, a creufé, dans des roches calcaires, un trou de plufieurs pieds de profondeur, & auquel le tournoiement des eaux a donné une forme circulaire ; les montagnes préfentent en plufieurs endroits, même très-élevés, de pareilles cavités, dont l'intérieur a pris une efpèce de poli ; ces creux font l'ouvrage du mouvement de rotation des eaux, lorfque les torrens avoient encore leur lit à cette hauteur.

De l'O. N. O. à l'E. S. E.	Du N. N. E. au S. S. O.

Au Pont-Sufon, le naturalifte trouve des couches de pierre calcaire fiffile, & s'il s'écarte de la direction du Sud, pour fuivre celle du Sud-Oueft, il découvre, à la diftance d'environ une demi-lieue, de la pierre à plâtre ; elle eft employée dans les bâtimens ; j'en ai vu des morceaux parfaitement blancs.

A

A une petite distance Sud du Pont-Suson, on rencontre des masses de pierre calcaire grisâtre, dure, un peu brillante & qui ressemble à la mine de fer spathique, que l'on voit près de Béleften, dans la vallée d'Offau, elles diffèrent en ce que la pierre que je décris, fait effervescence avec l'eau-forte, sans avoir été calcinée, propriété qu'on ne remarque pas dans la pierre des environs de Béleften.

De l'O.N.O. à l'E. S. E.

Les montagnes qui suivent, font composées de masses, & en quelques endroits, de bancs de marbre gris : ces matières calcaires s'étendent jusqu'à Bédous, bourg situé à deux mille toises Sud du Pont-Suson.

Avant que de pénétrer plus loin au Sud, dans la vallée d'Aspe, arrêtons-nous un moment à l'entrée de la plaine de Bédous : nous verrons que sa largeur est assez considérable pour empêcher que le naturaliste qui se trouve placé au milieu, n'apperçoive facilement les matières qui s'élèvent fur les bords ; ce n'est point une gorge étroite comme celle que nous fuivons depuis le village d'Escot, mais un intervalle d'environ une demi-lieue qui fépare ici les montagnes. De tels baffins fe trouvent plus ou moins fréquemment dans les vallées ; leur sol est presque toujours composé des terres & des pierres qui se détachent des lieux élevés ; vérité si généralement reconnue que j'aurois cru furcharger mon ouvrage de détails inutiles, en décrivant les différentes espèces que ces débris préfentent. Comme la connoissance de l'organisation physique des montagnes est suffisante pour connoître en même temps la nature des matières qui forment le sol des vallées que l'on voit dans leur fein, je me borne à la description des bancs, ou masses continues qui constituent la chaîne des Monts-Pyrénées. Je ne parlerai pas du sol des vallées, élevé, ainsi que je l'ai déjà dit, au dépens des montagnes voisines, lorfque la rapidité des eaux qui

I

les fillonnent, ne devient pas un obſtacle à la formation de ces dépôts; il eſt aiſé alors de concevoir que le rocher reſte à nu; circonſtance aſſez
ordinaire dans les endroits où le lit des torrens
a beaucoup de pente. Je ne garderai pas un
pareil ſilence, par rapport aux amas qui ſont
quelquefois partie des montagnes, & qui
ſe trouvent trop au - deſſus des torrens pour
qu'on puiſſe ſoupçonner, au premier coup-d'œil,
que ceux-ci les aient formés : il en ſera de
même des atterriſſemens que l'on voit au pied
des Pyrénées; je les décrirai avec d'autant plus
de raiſon, qu'ils forment le ſol de pluſieurs contrées, privées aujourd'hui dans quelques endroits
des eaux dont elles ſont l'ouvrage. Mais comme
l'eſpace étroit des vallées renfermées dans le
ſein des montagnes, ne permet point au voyageur qui les parcourt, de perdre de vue les rivières qui les arroſent, il eſt facile de concevoir
que les terres riveraines ſont en général compoſées
de ſubſtances que les eaux charrient des montagnes.

Mais reprenons notre deſcription. Avant que
d'arriver à Bédous, lieu qui a donné naiſſance à
M. de Laclede, Auteur d'une Hiſtoire de Portugal qui a paru en 1730, on trouve ſur les rives
du Gave des terres argileuſes mêlées de morceaux d'ophite.

A une petite diſtance Nord de ce bourg, on
voit des maſſes de pierre calcaire, griſe.

Elles ſont ſuivies de maſſes d'ophite qui forment
les bords oppoſés du ruiſſeau qui traverſe Bédous;
on en trouve pareillement au pont d'Oſſe ſur le
Gave; ces matières ſe prolongent du côté de
l'Eſt, par le territoire d'Aydius, où il y a une
carrière d'ardoiſe argileuſe; on tranſporte cette
ardoiſe dans les villes de Béarn, voiſines de la
vallée d'Aſpe.

A une petite diſtance Sud du pont d'Oſſe,
vous découvrez des couches de pierre calcaire,
qui ſe diviſe facilement par feuilles.

Près de la paroiffe d'Offe, qui n'eft éloignée de Bédous que d'environ mille toifes, font des éminences compofées de maffes d'ophite.

Entre les villages d'Offe & d'Atas, les montagnes préfentent des maffes de marbre gris ; on trouve auffi de l'autre côté du Gave, fous le village de Jouers, des pierres calcaires : elles font placées entre des maffes d'ophite, arrangement qui fait conjecturer que ces matières ont été formées à la même époque : la texture de ces pierres calcaires a un grand rapport avec le marbre de Florence ; mais on n'y admire pas ces jeux de la nature qui donnent un fi grand prix à ce dernier.

A une demi-lieue à l'Oueft d'Atas, fur la route de la forêt d'Iffeaux, on découvre des couches de fchifte gris qui fe divife par feuilles ; elles font appuyées fur des bancs calcaires.

Près, & au Nord-Eft d'Accous, lieu que l'on croit avoir été défigné, par les Anciens, fous le nom d'*Afpalucca*, les montagnes font compofées de maffes d'ophite ; plufieurs morceaux de cette pierre préfentent à leur furface des aiguilles de fchorl verdâtre.

Comme la partie de la vallée d'Afpe, qu'on nomme *le baffin de Bédous*, & que nous venons de parcourir, eft couverte de bois & de pâturages, je n'ai pu obferver par-tout l'arrangement refpectif des pierres à chaux & des ophites ; mais on voit diftinctement que ces matières font interpofées entre de hautes montagnes de marbre, qui s'élèvent des côtés du Nord & du Sud.

Le ruiffeau qu'on nomme *la Verte*, & qui prend naiffance dans les montagnes fituées à l'Eft d'Accous, roule des pierres dures compofées de petits grains ferrugineux ; nous hafarderons notre opinion fur leur formation, en décrivant les pierres fpongieufes qu'on découvre dans la vallée d'Offau.

Plus loin, à deux cens pas ou environ du pont d'Efquit, conftruit fur le Gave, on trouve fur la

I 2

Direction des Bancs.	Inclinaison des Bancs.
De l'O.N.O. à l'E.S.E.	Du N.N.E. au S.S.O.
De l'O.N.O. à l'E.S.E.	Du S.S.O. au N.N.E.
De l'O.N.O. à l'E.S.E.	Du S.S.O. au N.N.E.
De l'Ouest à l'Est.	Du Sud au Nord.
De l'O.N.O. à l'E.S.E.	Du N.N.E. au S.S.O.
Du N.O. au S.E.	Du N.E. au S.O.

rive droite de cette rivière, des pierres calcaires disposées par feuillets, dont quelques-uns sont perpendiculaires à l'horizon. Si l'on porte la vue sur la rive gauche, on voit des bancs de marbre gris qui suivent la même direction; on en remarque qui sont verticaux.

Le pont que nous venons de nommer, est dominé du côté du Sud, par une chaîne de montagnes calcaires; elle porte le nom de *pene d'Esquit;* les rochers dont elle est hérissée, présentent un aspect affreux; ici, des bancs de marbre gris qui s'élèvent jusqu'aux nues, ne laissent que l'espace nécessaire pour le cours du Gave; le voyageur se croit arrêté par des remparts inaccessibles; il n'avance que d'un pas incertain sous la voussure des rochers qu'on a percés pour former un passage qui étonne les plus hardis; les pierres qui se détachent de cette voûte & des sommets menaçans de la montagne dont on voit les débris dans la rivière, ou sur le chemin, avertissent du danger auquel on est quelquefois exposé sous la pene d'Esquit; elle est tellement penchée vers le Sud, qu'en suivant la direction de l'Ouest à l'Est, on pourroit marcher à l'abri de la pluie : hâtons-nous de nous éloigner de ce lieu effrayant, & continuons de remonter vers le Sud contre le cours des eaux du Gave; nous trouvons d'abord entre la pene d'Esquit & le pont de Lescun, des montagnes composées de marbre gris; on remarque aussi parmi ces masses calcaires du marbre vert, *marmor unicolor viride,* W. *Marmor particulis subimpalpabilibus opacum, compactum poliendum, viride seu verdello.* Lin. Ces pierres calcaires sont confusément entassées; on voit cependant quelques bancs.

Avant que d'arriver au village d'Aigun, on trouve des couches d'ardoise grise argileuse; malgré le désordre qui règne dans cet endroit, on observe la direction de quelques-unes de ces couches; les mêmes matières se font remarquer aux

Direction des Bancs.	Inclinaison des Bancs.

environs du village d'Aigun, qui eſt ſitué à deux mille toiſes au Sud d'Accous ; elles ſe prolongent du côté du village de *Cette*, qui, bâti ſur les flancs d'une montagne, eſt, dit-on, menacé par les Lavanges, depuis la deſtruction des bois qui le défendoient anciennement.

Après le village d'Aigun, la variété de pluſieurs eſpèces de marbre charme la vue du voyageur ; il y trouve 1°. du marbre violet, *marmor violaceum*, W ; 2°. du marbre vert, *marmor viride* ; 3°. du marbre vert, blanc & rouge, *marmor variegatum viride*, W ; *marmor particulis ſubimpalpabilibus opacum, compactum, poliendum viride maculatum, ſeu Lacedemonicum*, *Lin.* ; 4°. du marbre violet varié, *marmor variegatum violaceum*, *Lin.* Quoique les montagnes compoſées de ces différens marbres ſoient dans un état de deſtruction, on obſerve, à travers les ruines qui

De l'O.N.O. à l'E.S.E.	Du S.S.O. au N.N.E. Du N.N.E. au S.S.O.

couvrent leur ſurface, quelques bancs, parmi leſquels on en remarque de perpendiculaires à l'horizon. Une ſubſtance argileuſe, mêlée avec la pierre calcaire qui conſtituent ces marbres, empêche qu'ils ne prennent un beau poli ; ils ſont, par la même raiſon, peu propres à faire de la chaux. La plupart des marbres verts ſont, ſelon M. Romé de Liſle, attirés par l'aimant, propriété que je n'ai pu découvrir dans les marbres colorés de cette partie des Pyrénées.

De l'O.N.O. à l'E.S.E.	Du N.N.E. au S.S.O.

On trouve encore au Sud d'Aigun des couches de marbre fiſſile.

De l'O.N.O. à l'E.S.E.	Du N.N.E. au S.S.O. Du S.S.O. au N.N.E.

Plus loin les montagnes ſont compoſées de couches d'ardoiſe, griſe, argileuſe dans leſquelles on a ouvert une ardoiſière.

A une petite diſtance, au Nord du village d'Etſaut, on trouve des maſſes de marbre gris, confuſément entaſſées : ces pierres calcaires ſe prolongent du côté de l'Oueſt, vers Leſcun, où le marbre eſt d'un gris plus foncé & traverſé de veines ſpathiques.

Au village d'Etſaut, on trouve des bancs de

Direction des Bancs.	*Inclinaison des Bancs.*
De l'O.N.O. à l'E.S.E.	Du N.N.E. au S.S.O.
Du Nord au Sud.	De l'Ouest à l'Est.
De l'O.N.O. à l'E.S.E.	Du S.S.O. au N.N.E.
Du N.N.O. au S.S.E.	De l'O.S.O. à l'E.N.E.
Du N.N.O. au S.S.E.	De l'O.S.O. à l'E.N.E.
De l'O.N.O. à l'E.S.E.	Du S.S.O. au N.N.E.
De l'O.N.O. à l'E.S.E.	Du S.S.O. au N.N.E.

schifte gris, parmi lesquels on remarque une espèce de grès argileux, mêlé de paillettes de mica; le plus grand nombre de ces bancs paroît se diriger vers l'Ouest, entre Lescun & le Pic d'Anie, dans cet intervalle les schiftes sont rouges ou noirâtres. Les matières schifteuses d'Etfaut ne sont pas généralement disposées par bancs, on y obferve beaucoup de défordre.

Plus loin les montagnes préfentent des maffes énormes de marbre gris; on y rencontre auffi quelques bancs de la même efpèce de pierre.

Si nous continuons à diriger notre marche vers le Sud, nous trouverons des couches d'ardoife grife argileufe.

Avant que d'arriver au pont Severs, conftruit sur le Gave, on découvre des bancs de marbre gris.

Ne nous laffons point de ramaffer des faits, qui pourront fervir un jour à dévoiler le fecret de la nature; cet efpoir doit foutenir notre courage dans la defcription peu variée des montagnes que nous parcourons; elles font compofées au Nord, & près du pont Severs, de couches d'ardoife grife; argileufe, appuyée fur des matières calcaires.

Le pont Severs eft dominé par des bancs de marbre gris. Ici commence le chemin étonnant qui a fervi à l'exploitation de la forêt de fapin du Paët; moins curieux d'examiner les miracles de l'art que les phénomènes de la nature, nous fuivrons la route d'Efpagne, dont la direction du Nord au Sud eft plus favorable pour l'obfervateur, ainfi que nous l'avons déjà vu.

Après avoir paffé le pont Severs, on obferve des débris d'ardoife grife, argileufe; mais je n'ai point découvert les grandes maffes d'où cette pierre fe détache.

Au Pourtalet, refte d'un ancien fort bâti au pied des montagnes de la région fupérieure, & dans un défilé, où la défenfe eft facile, il y a

Direction des Bancs.	Inclinaison des Bancs.
De l'O.N.O. à l'E. S. E.	〰

des bancs de marbre gris foncé, où le naturaliste remarque quelque pierres calcaires, composées de madrépores; on les trouve dans une montagne que la *planche V* représente; j'ai eu l'honneur d'exposer sous les yeux de l'Académie des Sciences, un morceau de ce marbre que M. Guettard a placé dans le Cabinet d'histoire naturelle de Son Altesse Sérénissime Monseigneur le Duc d'Orléans.

Après le pont d'Urdos, qui est dominé par de hautes montagnes de marbre, on trouve des pierres argileuses, non fissiles, mêlées de paillettes de mica; on en découvre aussi quelquesunes de feuilletées. Il ne m'a pas été possible de bien observer les montagnes que l'on côtoie audelà du pont d'Urdos, jusqu'à la borde de Portatiu, à cause des bois qui couvrent cette partie des Pyrénées; mais on remarque une ardoisière sur la rive droite du Gave. Les obstacles que les végétaux opposent à la curiosité du naturaliste, sont fréquens dans la vallée d'Aspe, les montagnes qui la bordent, abondent en hêtres & particuliérement en buis. Pline nous avoit déjà appris que cet arbrisseau qui aime en général les lieux froids & rudes, croissoit abondamment sur les Pyrénées; personne n'ignore que son bois est dur (1), qu'il est employé par les tourneurs, les tabletiers, &c. pour beaucoup d'ouvrages qui demandent cette propriété.

De l'O.N.O. à l'E. S. E.	Du S. S. O. au N. N. E.

Au Sud d'Urdos, village dont le territoire touche à celui d'Espagne, on voit près de la borde de Portatiu, des bancs de marbre gris, la pene d'Aret est composée de la même espèce de pierre.

De l'O.N.O. à l'E. S. E.	Du S. S. O. au N. N. E.

A une petite distance Sud de la pene d'Aret, dont le nom exprime l'âpreté de ce lieu, on découvre des bancs de schiste rouge argileux.

---

(1) Le Bnis ou plutôt le Bou·ys, comme écrivoient nos pères, & c'est son vrai nom, lequel signifie *bois de fer*, le fer en Celtique se nommant *ys*, *yser*, *eysen*. Pline, *livre XVI*, *note du Traducteur*.

Direction des Bancs.	*Inclinaison des Bancs.*
De l'O.N.O. à l'E.S.E.	Du S.S.O. au N.N.E.
	Du N.N.E. au S.S.O.
De l'O.N.O. à l'E.S.E.	Du S.S.O. au N.N.E.
De l'O.N.O. à l'E.S.E.	Du S.S.O. au N.N.E.
De l'O.N.O. à l'E.S.E.	Du N.N.E. au S.S.O.
	Du S.S.O. au N.N.E.

Plus loin, en montant toujours vers le Sud, vous trouvez des bancs de pierre calcaire, dont l'inclinaison est communément du S. S. O. au N. N. E. Il y en a cependant quelques-uns sur la rive gauche du Gave, inclinés du N. N. E. au S. S. O.

Près de Peyrenère, dernière habitation que le voyageur trouve sur le territoire de France, au milieu des plus tristes déserts, on rencontre des bancs de schiste dur, argileux, rougeâtre ; on en remarque aussi qui se divise par feuillets : ces deux espèces de schiste se trouvent pareillement au passage de Somport, situé au sommet d'une montagne, qui distribue ses eaux vers la France & vers l'Espagne. Telles sont les observations que j'ai faites dans les montagnes d'Aspe ; les limites des deux royaumes ne seront pas en même temps les bornes de la description des substances minérales. Nous allons franchir le sommet des Pyrénées, pour la continuer sur le territoire d'Espagne, jusque aux environs de Jacca, en descendant par le val de Canfranc, dont la direction est du Nord au Sud.

On trouve à Sainte-Christine des bancs de schiste rougeâtre ; il n'y a point d'autres matières schisteuses en continuant d'avancer vers le Sud ; cette partie des Pyrénées est presque toute calcaire, c'est en quoi elle diffère des montagnes du côté de France, qui présentent fréquemment des schistes.

Vous rencontrez, après Sainte-Christine, des bancs de marbre gris ; ces bancs se dirigent de l'O. N. O. à l'E. S. E., & sont inclinés communément du N. N. E. au S. S. O. ; on en remarque aussi dont l'inclinaison est du S. S. O. au N. N. E., & qui se trouvent sous les bancs précédens.

A une petite distance Sud de Saint-Antoine, où les Espagnols ont su profiter de l'âpreté des lieux, pour la construction d'un fort qui domine

le

Flarichon del.   Coupe de la Montagne Calcaire de Portalet dans la Vallée d'Aspe   N.º 1.

EST

NORD

michon del. Vue et Coupe d'une Montagne Calcaire située près du Portalet dans la Vallée d'Aspe   N.º 2

SUD

la gorge que nous fuivons, on voit des maffes compofées d'une pierre argileufe grenue ; elles font couvertes de bancs de marbre gris, difpofés de la même maniere que ceux dont nous venons de faire mention ; c'eft-à-dire, que les bancs, dont l'inclinaifon eft du S. S. O. au N. N. E., fervent de bafe aux bancs inclinés du N. N. E., au S. S. O. Le fort dont il a été parlé ci-deffus, eft fitué au Nord de Canfranc, lieu célèbre par l'entrevue d'Edouard, roi d'Angleterre, avec Alphonfe, roi d'Aragon, & par le traité du 29 Octobre 1288, où il fut conclu, fuivant le defir d'Edouard, que Charles le Boiteux, roi de Sicile, feroit mis en liberté.

Depuis Canfranc jufqu'à Villanua, les montagnes préfentent des bancs horizontaux de marbre gris. On voit rarement, ainfi que je l'ai obfervé, cette difpofition dans les bancs des Pyrénées, ils font plus ou moins inclinés.

De Villanua à Caftielhou, on fait route à une trop grande diftance des collines qui bordent la vallée, pour en découvrir la conftruction ; mais elles m'ont paru la plupart formées des débris de hautes montagnes.

Entre Caftielhou & Jacca, on trouve des bancs de pierre calcaire, grife.

Depuis Jacca jufqu'à la rivière qu'on nomme Gallego, on fuit des couches marneufes qui fe prolongent de l'O. N. O. à l'E. S. E. Comme prefque toutes les matières que nous avons examinées dans cette partie des Pyrénées, foit fur le territoire de France, foit du côté de l'Efpagne.

On ne remarque pas de granit dans les montagnes qui environnent le val de Canfranc, & les torrens n'entraînent pas des fragmens de cette efpèce de roche.

K

DESCRIPTION DES MINES
que l'on trouve dans les montagnes qui bordent la vallée d'Aspe.

Pᴀʀᴍɪ le nombre affez confidérable des mines cachées dans le fein des montagnes que nous venons de parcourir, on n'en exploite aucune dans ce moment, & le fouvenir du mauvais fuccès des anciens travaux, empêchera vraifemblablement que l'on tente de nouveau leur exploitation.

On découvre au canton de Boureins, dans le territoire de Bédous, du vert de montagne, fur des pierres argileufes durcies, du genre des ardoifes.

La même montagne fournit de la mine de fer en chaux, elle eft brune & folide.

Avant la forêt d'Iffeaux, dans l'endroit qu'on appelle *le Puy*, il y a de la molybdêne : *mica pictoria, nigra, manus inquinans. W.*

Dans la montagne d'Iriré, à une lieue de Borce, on découvre de la mine de cuivre, d'un jaune pâle : *Minera cupri pyritacea, pallidè flava. Cronft.* La gangue de cette mine eft de fchifte argileux.

On remarque du vert de montagne, au canton appellé *la Gravette*, dans le territoire de Borce.

La même efpèce de mine fe trouve dans le canton d'Ibofque : *Viride montanum cupri, arenaceum. Cronft.* Ce vert de montagne couvre la fuperficie d'une pierre à chaux. M. Romé Delifle dit que le vert de cuivre impur, rend depuis vingt jufqu'à trente livres de cuivre par quintal.

La montagne de Caufia, vers les frontières d'Efpagne, renferme de la mine de cuivre jaune : *Cuprum fulphure & ferro mineralifatum, minera colore aureo vel variegato, nitente. W.* Cette mine ne donne que peu d'étincelles lorfqu'on la frappe avec le briquet, fa gangue eft calcaire. Le produit de la mine de cuivre jaune eft fort inconftant ; celle qui eft folide, donne, fuivant *W.*, quarante livres de cuivre par quintal. M. Sage dit n'en avoir obtenu que dix-neuf ; & M. Monnet, depuis feize jufqu'à vingt-cinq ou trente livres.

Dans le canton qu'on appelle *Malpétre*, près des frontières d'Efpagne, on trouve de la mine de cuivre grife : *Cuprum mineralifatum, pyriticofum, cinereum. Lin.* La gangue de cette mine eft calcaire ; on trouve fur différens morceaux du fpath calcaire, cubique, rhomboïdal : *Spathum rhomboidale, opacum. W.*

La mine de cuivre grife donne par quintal, fuivant les effais de M. Sage, vingt-cinq livres de foufre, trois livres d'arfenic, trente-fix livres de fer, trente-trois livres de cuivre, & un marc deux onces d'argent : on fépare le foufre & l'arfenic par la calcination, le fer par la fublimation avec le fel ammoniac, & l'argent, par la coupelle. *Elemens de Min. Doc. p. 219.*

La mine de cuivre grife de Malpêtre ne contient point d'argent.

Les mines de cuivre de la vallée d'Afpe, furent ouvertes en 1722, par le fieur Galabin, en vertu d'une conceffion générale qui lui fut faite au commencement de la même année, pour toutes les mines du royaume ; elles ont été exploitées, depuis le dérangement des affaires du fieur Galabin, par le fieur Coudot & Compagnie. Le fieur Galabin fit conftruire à Bédous des bâtimens, qu'il augmenta en 1724 & 1725 ; il y avoit une fonderie, un laminoir à flans, des magafins à mines purifiées & à charbon. Les fieurs Coudot, Lamarque & Ramufat, firent rétablir ces bâtimens ; & le fieur Ferrier, fyndic des créanciers de Galabin, vint en 1738 continuer l'exploitation, muni de la ceffion de Galabin, & d'une conceffion de M. le Duc, Grand-Maître des mines, du 14 Juin 1728 ; mais cette entreprife n'eut pas un fuccès plus heureux que les précédentes. M. Buc'hoz nous apprend, dans fon Dictionnaire de la France, qu'il fe forma une feconde Compagnie, compofée des fieurs Terrier & de Lange, qui échoua comme la première. Le fieur Poncet devint le troifième conceffionnaire, & ne réuffit pas mieux.

OBSERVATIONS.

Il y a plufieurs fontaines minérales dans la vallée d'Afpe, dont les propriétés font peu connues ; on ignore de même les fubftances qu'elles contiennent. Les Chymiftes qui fe font occupés de l'analyfe de ces fources, ont procédé à cet examen dans un temps où la chymie n'avoit pas encore fait affez de progrès, pour que l'on puiffe s'en tenir à leurs expériences. Je crois devoir me borner à indiquer, d'après M. Bordeu, les endroits d'où ces fontaines jailliffent, en attendant que l'analyfe chymique nous ait fait connoître les principes qu'elles contiennent.

On trouve à Saint-Criftau, & près du village d'Efcot, des eaux minérales ; elles font tièdes, fuivant le rapport de M. Bordeu.

On rencontre la fontaine de Suberlaché, dans le territoire d'A-cous, & la fontaine de Poutrou, fur celui de Borce. Les eaux de ces deux fources font tièdes, felon le même Auteur.

Le degré de chaleur des fontaines minérales de la vallée d'Afpe, n'eft pas comparable à celui des eaux chaudes & des eaux bonnes que nous trouverons dans la vallée d'Offau ; il femble que les montagnes graniteufes renferment le principe de la chaleur de ces fources, puifque les eaux thermales des Pyrénées jailliffent du fein du granit, ou des matières calcaires, ou argileufes, voifines de cette efpèce de roche : on doit fe rappeller que toute la partie de la chaîne, qui s'étend depuis l'Océan jufqu'à la vallée d'Afpe, ne préfente ni gra-nit, ni aucune efpèce d'eau thermale.

La vallée d'Afpe eft arrofée dans toute fa longueur, par le Gave, qui prend fa fource vers les frontières d'Efpagne : dans les temps de pluie & d'orage, cette rivière eft colorée en rouge, par des terres compofées de fchifte rougeâtre, qui s'éboulent des montagnes de Gabedaille & de Peyrenère : au refte, les eaux du Gave profondé-ment encaiffées dans leur lit, ne peuvent plus contribuer à la fécon-dité des plaines qu'elles ont formées.

On obferve, en fuivant cette rivière, que lorfque les montagnes courent parallèlement, les angles faillans qu'elles forment corref-pondent aux angles rentrans ; cette règle générale fert à établir que les vallées des Pyrénées, qu'il faudroit plutôt appeller *des gorges*, puifqu'elles n'ont qu'une demi-lieue dans leur plus grande largeur, font l'ouvrage des eaux ; mais doit-on les ranger parmi celles que M. de Buffon a démontré avoir été creufées par les courans de la mer, ou les fuppofer formées par les torrens qui fe précipitent des monta-gnes ? La dernière opinion eft plus probable.

Dans les premiers temps que les Pyrénées commencèrent à pa-roître au-deffus du niveau de la mer, cette chaîne de montagnes ne formant qu'une maffe continue, fut expofée à l'action des eaux du ciel, qui en fillonnèrent bientôt les plus hauts fommets; elles creu-fèrent d'abord leurs lits parmi les couches, prefque perpendiculaires

des matières qui oppofoient la moindre réfiftance ; les fchiftes faciles à fe détruire, dirigèrent en général le cours des premiers torrens ; les eaux étant obligées de couler de l'O. à l'E. & de l'E. à l'O,
fuivant la direction ordinaire des couches fchifteufes, il faut fuppofer divers lieux où elles dûrent néceffairement fe rencontrer en allant
vers des points oppofés : cette jonction produifit des efpèces de
lacs, dont les eaux s'ouvrirent des iffues par la partie du Nord &
celle du Sud, elles creuferent (1), avec les fiècles, dans ces deux
directions, du côté de la France & de l'Efpagne, de longues vallées, prefque toutes parallèles ; uniformité occafionnée par la difpofition régulière que fuivent communément les matières des Pyrénées ; fi la direction des bancs étoit du Sud au Nord, il y a lieu de
penfer que les vallées fe feroient prolongées de l'Oueft à l'Eft.

Pour fe perfuader qu'elles font l'effet des courans de la mer ; 1°.
il ne faudroit point trouver à leur entrée des gorges étroites, que
l'effort continuel des vagues auroit dû naturellement agrandir avant
de creufer de larges baffins dans le centre des montagnes ; 2°. les
vallées devroient avoir à-peu-près la même largeur parmi des fubftances d'une égale folidité ; les exemples fuivans fuffiront pour prouver qu'elle varie prodigieufement, différence qu'il faut attribuer au
volume plus ou moins confidérable d'eau, que ces profondes cavités
reçoivent. C'eft ainfi que dans la vallée d'Afpe, le baffin de Bédous,
où aboutiffent plufieurs torrens eft l'endroit le plus large de la vallée ;
j'ai fait la même obfervation dans la plaine de Laruns, la moins
étroite de la vallée d'Offau ; on y remarque le Canfeitche, ruiffeau venant des montagnes de Béoft ; le Valentin, qui defcend de
celles d'Aas, l'Arriufé qui fe précipite des montagnes de Laruns.

---

(1) Ne croyez pas, dit M. d'Arcet, en faifant mention des vallées des Pyrénées, que
les eaux aient pris ces routes, parce qu'elles les ont trouvées frayées antérieurement à
leur cours ; ce font les eaux même d'en-haut, qui, fe raffemblant peu-à-peu, fe font
ouvert de force ces paffages : elles fe font creufé ces lits dans les temps paffés, comme
elles les creufent encore tous les jours. *Voyez le Difcours fur l'état actuel des Pyrénées,*
page 10.

Dans le Lavedan, trois rivières aboutiffent à la plaine d'Argelès, la plus étendue de ce pays.

Examinons maintenant les endroits plus refferrés, nous les trou-verons fitués à l'entrée des vallées & vers l'extrémité.

On pénètre dans la vallée d'Afpe par une gorge étroite, qui s'é-tend en longueur l'efpace d'environ deux lieues, depuis le village d'Efcot jufqu'au large baffin de Bédous; les montagnes fe rappro-chent de nouveau bientôt après, & ne font féparées, pour ainfi dire, que par le lit du Gave.

La plaine par laquelle on entre dans la vallée d'Offau, a peu de largeur entre les villages de Loubie & de Caftet, elle s'élargit plus ou moins jufqu'à Laruns : on ne trouve après ce lieu qu'un vallon fort étroit.

Près du pont de Lourde, il y a une gorge, où commence la val-lée de Lavedan, dont la largeur augmente du côté d'Argelès; mais on s'apperçoit qu'elle fe retrécit confidérablement après Pierefite, foit en fuivant le chemin de Barèges, foit dans le vallon qui mène à Cauterés.

En parcourant les différens endroits où les montagnes font fi rap-prochées, vous n'y verrez que de petits ruiffeaux, coulant à des intervalles éloignés les uns des autres; il réfulte de ces faits, que la largeur plus ou moins grande des vallées, dépend de la réunion & de la quantité d'eau des torrens qui les ont formées (1).

D'après ces obfervations, il ne faut pas s'attendre à trouver conf-tamment les vallons les moins larges dans les endroits les plus éloi-gnés de la mer, comme on prétend que cela arrive lorfqu'ils ont été formés par fes courans. Il eft certain au contraire que la largeur des vallées s'étend en raifon inverfe de cette diftance. Les pays de Labourd & de la Navarre n'offrent que de petits vallons; la vallée

_____

(1) Quelque part qu'on pénètre dans la chaîne des Pyrénées, ce font toujours des ravins creufés par les torrens qui en ouvrent les paffages; & ces paffages font d'autant plus ouverts que les torrens y raffemblent plus d'eau & font plus confidérables. *Voyez le Difcours fur l'état actuel des Pyrénées*, par M. d'Arcet.

de Baretons est moins étroite, celle d'Aspe s'élargit encore davantage ; la vallée d'Ossau qui se présente ensuite est plus étendue, mais elle cède à son tour aux vallées de Lavedan & d'Aure ; enfin la vallée qu'arrose la Garonne, plus éloignée des rivages de l'Océan que celles que nous venons de nommer, est aussi la plus considérable ; cet agrandissement successif dépend de la graduation que les montagnes observent dans leur hauteur ; les plus basses de la chaîne sont situées sur les bords de la mer, & s'élèvent à mesure que cette distance augmente ; leurs cimes deviennent insensiblement plus propres à arrêter les vapeurs de l'atmosphère, & à perpétuer ces masses énormes de neige, sources principales des grandes rivières. Les vallées étant l'ouvrage des torrens qui descendent des Pyrénées, elles s'élargissent à proportion du volume d'eau qu'elles reçoivent, ainsi qu'on les voit se retrécir quand les montagnes dont la hauteur diminue n'en versent plus une si grande quantité. Si ces profonds sillons avoient été creusés par les courans de la mer, ils offriroient généralement à-peu-près la même largeur ; ou s'il existoit quelque différence, nous trouverions les plus grandes vallées, comme on l'a avancé, dans les montagnes battues par les vagues pendant une plus longue suite de siècles : ce qui est contraire aux observations que j'ai faites dans les Pyrénées, où les vallons les moins larges sont situés près de la mer, dans les endroits qu'elle a abandonnés les derniers.

Quoique les montagnes de la vallée d'Aspe soient généralement moins escarpées que celles d'Ossau qui en sont très-voisines, leur dégradation est considérable, on en peut juger par les atterrissemens du bassin de Bédous, couvert des débris des montagnes qui l'entourent ; destruction qui deviendra désormais plus sensible par celle des forêts qu'on exploite journellement ; les arbres contribuent à empêcher les éboulemens des terres ; les endroits dépouillés de bois ne pourront plus retenir la croûte qui les couvre, & nécessaire à la végétation ; elle sera facilement emportée par les eaux ; alors les montagnes se trouveront exposées aux injures du tems, les pluies

& les neiges, l'humidité & la féchereffe, le froid & le chaud, font autant de caufes qui contribueront à hâter leur dégradation; les ro-chers fe fendront & tomberont en ruines; leurs débris entraînés par les torrens iront élever le fol des vallées; mais cette élévation de terrain n'aura lieu que dans les endroits affez larges, pour ne pas accroî-tre la vîteffe des eaux, au point d'empêcher la formation des dépôts.

La coupe des bois produira d'autres effets funeftes; privées de leur terre végétale, les montagnes feront moins propres à abfor-ber les eaux des pluies & des neiges, il fe formera alors d'affreux torrens qui inonderont les plaines & entraîneront tout ce qui fe trouvera expofé à la rapidité de leur cours. Convenons cependant que, malgré les ravages dont on vient de préfenter le tableau, les eaux font moins terribles qu'elles ne font bienfaifantes : elles défo-lent quelquefois, il eft vrai, les campagnes, mais prefque toutes les contrées leur doivent ordinairement la fertilité du fol.

Les chemins que l'on a ouverts dans la vallée d'Afpe, foit pour faci-liter la communication avec l'Efpagne, foit pour l'exploitation des fo-rêts, font dignes de la curiofité des étrangers. *Voyez la Planche VI.*

La pene d'Efcot eft un des endroits les plus remarquables; c'eft une montagne forte efcarpée, où l'on prétend que Jules-Cé-far fit pratiquer un chemin pour pénétrer en Efpagne, par le port que les Romains appelloient *Summum Pyrenæum*, & que les Béar-nois appellent aujourd'hui *Somport* : on voit à la pene d'Efcot les reftes d'une infcription, en partie effacée par le tems, je la rapporte telle qu'elle a été copiée par M. le Roi, Ingénieur des Ports & Ar-fenaux de la Marine.

L IAL IERNUS CER.
Ⅱ VIR BIS HANÇ
RIAM RESTITVIT
LAM IIIMV
C.
AMICUS.
S.

Les

Vue de la Montagne dans laquelle on a ouvert le Chemin qui conduit a la Forêt du Pact. *N.º 1.*

Flamichon del. Vue des Montagnes qui bordent la Vallée d'Ossau prise des Environs de Pau *N.º 2*

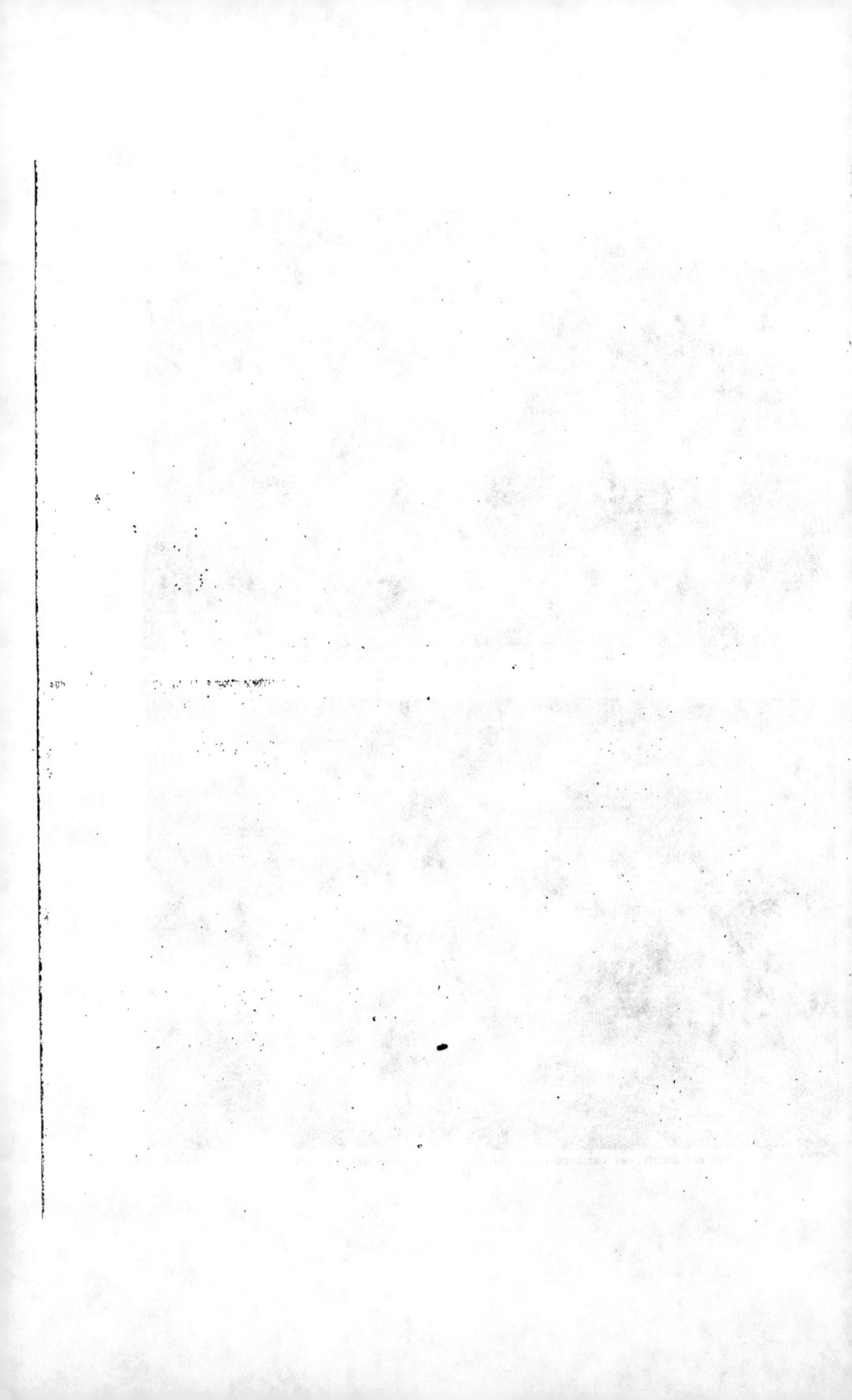

Les montagnes qui bordent la vallée d'Aſpe ſont très-hautes, une des plus remarquables eſt le pic d'Anie, dans le territoire de Leſcun, dont l'élévation, ſelon M. Flamichon, Ingénieur Géographe du Roi, eſt, ainſi que nous l'avons déjà vu, de 1119 toiſes au-deſſus du pont de Pau ; on a bien de la peine à gravir ſur cette montagne, la rapidité de ſa pente offre beaucoup de difficultés. Les idées ſingulières des habitans de Leſcun font naître des obſtacles d'une autre eſpèce ; comme le pic d'Anie eſt ſitué à l'Oueſt du village, & que le mauvais temps vient de ce côté-là, on prétend qu'ils ne ſouffrent pas volontiers que les étrangers y montent, leur ſuppoſant la faculté & la mauvaiſe intention d'attirer l'orage ſur leur territoire ; l'on ajoute encore qu'une ſemblable idée manqua de devenir funeſte, il y a dix ou douze ans, à un ſavant Naturaliſte, qui, muni d'un baromètre, & d'autres inſtrumens propres aux obſervations qu'il ſe propoſoit de faire ſur le pic d'Anie, fut pris pour un Magicien. Si telle eſt la crédulité des habitans de la vallée d'Aſpe, ſi connus par la vivacité de leur eſprit, il faut convenir qu'elle méritoit de trouver place dans l'hiſtoire du ſiècle qui a produit le titre ſuivant ; ſa ſingularité me fait eſpérer que le Lecteur me ſaura bon gré de le lui communiquer.

Contrat de la Paix faite, entre les vallées d'Aſpe & de Lavedan par l'ordre du Pape, qui avoit abſous la terre, les habitans, & les beſtiaux de Lavedan, du péché commis par l'Abbé de Saint-Sevin, en faiſant mourir par art magique grand nombre d'habitans d'Aſpe, pour les courſes & ravages qu'ils faiſoient en Lavedan ; en puniȶion duquel péché, la terre, ni les femmes, ni les beſtiaux de Lavedan, n'avoient porté aucun fruit durant ſix années.

Du premier Juin 1348.

Traduit de l'Original, qui eſt en langage Béarnois.

Soit choſe connue à tous, que comme la terre de Lavedan, d'Arreaigues, eût demeuré ſix ans ſans porter de fruit, ni femme enfant, ni vache veau, ni jument poulain, ni bétail d'aucun poil ; à raiſon de ce que le petit Abbé de Saint-Sevin auroit fait périr les

L

gens d'Afpe , qui avoient fait & faifoient des courfes & des ravages
en Lavedan , après avoir lu fur un fureau un livre qu'il avoit tiré
par art diabolique de Salomon , à caufe de quoi les gens de Lavedan furent confeillés d'envoyer deux prud'hommes d'entre eux
vers le S. Pere , à Rome , pour demander abfolution de ce péché , ce qui leur fut octroyé , en obfervant les chofes par lui or-
données , & ci-deffous déclarées , ainfi qu'il les écrivit , par lettres qu'il envoya ; favoir , une à l'Evêque de Lefcar , une autre à
l'Evêque de Tarbes , une autre au Sénéchal de Bearn , & une
autre au Sénéchal de Bigorre , tendantes aux fins , qu'en enfui-
vant les pénitences & amendes par lui impofées , ils fiffent la paix
entre les deux montagnes ; & pour cet effet appellaffent dix prud'-
hommes d'Afpe , & autant de Lavedan , & fiffent rédiger cela par
écrit : & moyennant ce , abfoudre les terres , gens , beftiaux &
autres chofes de Lavedan , & accordèrent comme s'enfuit. Et tout
premiérement paix foit entre parties à jamais , & que celui qui la
rompra , ait la malédiction du S. Pere , & paie deux cens marcs d'argent , cens marcs aux endommagés , les autres cent au Seigneur de
la terre , d'où les endommagés feront ; & qu'enfuite ceux de Lavedan envoyeront dix hommes de fainte vie vers Monfeigneur Saint-
Jacques en Galice , qu'ils faffent chanter quatre Meffes d'Evêques ,
& dix Meffes d'Abbés avec croffes , & cent Meffes à Prêtres ou Frè-
res ; & que ceux de Lavedan faffent à jamais les réparations ci-deffous écrites , & paient au meffager d'Afpe , le jour & fête de S. Michel de Septembre , dans l'Eglife de S. Sevin , ou en celle d'Odot ,
avant que l'étoile paroiffe , les fommes fous-écrites : c'eft à favoir ,
Baich-Soriguere & Offen , vingt-deux deniers morlaas ; Segur ,
vingt-deux deniers morlaas ; Donaxs , vingt-deux deniers morlaas ;
Veguer , vingt-deux deniers morlaas ; Dagos , vingt-deux deniers
morlaas ; Lariviere & Oft , fix deniers & maille morlaas ; Haifacq ,
dix deniers morlaas ; Bufos , fix deniers & maille morlaas ; Odot ,
quatorze deniers morlaas ; Solon , douze deniers & maille morlaas ;
Saint-Sevin , deux fols fept deniers morlaas ; Affifes-Devant , deux

fols neuf deniers morlaas ; Aas , deux fols & maille morlaas ; Us ,
fix deniers & maille morlaas ; Morlanne, vingt-deux deniers morlaas ; Cauterés, neuf blancs morlaas ; Galagagos , dix-huit deniers
& maille morlaas ; Poy, vingt-deux deniers morlaas ; Marfos , deux
fols quatre deniers morlaas ; Arrens , deux fols morlaas ; Leffales ,
dix-huit deniers morlaas ; d'Oges , Aucun & Argelés, douze deniers
morlaas ; Serra , dix deniers morlaas ; & s'ils ne paient ledit jour de
S. Michel de Septembre , ou après , lorfque le meffager d'Afpe
viendra , chacun lieu & village qui auront payé , accompagneront
ledit meffager , & fe mettront devant lui , pour pignorer ceux qui
n'auront point payé ; & ceux qui ne voudront fuivre , paieront audit
meffager d'Afpe , foixante-fix fols morlaas de peine encourue , lequel meffager d'Afpe marchera à l'effet de la levée & recouvrement
defdites fommes , auparavant que l'étoile paroiffe , & chacun lui
paiera quatre deniers morlaas pour chacun jour , & autres quatre
deniers pour chacune nuit , & que le pafteur fe mettra devant le
meffager d'Afpe ; & fi le meffager d'Afpe tardoit , trois , cinq , dix ,
vingt , trente ans à demander ce-deffus , ou que ceux de Lavedan
ne le vouluffent payer , fous prétexte de quelque difcorde ou noife ,
ils feront tenus de payer pour tout le temps qu'ils feront en retardement ; & s'ils tardoient trente-un ans , & que pendant ce temps on
ne leur eût fait demander , ils ne feront point tenus de payer les
arrérages des années dont ils feront en retardement , mais paieront
annuellement , à l'avenir , pour tout temps , ainfi que deffus eft dit
& déclaré ; & tant pour les peines fufdites que pour le principal ,
ils feront pignorés , faifis & incantés en toutes les terres & feigneu-
ries , qu'ils feront appréhendés & trouvés. Ceci fut fait à Bédous ,
le premier Juin 1348 ; témoins furent de ce , Tranfilot de Laffalle ,
Peyroulau de Gabe , de Bédous. Et ceci a été extrait lettre à lettre
du livre Cenfier , & fut corrigé par Guicharnaud , Reƒteur d'Accous , & moi Benoît de Lacauffade , en fis l'extrait dudit Cenfier ,
& l'écrivis de Mandement de Meffire Pées de Lacauffade , mon
père , & de Meffire Guicharnaud de Tarras , & lefdits de Lavedan

& d'Afpe, jurèrent fur les quatre faints Evangiles de Dieu, qu'ils
tiendront & accompliront tout ce deffus, à peine d'encourir les fufdites peines; & moi Bertrand de Laffale, Notaire d'Afpe, qui au
rapport des fufdits Prêtres, ai fait la préfente carte, lefquels jurèrent
n'y avoir rien ajouté ni diminué, & me fut mandé que dorefnavant
j'en baillaffe copie à tous les hommes d'Afpe, ainfi figné, de Laffalle,
Notaire. Extrait d'un vieux inftrument en parchemin, qui eft au pouvoir des Jurats d'Accous, Capdeuil d'Afpe & Garde - Chartres
d'icelle, en tant qu'il touche au public de tout le corps de la vallée
d'Afpe, par moi Bernard de Sallefranque, Abbé de Borce, Notaire, Sous-fermier de la Notarie du Vic-Deffus d'Afpe, le quatrième jour du mois de Juillet, l'an 1586, ainfi que de mot à mot
je l'ai trouvé audit inftrument en parchemin; l'ai corrigé & collationné, & figné de mon feing accoutumé, afin qu'au temps à venir
foi & croyance foit ajoutée, comme fi c'étoit l'inftrument vieux en
parchemin. *Signé*, de Sallefranque, Notaire.

Collationné par extrait, fur l'Ouvrage intitulé : *lous Priviledges,
Franquifes, &c.* imprimé à Pau, en 1694, par Dupoux, par nous
Confeiller, Secrétaire du Roi, Maifon, Couronne de France & de
fes Finances, en la Chancellerie près le Parlement de Navarre.
Signé, Lauffat.

Ce titre, confirmé par Louis XIII, fe trouve dénombré dans l'article quarante - quatrième de la déclaration générale des biens,
droits & privilèges des habitans de la vallée d'Afpe (1).

---

(1) Plutarque rapporte une hiftoire à-peu-près femblable : Androgéos, fils aîné du Roi
Minos, fut occis en trahifon dedans le pays de l'Attique, à raifon de quoi Minos pourfuivant
la vengeance de cette mort, fit là guerre fort âpre aux Athéniens, & leur porta beaucoup
de dommage : mais outre cela les Dieux encore perfécutèrent & affligèrent fort durement
tout le pays tant par ftérilité & famine, que par peftilences & autres maux, jufqu'à faire
tarir les rivières ; quoi voyant ceux d'Athènes, recoururent à l'Oracle d'Apollon, lequel
leur répondit qu'ils appaifaffent Minos, & quand ils feroient réconciliés avec lui, que
l'ire des Dieux cefferoit auffi en contr'eux, & leurs afflictions prendroient fin. Si envoyèrent incontinent ceux d'Athènes devers lui, & le requièrent de paix, laquelle il leur

Comme nous avons placé la defcription des montagnes qui do-minent le val de Canfranc, à la fuite de celle des montagnes d'Afpe, ainfi les obfervations que nous avons faites dans cette partie méri-dionale des Pyrénées, vont fuivre celles qui viennent d'être expo-fées fous les yeux du Leƈteur.

Les montagnes les plus élevées du val de Canfranc, fe trouvent près de Sainte-Chriftine, hôpital que les Vicomtes de Béarn ont fondé, de même que l'hôpital de Gabas, dans la vallée d'Offau, pour fervir de refuge aux voyageurs qui, furpris par les neiges, pé-riffoient en paffant d'un royaume à l'autre. Ces hautes éminences s'étendent jufqu'à Villanua ; leur afpeƈt eft moins varié que celui des montagnes de la vallée d'Afpe ; elles ne préfentent communé-ment que des bancs de marbre gris & des bois, dont les arbres font peu élevés ; il y a auffi des endroits que la verdure n'embellit jamais ; lorfque dans cette partie des Pyrénées, un vallon fuit la direƈtion de l'Oueft à l'Eft, le penchant des montagnes qui regarde le Nord eft entiérement ftérile, les rochers s'y montrent à nu. Le côté dont l'expofition eft au Sud, produit des bois de pin & beaucoup de buis ; il ne faut pas être étonné de cette différence, le plan des bancs qui compofent les montagnes de Canfranc eft incliné vers le Sud ; dans cette difpofition les plantes profitant des avantages d'une pente douce, fe multiplient fur un terrain peu expofé aux dégrada-tions. Le côté qui regarde le Nord, ne préfente au contraire que des endroits efcarpés & faillans ; la terre néceffaire à la végétation eft facilement entraînée, foit par fa propre pefanteur, foit par l'ac-tion des eaux ; auffi ne voit-on de ce côté que des roches nues & arides.

Le val de Canfranc n'eft qu'une gorge étroite jufqu'à Villanua ; elle s'élargit confidérablement dans cet endroit, où fe réuniffent

---

oƈroya, fous condition que l'efpace de neuf ans durant, ils feroient tenus d'envoyer chacun an, en Candie, par forme de tribut, fept jeunes garçons & autant de filles. *Voyez* la *Vie de Théfée*, page 11 & 12, *des Hommes illuftres de Plutarque*, trad. d'Amiot.

trois ruiffeaux, qui prennent leurs fources dans les montagnes des environs de l'hôpital de Sainte - Chriftine. On y découvre une grande plaine, couverte de débris, & bordée de collines qui paroiffent auffi, en partie, compofées d'atterriffemens ; mais vous retrouvez les pierres calcaires avant d'arriver à Jacca, ville dont la perfpective, du côté du Sud, eft le mont Uruel, où des Gentilshommes, raffemblés pour affifter aux funérailles d'un faint Hermite, mort dans cette folitude, choifirent pour leur chef & pour premier Roi qui ait régné fur la Navarre, Don Garcie Ximenès, que l'on regarde, ainfi que Pélage, comme le reftaurateur de la monarchie Efpagnole.

Les pierres que les eaux du val de Canfranc entraînent, font rarement ufées dans leurs angles ; on en trouve peu dont la figure foit arrondie, comme celle des pierres que roulent les torrens de la partie feptentrionale des Pyrénées ; il eft aifé de concevoir la caufe de cette fingularité ; les montagnes du val de Canfranc, moins expofées que celles du côté du Nord, aux neiges & aux brouillards, ne fourniffent pas une affez grande quantité d'eau pour fillonner de profonds ravins ; les pentes n'y font pas auffi rapides, les pierres qui defcendent de ces montagnes ne recevant que de foibles impulfions, doivent par conféquent conferver beaucoup mieux leurs angles ; d'ailleurs, le fol des environs de Jacca, plus elevé que celui des plaines du côté de la France, s'oppofe à ce qu'elles foient emportées à d'affez grandes diftances, & avec la rapidité néceffaire pour recevoir par un long frottement, une figure arrondie : on ne voit point de pierres roulées dans les plaines qui entourent cette ville, les bancs calcaires ne font couverts que d'une croûte de terre peu épaiffe; une telle formation diffère de celle qu'on obferve au pied des Monts-Pyrénées, du côté de la France, où le fol de plufieurs contrées eft compofé des débris que les rivières y ont dépofés ; une partie de l'Egypte, felon Hérodote, a été pareillement formée des matières que le Nil y a apportées ; Ariftote la nomme l'ouvrage du fleuve : c'eft pourquoi les Ethiopiens fe vantoient que l'Egypte leur étoit redevable de fon origine. Les habitans des Pyrénées pourroient dire la même chofe de prefque toutes les contrées fituées le long de la chaîne feptentrionale, depuis l'Océan jufqu'à la Méditerranée, & qui forment cette efpèce d'ifthme qui fépare les deux mers: c'eft ainfi que la nature change continuellement la furface de notre globe; elle élève les plaines, abaiffe les montagnes; & l'eau eft le principal agent qu'elle emploie pour opérer ces grandes révolutions; il ne faut que du temps pour que le mot de Louis XIV, à fon petit-fils, fe réalife. La poftérité pourra dire un jour : *Il n'y a plus de Pyrénées.* On conçoit combien cette époque eft éloignée de nous. M. Genfanne a trouvé, par des obfervations qu'il prétend non équivoques, que la furface de ces montagnes baiffe d'environ dix pouces par fiècle; ainfi, en les fuppofant feulement de quinze cens toifes au-deffus du niveau de la mer, & toujours fufceptibles du même degré d'abaiffement, il s'écoulera un million d'années avant leur deftruction totale.

DESCRIPTION MINÉRALOGIQUE
DES MONTAGNES
QUI BORDENT LA VALLÉE D'OSSAU,

Et des Pays adjacens.

Direction des Bancs.	Inclinaison des Bancs.

LES Observateurs de la nature ont la certitude de trouver dans la vallée d'Ossau de quoi satisfaire leur curiosité, soit qu'ils se plaisent à contempler des tableaux pittoresques, soit qu'ils cherchent à méditer sur l'Histoire naturelle ; cette vallée offre des villages épars, des campagnes fertiles, de gras pâturages, d'épaisses forêts, des monts blanchis par la neige, & perdus dans les nues. Ceux qui ne sont point frappés du magnifique spectacle que ces objets présentent, peuvent s'occuper de la structure des montagnes ; les corps marins qu'ils trouvent dans celles qui sont composées de pierres calcaires, leur expliquent le mystère de leur formation ; portent-ils leur attention sur les matières argileuses, ils voient leur origine moins éclaircie, & la nécessité de ramasser de nouveaux faits pour dissiper les doutes des Naturalistes à cet égard. Le granit, cette roche qui, destinée à former le noyau du globe, sembloit devoir rester ensevelie sous la croûte extérieure, & se dérober à nos regards comme elle échappe aux recherches de son origine, leur fournit aussi un sujet propre à des spéculations profondes. Ajoutez à tous ces objets les substances métalliques qu'on trouve dans les montagnes d'Ossau, les eaux minérales qui jaillissent de leur sein, &
dont

Direction des Bancs.	Inclinaison des Bancs.

dont la chaleur dure depuis des siècles sans avoir souffert de diminution, & l'on conviendra facilement que cette vallée est une des plus remarquables qu'il soit possible de parcourir. La description des matières qu'on y découvre, sera suivie de celle du val de Thène, en Espagne. Mais avant que d'admirer la riche variété que présente la vallée d'Ossau, marquons sa position & ses bornes.

La vallée d'Ossau est située entre celles d'Asson & d'Aspe; elle confine au Sud avec l'Espagne; le Gave la parcourt dans sa longueur d'un bout à l'autre, & va se réunir au-dessous d'Oléron au Gave qui descend des montagnes d'Aspe. Elle est composée de vingt paroisses. Cette vallée ne commence qu'au-delà de Sévignac, village situé à la distance d'environ quatre lieues Sud de Pau. Ne nous entretenons des montagnes qui la dominent, qu'après avoir décrit les collines & autres éminences de cette nature, plus ou moins hautes, qui sont au pied de cette partie des Pyrénées.

On trouve à Pau & aux environs de cette ville, des atterrissemens considérables de pierre calcaire, de schiste & de granit : toutes ces matières ont été roulées & déposées par les torrens qui descendent des Pyrénées. Parmi les débris les plus récens qui sont sur les bords, ou dans le lit du Gave Béarnois, on trouve quelquefois des pierres à chaux, contenant des coquilles bivalves ; les amas d'une plus ancienne formation qu'on apperçoit sur les côteaux qui dominent cette rivière, contiennent des géodes calcaires, dont l'intérieur est rempli de cristaux de Spath, en pyramides triangulaires, & des morceaux de granit qui se pulvérise facilement sous les doigts ; c'est sur une base en apparence si peu solide, que sont bâtis la ville de Pau & le château où naquit Henri IV. Les côteaux de Jurançon, fertiles en vin, présentent pareillement des pierres roulées ; il ne faut que pénétrer dans les montagnes pour trouver les masses d'où la plus grande partie de ces débris épars a été détachée.

M

Direction des Bancs.	Inclinaison des Bancs.

A une petite diftance Sud de Gan, on découvre de l'argile jaunâtre : *argilla plaſtica particulis craſſioribus*, *W.* On trouve près de cette ville une tuilerie.

Si nous laiſſons derrière nous la tuilerie de Gan, nous trouverons dans des côteaux fitués vers le Sud-Oueſt, & à la diftance d'environ un quart de lieue, de la pierre à plâtre, grife ou rougeâtre : *gypſum particulis parallelipipedeis concretum*, *W. gypſum uſuale*, *Lin.* Cette plâtrière fournit auſſi du gypſe fibreux, ou félénite ftriée, *ſtirium gypſeum. Lin.*

Paſſons dans le vallon où coulent les eaux du Nés, rivière dont les bords font couverts de chênes, de frênes, d'aunes & de fougère ; nous découvrirons des bancs de pierre calcaire & des bancs de grès argileux qui ſe ſuccèdent alternativement.

De l'O.N.O. à l'E. S. E	Du S. S. O. au N. N. E.

Plus loin, à la diftance d'environ quinze cens toiſes Sud de Gan, on voit des bancs de pierre calcaire blanche, d'un pied ou environ d'épaiſſeur, & ſuſceptible d'un poli groſſier. Elle eſt employée comme la pierre de liais ordinaire, dans l'architecture & dans la ſculpture. La même eſpèce de pierre ſe trouve à trois quarts de lieue Sud de Gan, à côté de la route de Pau à Oléron ; de-là, ces bancs calcaires ſe prolongent à l'Oueſt, vers le village de Laſſeube, pour former l'éminence de Coſte-Blanche.

De l'O.N.O. à l'E. S. E.	Du S. S. O. au N. N. E.

Au Sud de la carrière précédente, fituée aux rives du Nés, font des bancs de cette même pierre à chaux, dure & blanche, & des bancs d'une autre eſpèce de pierre calcaire qui contient des paillettes de mica ; ces bancs ſéparés par des couches marneuſes, ſe retrouvent un peu au Nord de la chapelle du Haut-de-Gan, dans la direction de l'O. N. O. à l'E. S. E. Les matières calcaires qu'on trouve dans les collines fituées au Sud de la carrière dont j'ai parlé ci-deſſus, font pareillement quelquefois ſéparées par des bancs compoſés d'une pierre jaunâtre tendre, grenue,

De l'O.N.O. à l'E. S. E.	Du S. S. O. au N. N. E.
De l'O.N.O. à l'E. S. E.	Du S. S. O. au N. N. E.
Du Nord au Sud.	De l'Eſt à l'Oueſt.
De l'O.N.O. à l'E. S. E.	

& de la nature du grès argileux. Ces différens bancs varient dans leur direction & dans leur inclinaison.

On trouve près du château de Rebenac, sur la rive gauche du Nés, quelques schistes argileux qui se prolongent vers Lassaubetat ; ils sont jaunâtres & mous au pied de l'éminence de Belair, sur la route de Pau à Oléron, & arrangés par couches inclinées qui se prolongent dans la direction qu'on voit en marge. On découvre aussi non loin de Rebenac, des terres argileuses, parmi lesquelles on remarque des pierres de la même nature, dures, grenues, & d'un gris jaunâtre. Elles sont en partie disposées par couches, ou par bancs, mais sans observer une direction constante.

Du N. O. au S. E. | Du N. E. au S. O.

A l'entrée de Rebenac, village au milieu duquel s'élève un grand chêne d'environ vingt-cinq pieds de circonférence, on rencontre des couches de pierre calcaire peu dure & de couleur grise ; elles sont précédées d'autres couches, d'une pierre à chaux rougeâtre & assez tendre. Le pic de Rebenac, situé après le lieu qui porte ce nom, est composé de marbre gris, disposé en général par masses. Au pied de ce monticule, du côté de l'Ouest, on voit la source du Nés, rivière dont les eaux transparentes comme du cristal, sortent de dessous terre avec autant d'abondance que de rapidité.

De l'O N. O. à l'E. S. E. | Du S. S. O. au N. N. E.

Entre le pic dont il est fait mention ci-dessus, & le village de Sevignac, le terrain offre de gros blocs de schiste, de marbre & de granit ; ces amas n'ont pu avoir été formés que par des torrens d'un grand volume d'eau ; comme le ruisseau qui coule aujourd'hui au milieu de ces débris, & que les montagnes voisines ne contiennent point de roches continues de granit, on a lieu de croire que les eaux du Gave y ont transporté ces différentes matières dans un temps où son lit étoit au niveau du sommet de la colline, qui sépare le vallon du Nés de la vallée d'Ossau, dans laquelle nous allons bientôt descendre.

Direction des Bancs.	*Inclinaison des Bancs.*	

Avant que d'arriver à Sevignac, lieu d'où le voyageur jouit d'une perspective charmante qu'offre la vallée d'Ossau, on trouve des pierres à plâtre grises, on en découvre aussi qui sont d'une couleur verdâtre, la même carrière fournit du gypse cristallisé en rhomboïdes, *gypsum chrystalisatum figura rhomboidali. W.* & de l'Alabastrite, *gypseus informis, subtilis, nitorem assumens. Carth.*

Au village de Sevignac, situé au pied des montagnes de la région inférieure, & où se terminent les collines qui présentent les matières que nous venons de décrire, on trouve des bancs horizontaux de marbre gris. On rencontre des bancs de la même espèce de pierre, au Nord de Bielle, chef-lieu de la vallée d'Ossau; ce marbre d'une couleur plus foncée que le précédent, & qui prend très-bien le poli, est composé d'un assemblage de petits corps circulaires qu'on peut regarder comme une seule espèce de coquille. Dans ces montagnes de marbre s'ouvre une grotte fort spacieuse & remarquable par ses cristallisations calcaires; elle est située au-dessus d'Iseste, lieu de la naissance du célèbre médecin Bordeu.

Si nous montons sur les montagnes qui dominent la prairie du Benou, du côté du Nord, nous les trouverons composées de pierres calcaires, à demi cristallisées, dures, grises & brillantes, elles font rarement effervescence avec les acides, à moins que d'avoir été soumises à l'action du feu.

Au pied de ces montagnes est le village de Billères, situé à une petite distance Ouest de Bielle; on y voit des débris de terre argileuse, & du schiste dur, qui ne se trouve que par blocs; les bancs paroissent avoir été bouleversés; ce terrain mobile souvent dégradé par les eaux, menace d'entraîner quelques habitations de Billères; je pense que le schiste de ce lieu est une suite de celui qu'on remarque au col de Marie-Blanque, pas-

Direction des Bancs.	*Inclinaison des Bancs.*
De l'O. N. O. à l'E. S. E.	
De l'O. N. O. à l'E. S. E.	Du S. S. O. au N. N. E.

Direction des Bancs.	*Inclinaison des Bancs.*
〜	〜
De l'O.N.O. à l'E.S.E.	Du N.N.E. au S.S.O.
De l'O.N.O. à l'E.S.E.	Du S.S.O. au N.N.E. Du N.N.E. au S.S.O.

sage situé à l'Ouest de Billères, & à l'extrémité d'une grande plaine, que la nature, malgré la hauteur du sol, a enrichie de prairies abondantes. A Marie-Blanque, le schiste se sépare par feuilles, & contient des pierres verdâtres de la nature de l'Ophite ; des couches de schiste jaunâtre se trouvent pareillement à l'Ouest, & non loin de ce passage.

Retournons sur nos pas pour descendre dans la vallée d'Ossau, nous trouverons entre Bielle & Aste, des montagnes composées de bancs de marbre gris & de couches de pierre calcaire, qui se levant par lames, peut être rangée parmi les ardoises marneuses, décrites par Cronsted. On a ouvert entre ces deux villages des carrières d'ardoise, qui est rarement employée à cause de sa mauvaise qualité. Les mêmes matières bornent du côté du Sud, les prairies du Benou ; les habitans de Billères en tirent de l'ardoise marneuse.

Les matières précédentes ne sont pas les seules que l'observateur découvre au Nord d'Aste ; il trouve à une petite distance de ce village des masses d'ophite & des bancs de schiste argileux ; quelques couches calcaires séparent ces deux espèces de pierre. L'ophite présente à sa surface des cristaux de schorl.

A une petite distance Sud du village d'Aste, les montagnes sont composées en partie d'une pierre grise, dure, qui ne donne cependant point d'étincelles lorsqu'on la frappe avec le briquet, elle fait effervescence avec l'eau-forte, mais ce n'est qu'après avoir été exposée quelque temps à l'action du feu, où elle prend une couleur brune ; cette pierre paroît être celle que Cronsted désigne par le *lapis calcareus particulis squamosis sive spathosis.* « On la trouve, suivant cet Auteur, dans Tu-» naberg, en Sudermanie ; elle est de nature à » perdre au feu quarante pour cent de sa pesan-» teur ; lorsqu'elle se décompose, elle devient » brunâtre, ce qui est un signe qu'elle contient un

Direction des Bancs.	Inclinaison des Bancs.

» peu de fer, de façon qu'elle tient le milieu entre » les pierres d'acier & les pierres à chaux ; avant » d'avoir été calcinée, elle ne fait pas effervef- » cence avec les acides ». Voyez *Effai d'une nouvelle Minéralogie*, page 22.

En pourfuivant les recherches vers le Sud, on rencontre à Geteu, lieu fitué à quatre cens toifes

De l'O.N.O. à l'E. S. E. — Du S. S. O. au N. N. E.

ou environ au Sud d'Afte, des couches d'ardoife argileufe ; on y a ouvert une ardoifière ; on en remarque une autre fur la rive droite du Gave ; l'ardoife qu'on tire de ces carrières eft d'une bonne qualité. Il n'eft pas étonnant qu'elles foient correfpondantes, on fait que les lits qui forment la chaîne des Monts-Pyrénées fe prolongent à de grandes diftances, par conféquent les mêmes matières doivent fe trouver dans les montagnes qu'une vallée fépare.

De l'O.N.O. à l'E. S. E. — Du S. S. O. au N. N. E.

A ces couches fchifteufes fuccèdent des bancs de marbre, à petites écailles, d'un très-beau blanc : *marmor unicolor album W* : mais il eft tendre & fe pulvérife, pour ainfi dire, fous le cifeau.

De l'O.N.O. à l'E. S. E. — Du S. S. O. au N. N. E.

On découvre immédiatement après des couches d'ardoife argileufe.

De l'O.N.O. à l'E. S. E. — Du S. S. O. au N. N. E.

A une petite diftance Nord-Eft du village de Loubie, on voit des bancs de marbre gris & blanc : *marmor grifeum & album. W*. Il s'en trouve auffi de blanc, à grandes écailles, plus dur & plus tranfparent que celui que j'ai décrit ci-deffus, on pourroit l'employer comme marbre ftatuaire ; mais il eft difficile de trouver des blocs parfaitement blancs ; fa couleur eft prefque toujours altérée par une légère teinte grife. Les ftatues qui ornent la façade de la chapelle de Notre-Dame de Betharram, lieu célèbre par le concours de monde que la dévotion y attire de toutes les parties du Béarn, font de marbre blanc de Loubie.

Le beau marbre blanc de Loubie eft tranfparent, comme celui de Carrare. Le marbre blanc à petites écailles, de la même montagne de Loubie, peut être comparé à celui de Serravezza, avec cette différence cependant que celui-ci paroît plus dur, qualité qu'on trouveroit vraisemblablement au premier, à une certaine profondeur ; mais je n'ai été à portée d'examiner que la superficie de cette carrière ; ce que l'on trouve encore de commun entre les marbres de Loubie & de Carrare, c'est d'être bordés de couches d'ardoise argileuse.

Il faut remarquer en général dans les pierres calcaires des Pyrénées, & particuliérement dans les marbrières de Loubie, que les bancs de marbre ont plus d'épaisseur, à mesure qu'ils s'éloignent des couches de schiste, & que là où ces matières se confondent, vous ne rencontrez que des couches très-minces ; ce mélange produit de la marne, espèce de pierre communément feuilletée.

De l'O.N.O. à l'E.S.E. | Du S.S.O. au N.N.E.

On trouve des couches d'ardoise argileuse sous le village de Loubie, autour duquel croît l'herbe à foulon, ou la saponnaire, qui, suivant le témoignage de Pline, fournit un suc très-propre à nettoyer les laines & à leur donner une blancheur & une douceur merveilleuses.

De l'O.N.O. à l'E.S.E. | Du S.S.O. au N.N.E.

Entre Loubie & Béost, qui sont à la distance d'environ trois cens toises l'un de l'autre, on découvre des bancs de pierre calcaire grise & assez dure ; c'est une espèce de marbre qui ne prendroit pas un beau poli.

Le Canseitche, ruisseau qui se joint au Gave, un peu au-dessous de Béost, roule du spath cubique, gris & blanc, mêlé avec du quartz blanc laiteux, & du mica composé de particules pointues, brillantes, minces, & disposées parallélement : *mica particulis lamellatis, ad angulum acutum striatis. Lin.* On trouve sur les bords du même ruisseau, des morceaux de marbre, avec des impressions de coquilles bivalves. Ces pierres calcaires, que j'ai eu l'honneur de mettre sous les yeux de l'Académie, sont aujourd'hui entre les mains de MM. Guettard & Lavoisier.

Direction des Bancs.	Inclinaison des Bancs.
De l'O.N.O. à l'E. S. E.	Du S. S. O. au N. N. E.

Après avoir passé le Canseitche, on trouve entre Béost & Assouste des couches d'ardoise argileuse ; on remarque une ardoisière un peu au-dessus de Bagès ; il y en a une autre près du village d'Aas ; l'ardoise de ces carrières est très-bonne, la montagne où elles sont situées est ombragée de chênes : cet arbre aussi utile que renommé dans l'antiquité & dont la durée surpasse celle de plusieurs âges de l'homme, occupe ici des lieux rudes & escarpés, que la nature sembloit devoir couvrir de noirs sapins.

De l'O.N.O. à l'E. S. E.	Du S. S. O. au N. N. E.

Sous le château d'Espalungue, nom qui dérive du mot *spelunca*, qui signifie *caverne*, il y a des bancs de pierre calcaire, grise ; c'est une espèce de marbre grossier.

De l'O.N.O. à l'E. S. E.	Du S. S. O. au N. N. E.

Au village d'Espalungue, éloigné d'environ une demi-lieue des eaux bonnes, célèbres par leurs vertus médicinales, l'observateur découvre des couches de schiste argileux qui se divise par feuillets minces.

Au Sud d'Espalungue, situé au pied des montagnes moyennes, sur la rive droite d'un torrent impétueux qui se nomme Valentin, on trouve des couches de pierre calcaire fissile. Au-delà, la vallée d'Ossau se resserre considérablement ; tout ce qui nous reste à parcourir ne mérite plus que le nom de gorge ; avant que de nous occuper des matières qui la traversent, nous allons diriger notre marche du côté de Laruns, & quitter les bords du Gave pour remonter un torrent qu'on nomme *l'Arriusé*. On trouve sur sa rive droite des pierres calcaires qui ont peu de dureté.

Les pierres calcaires précédentes sont suivies de couches d'ardoise argileuse.

On voit immédiatement après, des schistes qui ont fourni de la mine de plomb ; dans ces matières schisteuses, on a percé des galeries, où les eaux empêchent aujourd'hui d'entrer ; l'endroit où cette minière est située, se nomme le *Turon de l'Artigue.*

Plus

Plus-haut font des marbres gris & des fchiftes argileux, qui fe fuccèdent alternativement jufqu'au col d'Abès, où l'on parvient par des fentiers dont la pente eft très-rude ; on peut compter dans cet intervalle environ trois bandes de chaque efpèce de pierre.

Non loin de ce paffage qu'entourent des tapis de verdure qui, ranimés par la belle faifon, offrent une nouriture abondante pour les troupeaux, on trouve du marbre gris ; les montagnes arides d'Abès en font compofées. J'ai vu dans ce quartier, fur une cabane occupée par des bergers du village d'Affon, un morceau de marbre formé en partie de coquilles : il y a apparence qu'il avoit été détaché des montagnes voifines ; mon deffein étoit de les parcourir, mais d'épais brouillards m'obligèrent d'y renoncer.

Je defcendis à Gouft ; durant ce trajet je trouvai des pierres calcaires & des fchiftes argileux dont je fuivis la direction vers l'Orient. Revenons près de Laruns, lieu entouré de montagnes, qui flattent la vue par la variété du payfage.

Le paffage qu'on nomme *Hourat*, fitué dans une gorge fort étroite & où d'affreux précipices effraient le voyageur, eft dominé par des montagnes compofées de maffes de marbre gris ; le défordre qui règne dans cet endroit ne permet point de déterminer la difpofition des bancs.

Un bloc de granit, d'environ huit pieds de diamètre, placé dans l'angle rentrant, qu'on rencontre après avoir franchi cet affreux paffage, eft la première chofe qui fixe les regards du naturalifte ; ce bloc de granit, qui fe rencontre dans un endroit élevé aujourd'hui de plus de cent pieds au-deffus du lit du Gave, n'a pu fe détacher des montagnes voifines, entièrement compofées de bancs calcaires ; il eft naturel de croire que les eaux de cette rivière l'ont tranfporté des maffes graniteufes qui fe voient au-delà des eaux chaudes, & qu'elles l'ont dépofé à Hourat, lorf-

Direction des Bancs.	Inclinaison des Bancs.

que le Gave avoit encore son cours, à cette hauteur ; près de ce bloc de granit, j'ai remarqué entre les fentes des pierres calcaires, du granit roulé en décomposition ; dans plusieurs de ces morceaux, de couleur blanche, l'œil ne distingue plus de mica, le quartz y est fort altéré, & le feldspath ou pétunzé qui y domine, trop tendre pour donner des étincelles lorsqu'on le frappe avec le briquet, paroît disposé à passer à l'état de Kaolin.

Des montagnes calcaires escarpées de tous côtés occupent l'espace qui se trouve entre le passage de Hourat & les Eaux-Chaudes : c'est du marbre gris, communément traversé de veines spathiques blanches ; il est en quelques endroits mêlé avec un peu de schiste argileux, ainsi qu'on peut le remarquer près du pont Craver ; ce marbre est arrangé par masses, ou par bancs dont la direction & l'inclinaison varient ; on y remarque des lits qui se prolongent de l'O. N. O. à l'E. S. E.

De l'O.N.O. à l'E.S.E. — Du S.S.O. au N.N.E.

Aux Eaux-Chaudes, les montagnes sont composées de bancs presque horizontaux de marbre

De l'O.N.O. à l'E.S.E. — Du S.S.O. au N.N.E.

gris, qui contiennent des corps marins ; M. Flamichon a eu la bonté de me donner un morceau de ce marbre dans lequel on reconnoît des coquilles bivalves pétrifiées. Les pierres calcaires des Eaux-Chaudes ont pour base des masses de granit : ici le Gave coule sur cette roche, mais elle est couverte sur les deux rives par des matières calcaires, & argileuses, dont nous suivrons la description ; nous nous contenterons d'observer que le granit s'élève à mesure qu'on s'éloigne des Eaux-Chaudes, du côté du Sud, & qu'on le voit entiérement à découvert à Gabas, où de hautes montagnes en sont composées.

A l'Est, Sud-Est, des Eaux-Chaudes, vers le

De l'O.N.O. à l'E.S.E. — Du S.S.O. au N.N.E.

quartier de Gourzi, on voit des couches de schiste argileux qui se sépare par feuilles minces.

Vous trouvez immédiatement après des masses de marbre gris.

Au Nord du col de Lurdé, on remarque des

pierres d'ophite, entaſſées ſans ordre les unes ſur les autres.

On franchit le col de Lurdé entre les pics de Cezi & de Suſoeu, qui ſont compoſés de bancs de marbre gris.

Les bancs du milieu de la montagne de Suſoeu ont un plan d'inclinaiſon contraire à celui des bancs du ſommet, mais ils ſe relèvent inſenſiblement; & en continuant à ſe prolonger par une ligne courbe, ils ſe trouvent n'être qu'une ſuite non interrompue de ceux de la cime.

Au col de Lurdé ſe découvrent des pierres calcaires iſolées, qu'on appelle en idiome Béarnois *Eſpougnes*, mot qui ſignifie *éponge;* ce n'eſt autre choſe que des incruſtations détachées des montagnes voiſines : ces pierres traverſées de petites cavités, où les eaux introduiſent ſouvent des matières étrangères, forment des eſpèces de variolites quand elles ont acquis un certain degré de ſolidité.

La montagne de Cezi, malgré ſa grande élévation, fournit du gypſe ſolide, ou de l'alabaſtrite : *alabaſtrum durius opacum. W.*

Sur la rive droite du torrent de Suſoeu s'élèvent des montagnes de marbre gris, qui renferment près du quartier de Cezi, quelques couches de ſchiſte argileux, ayant dans leur totalité environ deux pieds d'épaiſſeur : ces pierres calcaires ont pour baſe des maſſes de granit. *Voyez la planche VII.*

Plus loin, au milieu de vaſtes forêts de ſapin plantées des mains de la nature, eſt l'hôpital de Gabas, dominé par de hautes montagnes qui ſont compoſées de maſſes de granit de la même ſorte que celui des Eaux-Chaudes : *granitum quart ſoṭo-micaceum ;* comme cette eſpèce eſt la plus abondante dans les Pyrénées, je l'appellerai ſimplement *granit*, ayant ſoin de faire connoître les autres eſpèces par les deſcriptions qui leur ſont propres. On pourroit extraire des montagnes de la vallée d'Oſſau, des blocs énormes de cette

Direction des Bancs.	Inclinaison des Bancs.	

roche ; j'en ai vu un morceau détaché de trente pieds de longueur, sur dix ou douze de largeur ; on n'y remarquoit pas la moindre fente.

De l'Oueft à l'Eft. Du Nord au Sud.

On trouve à une demi-lieue de Gabas, sur le chemin qui mène à Brouffette , & près du Gave dont les eaux se brisent avec bruit contre les rochers , on trouve, dis-je, des bancs de marbre gris placés entre des maffes de granit ; ce qui femble indiquer une formation contemporaine ; après avoir observé cet arrangement singulier , revenons à Gabas pour monter vers le col d'Aneou.

A une petite diftance Sud de Gabas, lieu où commencent les montagnes de la région supérieure , on rencontre du fchifte dur , argileux , mêlé avec de la pierre calcaire , & difpofé par maffes appuyées sur du granit, elles fervent à leur

De l'O.N.O. à l'E.S.E. Du N.N.E. au S.S.O.

tour d'appui à des maffes & à des bancs de marbre gris ; on en trouve auffi quelques veines de blanc , mais il ne m'a point paru affez dur pour être employé par les fculpteurs.

Plus loin , en allant à Bius , quartier qui pendant l'été fournit aux beftiaux d'abondans pâturages , on trouve des couches d'ardoife argileufe , dans lefquelles on a ouvert une ardoifière.

De l'O.N.O. à l'E.S.E.

Les montagnes jufqu'au pic du midi de la vallée d'Offau (1) préfentent des bancs argileux & des bancs calcaires, qui fe fuccèdent alternativement ; c'eft communément du marbre & du fchifte qui ne fe divife point par lames minces.

On trouve auffi des maffes de granit, qui fervent de bafe aux matières calcaires & argileufes.

Le fommet du pic du midi, m'a paru compofé de pierre calcaire ; comme cette montagne eft inacceffible , on ne peut l'affurer.

Derrière ce Mont fuperbe, dont la cime four-

---

(1) On compte plufieurs pics du Midi dans la chaîne des Pyrénées ; ils tirent leur dénomination de la pofition méridionale par rapport aux lieux où ils font fitués ; c'eft ainfi que l'on dit *le pic du Midi de la vallée d'Offau, le pic du Midi de Bagnères,* &c. &c.

Direction des Bancs.	Inclinaison des Bancs.
De l'O.N.O. à l'E.S.E.	
De l'O.N.O. à l'E.S.E.	
De l'O.N.O. à l'E.S.E.	
De l'O.N.O. à l'E.S.E.	Du S.S.O. au N.N.E.
De l'O.N.O. à l'E.S.E.	Du S.S.O. au N.N.E.
De l'O.N.O. à l'E.S.E.	Du S.S.O. au N.N.E.
De l'O.N.O. à l'E.S.E.	Du S.S.O. au N.N.E.

cilleuse se perd dans les nues, on découvre des couches de schiste argileux qui reparoissent à l'Est, du côté de Broussette ; maison isolée, à quatre mille toises Sud de Gabas.

Vous trouvez au-delà des bancs de marbre gris, dont l'inclinaison approche de la ligne horizontale, les mêmes bancs traversent aussi le vallon de Broussette ; ici leur inclinaison varie. *Voyez la Planche VII.*

Malgré l'horreur de ces déserts sauvages, où nulle trace de chemin ne s'offre au voyageur, continuons de gravir vers le col d'Aneou ; on trouve au Nord de ce passage des couches d'ardoise grise argileuse.

Plus loin on découvre des bancs de marbre gris.

Le col d'Aneou est composé de couches de schiste argileux qui se divise par feuilles minces, & qui est mêlé avec du quartz blanc, laiteux : *quartzum solidum, opacum, durissimum, aqueolacteum. W.* On y rencontre aussi quelques petits morceaux de cristal de roche.

Les mêmes lits se trouvent dans une partie des montagnes qui dominent du côté du Nord, les riches pâturages d'Aneou, où de nombreux troupeaux paissent durant la belle saison. Ces lits traversent le chemin du Port de Salient, qui est au-delà, mais en observant une disposition peu régulière ; il y a cependant presque à l'entrée de ce port, des bancs de marbre gris qui se prolongent dans la direction générale.

Au Sud du col d'Aneou, on découvre des bancs presque horizontaux de marbre gris, qui terminent le sommet des montagnes supérieures.

Les bancs des montagnes qui bornent la vallée d'Ossau, sont en général dans la direction de l'O. N. O. à l'E. S. E. Quant à l'inclinaison, il n'est pas possible de la déterminer d'une manière précise, mais on peut la fixer communément à 30 degrés avec la perpendiculaire.

Direction des Bancs.	Inclinaison des Bancs.
De l'O.N.O. à l'E.S.E.	Du S.S.O. au N.N.E.
De l'O.N.O. à l'E.S.E.	Du S.S.O. au N.N.E.
De l'O.N.O. à l'E.S.E.	Du S.S.O. au N.N.E.
De l'O.N.O. à l'E.S.E.	Du N.N. au S.S.O. Du S.S.O. au N.N.E.
De l'O.N.O. à l'E.S.E.	Du S.S.O. au N.N.E.

Après avoir décrit les montagnes qui bordent la vallée d'Offau, nous allons paffer dans le revers méridional des Pyrénées, pour continuer nos recherches dans le val de Thène que nous fuivrons du Nord au Sud, jufqu'à la hauteur de Jacca.

Les montagnes fituées au Nord de Salient font compofées de marbre gris.

Le village de Salient dont le territoire eft limitrophe des terres de France, eft bâti fur des bancs de fchifte argileux.

On trouve immédiatement après jufqu'à Puyo des bancs de marbre gris, & des couches de fchifte argileux qui fe lève communément par feuilles minces. Ces deux efpèces de pierre font appuyées alternativement l'une fur l'autre.

En defcendant à Puyo, on découvre des couches d'ardoife argileufe.

Au Sud des villages de Caftille & de Puyo, s'élève une chaîne confidérable de hautes montagnes, compofée de bancs de marbre gris dont l'inclinaifon varie. La hauteur de ces montagnes diminue à mefure qu'on approche de Viefca, village bâti fur des bancs calcaires; on trouve les mêmes matières dans les collines qui font au-delà, elles forment la fuite des pierres à chaux qui fe trouvent dans le val de Canfranc, au Nord de Jacca, elles font de la même efpèce & fe prolongent dans la même direction. Les torrens qui coulent près du Village de Puyo, roulent des blocs de granit, les grandes maffes de cette efpèce de roche font vraifemblablement dans les montagnes des Ports de la Hourquette & de Cauterès, on ne les trouve point du côté du Port de Salient.

J'aurois pu augmenter cette defcription minéralogique, & en général celle des Monts-Pyrénées, en faifant connoître les bancs que l'on trouve dans les ravins qui aboutiffent aux principales vallées; mais comme ils ne font qu'un prolongement des matières qui traverfent ces gran-

Pl. VII.

Nord

Est

Ouest

Coupe d'une Montagne située au Nord de Gabas. A. *Masses de Granit* B. *Bancs Composés de pierre à Chaux.* Nº 1.

Nord

Vue et Coupe d'une Montagne Calcaire située a une petite distance Sud de Caze de Broussette. Nº 2.

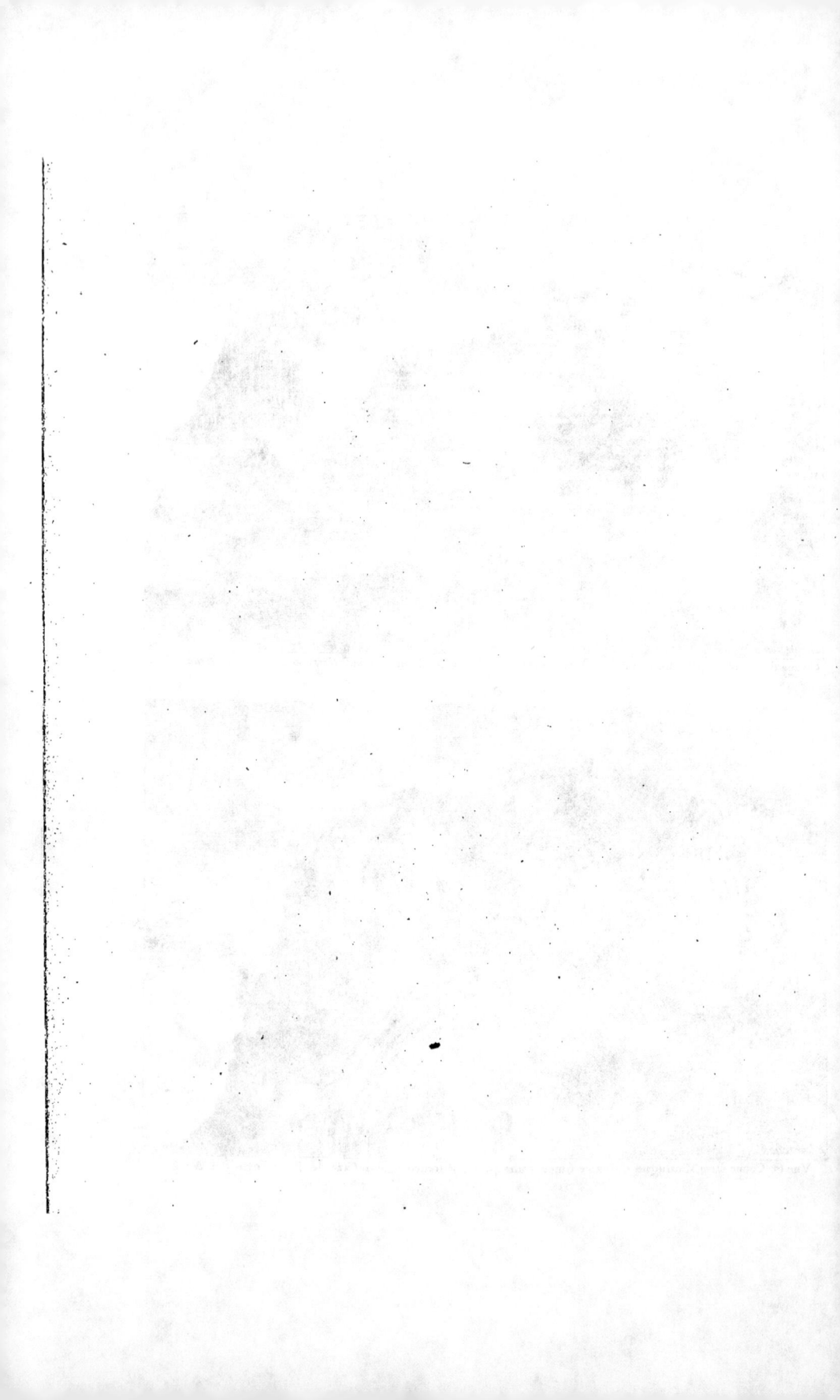

Direction des Bancs. | Inclinaison des Bancs.

des cavités, j'ai cru pouvoir me difpenfer de les décrire, & avec d'autant plus de raifon, que la même efpèce de pierre fe préfente prefque partout : le marbre, par exemple, eft communément gris; cependant quatre colonnes de marbre, jafpé de blanc & de bleu, ornent l'Autel de l'Eglife de Bielle ; mais on ignore fi elles ont été tranfportées d'un endroit éloigné, ou fi on les a tirées des montagnes de la vallée d'Offau.

On rapporte que Henri IV, étant devenu Roi de France, demanda ces colonnes à la Communauté de Bielle, qui lui adreffa la réponfe fuivante, en idiome Béarnois : *Sire, bous quets mefte de noufes coos & de noufes bes, mei per coqui es deus pialas deu Temple, aquets que fon de Diu, d'abeig quep at béjats.* Ce qui fignifie : Sire, vous êtes le maître de nos cœurs & de nos biens; mais quant à ce qui regarde les colonnes du Temple, elles appartiennent à Dieu, arrangez-vous avec lui.

DESCRIPTION DES MINES
que l'on trouve dans les montagnes qui bordent la vallée d'Offau.

LA nature a répandu dans prefque tous les quartiers des montagnes qui s'élèvent autour de la vallée d'Offau, des fubftances métalliques; mais cette difperfion même femble avoir nui à la richeffe de chaque filon; les mines que l'on y a ouvertes ont été exploitées fans fuccès, & même celles de fer ; il faut cependant excepter de ce nombre la minière de Loubie, fituée à l'extrémité orientale des montagnes d'Offau, dans laquelle on travaille depuis très-long-temps.

On trouve, en montant le col de Caftet, dans le penchant méridional de la montagne du Rey, de la mine de fer en chaux brune & folide.

Les montagnes de Caftet fourniffent de la mine de fer en chaux rougeâtre : *Minera ferri fubaquofa, rubens. W.*

Les montagnes de Loubie, au quartier de Hourat, offrent auffi de la mine de fer en chaux ; elle eſt tranſportée à la forge de Béon, pour y être convertie en fer.

A une petite diſtance Sud de cette mine, vous découvrez entre des bancs calcaires, une couche fort mince de bleu & vert de montagne.

On trouve de la mine de fer en chaux, au pied de la montagne de Loubie, ſur la rive droite du ruiſſeau qui traverſe Hourat. Les mines de fer limoneuſes rendent, ſuivant M. Romé Deliſle, depuis vingt-cinq juſqu'à quarante livres de fer par quintal ; celle de Loubie rend de trente à trente-cinq.

Près du village d'Aſte, on trouve de la mine de fer ſpathique, griſe, tirant ſur le blanc & en petites lames ; elle fait efferveſcence avec les acides, ce qui prouve, ſelon M. Romé Deliſle, que ce n'eſt alors qu'un ſpath calcaire qui n'a point reçu le degré d'altération néceſſaire pour être à l'état parfait de fer ſpathique.

Il y a quelques années que M. d'Augerot, Greffier en chef du Parlement de Navarre, crut pouvoir tirer avantage de la découverte de cette mine ; il en fit extraire une certaine quantité, & l'envoya dans une forge d'Eſpagne où elle fut ſoumiſe à l'eſſai ; le rapport avantageux que l'on en fit, engagea M. d'Augerot à ſolliciter une conceſſion qu'il obtint. Il ſe hâta de faire conſtruire une forge ſemblable à celles qui ſont en uſage dans la Navarre Eſpagnole ; lorſque le fourneau fut établi, des ouvriers qu'on avoit fait venir d'Eſpagne, obtinrent au premier travail une maſſe d'environ deux quintaux, poids de marc ; mais qui, expoſée, aux coups du marteau, éclata en pluſieurs gros morceaux, ſans qu'il fût poſſible de la réduire en barres : cette opération répétée pluſieurs fois, a donné conſtamment le même réſultat.

On trouve dans la mine de fer ſpathique d'Aſte, du ſpath rhomboïdal : *Spathum pellucidum objectis ſimplicibus. Lin.*, & des pyrites cuivreuſes criſtalliſées : *Pyrites cupri criſtalliſata, diverſis figuris. V. d. B.*, elles brillent des couleurs les plus variées.

Entre le village d'Aſte & celui de Loubie, on découvre de la mine de fer ſpathique brune, qui fait efferveſcence avec les acides, & ſe trouve mêlée avec de l'ocre martiale.

On trouve de la mine de cuivre jaune dans les montagnes de Bielle, & ſur la rive gauche du ruiſſeau, qui, après avoir traverſé le village de ce nom, ſe rend dans le Gave, un peu au-deſſous. M. Hellot dit qu'elle tient un peu d'argent ; elle fut ouverte en 1739 par le ſieur Marignan ; il y a déjà long-temps qu'on l'a abandonnée ; la gangue de cette mine eſt quartzeuſe.

On

On voit fur les bords du Canfeitche, des pierres calcaires, roulées, parfemées de petits grains de pyrites cuivreufes, chatoyantes.

Près de Hourat, à un quart de lieue de Laruns, fur la rive gauche du Gave, on découvre de la mine de cuivre jaune, ou pyrite cuivreufe d'un beau jaune ; cette mine, dont la gangue eft quartzeufe, préfente quelquefois, fur différentes faces, de petits criftaux de vert de cuivre, & quelques taches brunes.

On trouve au col de la Trape, & au mont de la Grave, près de Laruns, des mines de cuivre, qui contiennent, fuivant M. Hellot, un peu d'argent : elles ont été exploitées infructueufement par les fieur Coudot & Compagnie ; il ne m'a point été poffible de me procurer des échantillons de ces mines, pour en déterminer l'efpèce.

Au canton d'Arriutorte, entre un banc calcaire & un banc de fchifte argileux, on découvre de la mine de cuivre, d'un jaune pâle. On exclut ordinairement cette efpèce, des mines métalliques, pour la ranger au nombre des pyrites ; cependant celle de Tunaberg, en Sudermanie, rend vingt-deux livres de cuivre par quintal. J'ai vu, fur un morceau de la mine de cuivre d'Arriutorte, quelques taches de vert de montagne ; la gangue en eft calcaire & argileufe ; elle participe de la nature des matières où la mine fe trouve.

Les montagnes de Béoft fournissent les mines fuivantes.

Au quartier, appellé *Fournatèig*, on trouve de la mine de cuivre, d'un jaune pâle, mêlée avec de l'ocre martiale & du vert de montagne ; la gangue en eft quartzeufe.

Au quartier, appellé *Lombré*, de la mine de fer fpathique, d'un gris fauve, & de la mine de fer en chaux brune & folide ; celle-ci reffemble un peu à des fcories.

Au quartier de Lalout, de la mine de cuivre, d'un jaune pâle.

Au quartier, appellé *Gadoft*, de la mine de plomb à petites facettes, avec gangue fpathique : *Galena areis minoribus, micans, non diftincta figura teffulari. W.* Cette mine de plomb, qui paroît avoir été attaquée par les Anciens, eft fouvent parfemée de petits grains pyriteux.

A l'Eft & à une lieue ou environ des eaux Bonnes, on trouve de la mine de fer en chaux folide & d'un brun noirâtre : *Minera ferri calciformis indurata. Cronft.* Cette mine qui a été ouverte par M. d'Augerot, eft fouvent criftallifée en forme de tuyaux d'orgue.

A un quart de lieue à l'Eft des eaux Bonnes, on découvre de la mine de fer en chaux; elle est brune, solide & chargée de petites protubérances chatoyantes.

On trouve, à une petite distance de cette mine, de la mine de plomb à petites facettes.

A une demi-lieue Sud des eaux Bonnes, on découvre de la mine de fer en chaux, dure & de couleur brune; elle contient beaucoup de pyrites jaunes, qui tombent difficilement en efflorescence; on la convertit en fer dans la forge de Béon.

Près du lac Deufons, on trouve de la blende à petites écailles : *Pseudo galena mollior; obscura squammulis tenuioribus. W.* La gangue de cette mine est calcaire. Deux gros de la blende du lac Deufons, mis dans un creuset avec deux gros de cuivre, deux gros de borax calciné, demi-once de verre, & douze grains de charbon, ont donné du cuivre jaune.

Le quartier, appellé *Sourince*, fournit de la mine de plomb; elle a été exploitée à diverses reprises : cette mine rend, suivant les Mémoires de l'Intendance de Béarn, cinquante pour cent : on ne peut y travailler que trois mois de l'année, à cause des neiges.

Dans la montagne d'Aas, au quartier qu'on appelle *Bétéréte*, on découvre de la blende à petites écailles, avec gangue calcaire. Cette blende rend, par le frottement, une odeur de foie de soufre.

A Bétéréte, il y a, 1°. de la mine de plomb, à petites facettes, qui contient de la pyrite jaune, & de l'ocre martiale; la gangue de cette mine est calcaire.

2°. De la mine de plomb, composée de petits cubes : *Galena tessulis minoribus micans. W.* La gangue de cette mine est quartzeuse.

3°. De la mine de fer en chaux, rougeâtre & solide.

On trouve de la blende au quartier appellé *Arre* : *Zincum calciforme cum ferro sulphuratum. Cronst.* & de la mine de fer avec pyrite jaune.

A la Tume de Sufoeu, on découvre du gypse à lames striées : *Spathum gypseum radiato-lamellatum. Wolt.*, il est communément mêlé de pyrites jaunes & de blende.

A la montagne de Cezi, on voit des pierres calcaires jaunâtres, avec pyrites cuivreuses, & vert de montagne.

EXPÉRIENCES

Faites sur les Eaux Minérales de la vallée d'Ossau.

LA vallée d'Ossau est remarquable par ses eaux minérales ; celles qu'on appelle *eaux Bonnes*, sortent du pied d'un monticule, au confluent des ruisseaux de la Soude & du Valentin ; cette éminence est composée de pierres calcaires, dont les couches sont foiblement inclinées : on y voit plusieurs sources, très-voisines les unes des autres, & qui ont cependant divers degrés de chaleur. Je ne ferai mention que de la source principale, qu'on nomme *la Vieille.*

Les eaux Bonnes font monter, selon M. Bayen, la liqueur du thermomètre de Réaumur à vingt-huit degrés.

Elles n'altèrent point le sirop de violette.

L'alkali fixe n'y occasionne pas de précipité.

L'alkali volatil n'y produit aucun changement.

L'infusion de la noix de galle n'occasionne point de teinte noire qui puisse indiquer dans ces eaux la présence du fer.

Elles exhalent une odeur de foie de soufre, donnent une couleur noire à l'argent, & forment dans la dissolution de ce métal, par l'acide nitreux, un précipité blanc sale, qui insensiblement devient d'un gris noir.

Les eaux chaudes se trouvent à une lieue & demie , ou environ , des eaux Bonnes ; elles jaillissent du granit : soumises aux mêmes épreuves que les précédentes, elles n'ont donné de résultat différent que dans le degré de chaleur. La source qu'on appelle *Lou-rey* , fait monter , suivant M. Bayen, la liqueur du thermomètre de Réaumur, à trente degrés ; il est cependant possible que ces eaux ne contiennent pas généralement les mêmes substances, puisque la médecine ne les prescrit pas indifféremment.

On trouve auprès des eaux chaudes, au-dessus de la source de l'Arresec, l'inscription suivante, gravée sur un rocher : elle m'a été communiquée par M. Flamichon.

ADAME CATTIN
DE FRANCE SŒUR DV ROY TRÈS
CHRÉTIEN HENRY IV EN JVIN

1591

CAVCASVS ET RHODOPE
TRISTI DELEBITVR ÆVO ;
AT NOSTRO INSCVLPTA
PECTORE FIXA MANENT.

OBSERVATIONS.

Les Eaux-Chaudes font fituées dans un profond ravin, creufé par le Gave, qui roule fes eaux avec un bruit effroyable, là, cette rivière eft bordée de montagnes ftériles, & pour ainfi dire inacceffibles ; celles qui entourent le village de Laruns, fitué à la diftance d'environ deux mille toifes de ces fources minérales, préfentent un afpeét différent. Vous voyez du côté de l'Orient leurs fommets couverts de pâturages où l'herbe croît abondamment, au-deffous paroiffent des habitations entourées de champs & de bois de chêne, la perfpeétive change vers le Sud-Eft : on découvre une infinité de prés furmontés par une forêt de hêtre & de fapin ; au pied verdoyant de ces montagnes commence une plaine également remarquable par la diverfité des objets qu'elle préfente : elle eft arrofée par le Gave à qui elle doit fa fécondité : cette rivière fort d'une gorge étroite qui conduit de Laruns aux Eaux-Chaudes ; on lit à l'origine de cette cavité dans l'endroit qu'on nomme Hourat, les infcriptions fuivantes, gravées fur le marbre.

Sifte viator.

Mirare quæ non vides & vide quæ mireris, faxa fumus & faxa loquimur, effe dedit natura, loqui Catharina, Catharinam hæc ipfa quæ legis intuentem vidimus, Catharinam loquentem audivimus, Catharinam infedentem fuftinuimus, felicia faxa, viator, quæ illam fine oculis vidimus ; felicem te qui eam oculis non videris ; nos viventia quæ antea eramus mortua, tu viator qui vivebas, faétus fuiffes faxum. Catharinæ Francorum, Navarreorum Principi, hàc iter facienti, mufæ virgines virgini pofuere. Anno D. M. D. XCI.

Ave quifquis iter hàc habes.

Quod vides perierat, fed interitus vitam peperit, ne indigneris vetuftati quæ Catharinæ Principis monumentum deftruxit, nam temporis emendavit injuriam, cum hoc marmor reftituendum curavit Joannes Gaffionnus, facri Cònfiftorii Confil. Ordin. in fupremo Navarræ

fenatu Præfes, & in Navarrâ Bearniâ Boiis, Tarbellis, Viterigz,
Regis Dominio juftitiæ Portitiæ, & ærarii fummo Jure Præfectus.
M. DC. XL. VI.

Voici la traduction que M. Bordeu a donnée de ces deux Infcriptions : « Arrête-toi paffant, admire ce que tu ne vois pas, & regarde
» des chofes que tu dois admirer, nous ne fommes que des ro-
» chers, & cependant nous parlons ; la nature nous a donné l'être,
» & la Princeffe Catherine nous a fait parler, nous l'avons vue,
» lifant ce que tu lis ; nous avons oui ce qu'elle difoit, nous l'avons
» foutenue : ne fommes-nous pas heureux, paffant, de l'avoir vue,
» quoique nous n'ayons point d'yeux ? heureux toi-même de ne l'a-
» voir pas vue ; nous étions morts, & nous avons été animés ; toi,
» voyageur, tu ferois devenu pierre. Les Mufes ont érigé ce mo-
» nument à Catherine, Princeffe des François Navarrois, qui paf-
» foit ici, l'an 1591.

» Dieu te garde, paffant, ce que tu vois avoir péri, mais la
» mort l'a fait renaître ; ne te plains pas de la vétufté qui a détruit le
» monument de la Princeffe Catherine, car l'injure du tems a été
» réparée, quand ce marbre a été rétabli par les foins de Meffire
» Jean de Gaffion, Confeiller d'Etat, Préfident au Parlement de
» Navarre, & Intendant-Général du Domaine du Roi, de la Juf-
» tice, Police & Finances dans la Navarre, le Béarn, la Chaloffe,
» le Bigorre, & le Vicbilh, l'an 1646 ».

Hourat, en idiome Béarnois, fignifie *trou* : on prétend que cet
endroit a pris cette dénomination d'une ancienne ouverture, où les
eaux du Gave fe précipitoient, pour reparoître enfuite par des
routes fecrètes, près du village de Buzi : on ajoute encore que lorfque des caufes, qu'on ne détermine pas, vinrent à intercepter ce
paffage, le Gave prit fon cours par la plaine de la vallée d'Offau.
J'ai remarqué, auprès du château d'Efpalungue, les ruines d'une
Eglife qui fut emportée par les eaux du Gave, quand cette rivière
ceffa, pour la première fois, de difparoître à Hourat, ce qu'on
dit être arrivé dans le dernier fiècle.

Ce changement ne doit pas nous étonner, on a vu de nos jours le Rigafton, qui a fa fource au village de Herrère, ceffer de couler pendant plufieurs mois ; il y a lieu de croire que des affaiffemens furvenus dans les entrailles de la terre, avoient intercepté le paffage des eaux, & qu'on n'auroit plus vu reparoître ce ruiffeau, s'il n'é-toit parvenu à écarter les obftacles qui s'oppofoient à fon cours.

Le Rigafton, dont les eaux font claires & limpides, fertilife con-fidérablement les terres.

Il n'eft pas rare de voir dans les montagnes de la vallée d'Offau, des ruiffeaux qui fe précipitent dans l'intérieur de la terre. Les uns reparoiffent à quelque diftance de l'endroit où ils s'engouffrent, d'autres fe perdent entiérement. Vous y remarquez auffi des ruif-feaux, qui, comme le Rigafton, donnent, dès leur fource, un vo-lume d'eau confidérable ; de ce nombre eft le Nés, fortant de terre, à une petite diftance de la bafe du pic de Rebenac, & qui fe joint au Gave Béarnois, à une lieue de Gan, où naquit Pierre Marca, l'un des plus favans Prélats de l'Eglife Gallicane.

Suivant quelques perfonnes, cette rivière eft une partie des eaux du Nil (1) ; d'autres ont penfé, avec plus de raifon, que le Gave perdoit, près d'Arudy, une partie de fes eaux, pour donner naif-fance au Nés par des paffages fouterrains. Voici pourtant un fait qui n'eft pas favorable à cette opinion.

Le 4 Septembre 1775, j'effuyai un violent orage dans les prai-ries du Benou, que je traverfois, pour me rendre, de la vallée d'Afpe à Pau ; la pluie tomboit fi abondamment, & les coups de tonnerre fe fuccédoient avec tant de rapidité, que je fus obligé d'al-

---

(1) Cette opinion n'eft pas moins étrange que celle qu'on a en Sicile par rapport à la fontaine d'Aréthufe : on croit que c'eft la même rivière Aréthufe qui, entrant fous terre, près d'Olympie, en Grèce, continue fon cours l'efpace de cinq ou fix cens milles au-deffous de l'Océan, & reparoît en Sicile. Voyez le Voyage en Sicile, par M. Bridonne.

.... Alphœum fama eft huc, Elidis amnem,
Occultas egiffe vias fubter mare ; qui nunc
Ore, Arethufa, tuo ficulis confunditur undis.
                                        Enéid. de Virg.

ler demander un afile à M. Badie , Curé du village de Billères , &
d'y refter jufqu'au lendemain.

En continuant ma route vers Pau , j'obfervai que l'eau du Gave
étoit fort trouble , ce qu'il faut attribuer à l'orage qui avoit éclaté la
veille fur les montagnes d'Offau ; jugeant cette circonftance propre à établir quelques conjectures vraifemblables fur la fource du
Nés , je me hâtai d'arriver à l'endroit d'où elle fort , avec le projet
de conftater fi l'eau de ce ruiffeau étoit bourbeufe comme celle de
la rivière.

J'eus occafion de remarquer que l'eau du Nés étoit très-diffé-
rente ; elle n'avoit rien de louche , au contraire elle paroiffoit claire
& tranfparente , ce qui me fit préfumer qu'il ne falloit pas la regarder comme provenant de la rivière qui coule dans la vallée d'Offau :
pour adopter une pareille opinion , il faudroit fuppofer que cette eau
eût été clarifiée dans fon trajet , des environs d'Arudy à fa fource ,
en paffant par un terrain fablonneux , ce qu'il eft difficile de concevoir. La diftance de ces deux endroits n'eft pas affez confidérable
pour donner aux eaux le temps de dépofer les matières étrangères
qu'elles peuvent contenir , & elles fortent de terre avec trop d'a-
bondance & de rapidité , pour imaginer qu'elles fubiffent une efpèce
de filtration dans leurs canaux fecrets. Il réfulte de ces obfervations ,
que le Nés ne paroît pas devoir fon origine aux eaux du Gave.

Il y a une autre fource , mais beaucoup moins abondante , qui
fort à un quart de lieue , ou environ , au Sud du pic de Rebenac ;
elle contribue à donner l'eau néceffaire pour faire tourner un moulin, qui appartient à M. le Marquis de Saint-Chamant. Il n'eft pas poffible de douter que cette eau ne vienne du Gave par un conduit fouterrain ; il y a dans le canal du moulin de M. Bordeu , bâti à Ifefte ,
fur la rive gauche du Gave , deux ou trois ouvertures où fe perd une
certaine quantité d'eau ; mais comme la vafe bouche quelquefois
ces conduits , le meûnier de M. le Marquis de Saint-Chamant a foin
de s'y tranfporter , & de faire enlever les matières qui s'oppofent
à fon paffage ; précaution qui lui rend l'eau néceffaire à fon moulin.

Les montagnes de la vallée d'Offau, plus hautes que celles de la vallée d'Afpe, font, dans leur plus grande élévation, entiérement dépouillées de verdure, afpeſt affreux qui ne préfente que des pics ifolés, dont on ne peut approcher; tel eſt le pic du midi, repaire affuré des aigles & des vautours, il domine fiérement prefque toutes les montagnes qui l'entourent; fa hauteur, fuivant M. Flamichon, eſt de 1407 toifes au-deffus du pont de Pau; les débris qu'on trouve au pied du pic prouvent combien le temps y a exercé fon empire; les regards ne font fixés que par des rochers énormes, qui, amoncelés les uns fur les autres, défendent à l'homme d'approcher; & les flancs efcarpés de cette montagne, dont la cime eſt prefque toujours hériffée de glaçons, oppofent à fon audace un rempart inacceſſible. Cependant M. de Marca, dit dans fon hiſtoire de Béarn, qu'on voit les deux mers du pic du Midi, ce qui femble fuppofer qu'on y a monté. Si on n'en a point impofé à cet illuſtre Prélat, je ne fuis pas étonné qu'un Obfervateur, placé au fommet, ait pu appercevoir l'Océan, puifque le pic du Midi fe fait remarquer diſtinſtement à la diſtance de quarante lieues, comme je l'ai obfervé moi-même des environs de Bazas, fans le fecours d'aucune lunette; mais je penfe qu'il n'eſt pas poffible de diſtinguer la mer Méditerranée; les montagnes du Bigorre, du Cominges, fituées à l'Eſt du pic, étant plus hautes, font un obſtacle à cette découverte.

Le même M. de Marca a donné la defcription de cette montagne, dans les termes fuivans : *In viatorum oculos incurrit mòns præcelfus, figuræ non exaſtè rotúndæ ; una ex rupe marmorea concretus, qui faſtigiatur in tria cacumina magnitudinis & celſitudinis inæqualis in formam trianguli difpofita, infulæ in modum à reliquis jugis feparatus, viginti millia paffuum occupans ad radices. Et veluti principi montes alii decedere videntur, & aperire undequaque amœniſſimum illius profpeſtum, quo fruebar olim affiduò ; lineâ reſtâ tam laribus è paternis feudi à Marca fiti in agro Ganti oppidi quod XXXVI. M. P. à jugi radice diſtat, in latitudine gradus XLIII, cum femiſſe, quam V. M. P. hinc recedendo, è palatio regio urbis Pali ipſifque*
judicum

judicum Parlamenti Navarræi fubfelliis ; quamvis etiam ab interftitio
LXXX. M. P. è mediis Gavardani tractus arenis in via publica fo-
lus ille cæteris eminentior cernatur. Vid. Mar. Hifp. Lib. I. Cap.
XIII.

Outre le témoignage de M. de Marca, qui paroît avoir admis
la poffibilité de gravir fur le pic du midi, les mémoires de la vie de
Jacques-Augufte de Thou, nous apprennent que l'accès de cette montagne n'eft pas abfolument impoffible ; ce fidèle hiftorien fe trouvant
chez M. de Candale à Caftelnau de Medoc, demanda à ce Seigneur
qui étoit favant dans la Géométrie, la hauteur des Pyrénées. « M. de
» Candale lui raconta qu'il avoit été aux Eaux de Béarn, proche de
» Pau, à la fuite de Henri d'Albret, Roi de Navarre, pere de la
» Princeffe Jeanne, dont il étoit proche parent ; que dans le féjour
» qu'il y fit, il réfolut de monter au fommet de la plus haute mon-
» tagne qui n'en eft pas éloignée & qu'on nomme les jumelles, à
» caufe qu'elle fe fépare par le haut en forme de fourche : que dans
» le temps qu'il préparoit tout ce qu'il crut néceffaire pour fon def-
» fein, plufieurs gentilshommes, & d'autres jeunes-gens, vêtus
» de fimples camifoles pour être moins embarraffés, s'offrirent de
» l'accompagner ; qu'il les avertit que plus ils monteroient, plus ils
» fentiroient de froid ; ce qu'ils n'écouterent qu'en riant ; que pour
» lui il fe fit porter une robe fourrée, par des payfans qui connoif-
» foient les lieux : que vers le milieu du mois de Mai, fur les quatre
» heures du matin, ils montèrent affez haut pour voir les nuées au-
» deffous d'eux : qu'alors le froid faifit ces gens qui s'étoient fi fort
» preffés ; de manière qu'ils ne purent paffer outre : que pour lui il
» prit fa robe & marcha avec précaution, accompagné de ceux
» qui eurent le courage de le fuivre ; qu'il monta jufqu'à un endroit
» où il trouva des retraites de chèvres & de boucs fauvages, qu'il
» vit courir par troupes fur ces rochers efcarpés ; qu'ayant été plus
» loin, il remarqua quantité d'aires d'aigles & d'autres oifeaux de
» proie : que jufques-là ils avoient rencontré des traces taillées
» dans le roc, par ceux qui y avoient auparavant monté ; mais

P

» qu'alors on ne voyoit plus de chemin, & que pour gagner le
» sommet il restoit encore autant à faire qu'on en avoit fait ; que
» l'air froid & subtil, qui les environnoit, leur causoit des étour-
» dissemens qui les faisoient tomber en foiblesse ; ce qui les obligea
» de se reposer & de prendre de la nourriture : qu'après s'être enve-
» loppé la tête, il se fit une nouvelle route avec l'aide des paysans
» qu'il avoit amenés : que quand le roc résistoit au travail, on se
» servoit d'échelles, de crocs & de grappins : que par ce moyen
» il arriva enfin jusqu'à un lieu, où il ne virent plus aucune trace
» de bête sauvage, ni aucun oiseau, qu'on voyoit voler plus bas ;
» que cependant on n'étoit pas encore au sommet de la montagne :
» qu'enfin il le gagna, à peu de distance près, avec l'aide de cer-
» tains crochets, qu'il avoit fait faire d'une manière extraordinaire :
» qu'alors il choisit un lieu commode, d'où il pût regarder sûrement
» jusqu'en bas ; qu'il s'y assit, & qu'avec le quart de cercle, il
» commença à prendre la hauteur ; qu'il prit pour rez-de-chaussée,
» le courant paisible, que les eaux qui se précipitent de rocher en
» rocher avoient formé : que jusqu'au plus haut de la montagne,
» qu'il mesuroit aisément du lieu où il étoit, il trouva onze cens
» brasses ou toises de notre mesure, la toise de six pieds, ce qui
» compose treize cens vingt pas géométriques, le pas de cinq pieds
» à la manière des Grecs, « *voyez* l'Histoire de Jacques-Auguste de
Thou. *pag. 62 & 63, tome I.*

Le sommet des montagnes de la vallée d'Ossau est aride, comme
je l'ai déjà dit, & ne semble destiné qu'à servir de retraite aux
Ysards, qui recherchent les tas de neige, & les endroits les moins
accessibles. Les bois ne croissent que sur les flancs.

Vous trouvez des hêtres & des sapins sur les montagnes inférieures & moyennes ; mais à une plus grande élévation on ne remarque
que des sapins : cet arbre qui porte sa tête superbe jusqu'aux nues,
semble se plaire au milieu des rochers, comme s'il cherchoit un sol
capable de l'affermir contre la fureur des aquilons.

Les montagnes d'Isesse & d'Arudy, qu'habite l'agile chevreuil, font couvertes, dans le penchant feptentrional, de bois de hêtres & de fapins.

On apperçoit fur les montagnes qui bordent les prairies du Benou, une forêt de fapins, expofée au Nord ; le côté oppofé eft aride.

Des bois de hêtres & de fapins ombragent la rive gauche du ruif-feau qui aboutit au village d'Afte, la rive droite ne produit rien.

Le voyageur découvre, fur le territoire d'Affoufte, des monta-gnes plantées de bois épais de hêtres & de fapins, qui regardent le Nord.

Les montagnes de Gabas, lieux fauvages où fe retire l'ours, ani-mal qui ne fe plaît que dans les vaftes folitudes, font hériffées, du côté du Nord, de fombres forêts de fapins, dont la hauteur annonce l'ancienneté.

On vient de remarquer que les bois de cette vallée fe trouvent communément fur les montagnes expofées au Nord ; fingularité qui provient de la difpofition des bancs inclinés du S. S. O. au N. N. E. ; celles dont le penchant regarde le S. S. O. font arides, elles forment des avances où l'on peut fe mettre à couvert, ainfi que M. Bour-guet l'a obfervé dans les montagnes de la Suiffe : on conçoit que ces parties faillantes, occafionnées par la difpofition des couches, font peu propres à retenir la terre végétale qui les couvre, & qu'elle eft facilement emportée par les eaux.

Les montagnes dont le penchant fe trouve du côté du N. N. E., ayant une pente plus douce, font moins expofées aux dégradations, l'eau n'entraîne pas la terre néceffaire aux végétaux, auffi fe cou-vrent-elles de bois & de pâturages ; il ne faut donc pas être étonné fi les Pyrénées offrent des points de vue plus agréables, quand au lieu de les traverfer du S. au N. on va au contraire du N. au S. ; fi l'inclinaifon des bancs étoit du N. N. E. au S. S. O., le côté qui re-garderoit le N. N. E. feroit plus efcarpé ; ainfi que nous l'obferve-rons aux cafcades de Gavarnie, où les bancs font inclinés en ce fens.

Les montagnes d'Offau produifent non-feulement des bois, mais

P 2

encore d'excellens pâturages , où l'on nourrit beaucoup de bestiaux ;
les prairies d'Anéou , de Bius , celles de Sufoeu , d'Ariutorte & de
Benou , font les plus riches. La plupart de ces plaines , peu étendues, paroissent avoir été autrefois des lacs comblés ensuite par les
matières que les eaux charrient continuellement des montagnes voisines ; les lacs d'Aule , d'Artouste & d'Ormielasse , qui reçoivent de
semblables débris , se combleront de même insensiblement , & formeront d'abondans pâturages , dès que le terrain , suffisamment
élevé , ne pourra plus contenir les eaux que les montagnes supérieures fournissent ; des causes subites & imprévues , peuvent aussi
contribuer à leur desséchement. « J'étois chargé , dit M. Gauthier , de
» faire descendre des mâts des Basses-Pyrénées , la rivière d'Aude
» ne fournissoit pas assez d'eau pour les faire flotter ; pour suppléer
» à ce défaut , je fus obligé de pratiquer des écluses à trois différens
» lacs au plus haut des Pyrénées , au-dessus du Donezan , frontière
» d'Espagne , afin d'arrêter les eaux de ces lacs pendant plusieurs
» jours , après lesquels & à certaines heures on les ouvroit ; ce qui
» faisoit grossir la rivière d'Aude , & faisoit flotter les mâts , qui sans
» ce secours n'auroient pu descendre que très-difficilement. On te-
» noit les écluses de ces lacs ouvertes pendant le restant de l'année
» quand on ne travailloit pas à la voiture des mâts ; mais un pêcheur
» dans cet intervalle de temps ayant abaissé les vannes ou empelle-
» mens d'un de ces lacs , afin de mettre la rivière à sec pour pou-
» voir pêcher des truites , & n'ayant pu , étant seul , relever ensuite
» les empellemens ou les vannes , le lac se remplit tellement d'eau ,
» qu'elle emporta par son poids les écluses , & fit un abîme à la sor-
» tie du lac , de manière qu'elle renversa tout ce qui se trouva op-
» posé à son débordement , ponts , moulins & petites maisons bâties
» sur les bords de la rivière , accident qui dura jusqu'à ce que le
» lac fut entièrement desséché , environ près de huit jours. L'eau
» qui en couloit étoit noire , sentoit le soufre , le bétail n'en pou-
» voit point boire. On suspendit à Carcassonne & par-tout ailleurs ,
» le lavage des laines , & cela jusqu'à la mer , sur environ vingt-

» cinq lieues de pays ; il a resté à la place du lac une belle prairie
» qui s'y est faite de la bourbe dont le fonds du lac étoit rempli,
» qui sert à présent à faire paître le bétail qu'on envoie en été sur
» la montagne. » *Voyez* le Traité de la construction des chemins,
par M. Gauthier, *pag.* 133.

La chair des moutons qui paissent dans les prairies naturelles
d'Ossau, & sur-tout à Arriutorte, acquiert un goût très-agréable ;
on pense communément que cette particularité doit être attribuée
au serpolet & aux autres plantes aromatiques ; mais M. Bowles a
observé dans le territoire de Molina d'Arragon, « que lorsque le
» berger laisse paître les bêtes à laine, selon leur gré, elles cher-
» chent avec soin & ne broutent que l'herbe fine, sans toucher seu-
» lement aux plantes aromatiques qui croissent en abondance dans
» ce territoire de Molina ; quand le serpolet se trouve mêlé avec
» d'autres herbes, elles les séparent très-adroitement avec le nez,
» pour ne pas les manger avec les autres herbes ; & s'il y a dans le
» même endroit quelque partie de gazon sans serpolet, ces brebis
» y courent sans s'arrêter ». *Voyez* l'Hist. Nat. de l'Esp.

Après avoir vu ce que la vallée d'Ossau présente de plus intéres-
fant, nous allons rendre compte des observations que nous avons
été à portée de faire au-delà des sommets qui la terminent du côté
du Sud.

La nature, inépuisable dans la variété de ses productions, nous
fournit, dans les montagnes du val de Thène, des preuves de sa
merveilleuse fécondité ; dès qu'on arrive aux limites des deux royaumes, le voyageur a lieu d'être étonné des objets qui s'offrent à sa
vue ; une agréable verdure embellit les endroits que leur grande élévation expose communément à être dégradés par les injures du
temps ; des montagnes entières sont couvertes de riches pâturages,
lorsqu'on s'attend à ne voir qu'une extrême aridité. Le port de Salient ne présente pas un aspect effrayant ; une plate-forme assez
large & couverte de gazon en termine le sommet. Les autres ports
des montagnes, dont la hauteur égale celle de cette partie des

Pyrénées, font au contraire très-escarpés ; comme ils n'existent que par les ravages du temps, on ne les franchit qu'au milieu des débris, & par-dessus les angles tranchans des rochers.

C'est dans les montagnes du port de Salient que prennent leurs sources, le Gave & le Gallego, rivières dont M. de Marca fait mention : *Jucundum est spectaculum quod viatoribus præbent Gallicus fluvius, & alter Gabarus in summo fastigio montium, quà ex valle Ursalense in Benearno itur ad Hispanias per vicum Salientem : in eo quippe jugo est satis ampla planities læta pascuis, ubi duorum fluminum capita, è plano illo scaturientia, ducentis non amplius passibus ab invicem distant, seseque ex illo regnorum limite effundunt, Gallicus ad Iberum non procul à Cæsaraugusta, Gabarus ad Aturrum. Apponam autem ipsa verba clarissimi eruditione viri Hieronymi Suritæ qui sic de Gallici fluvii origine scripsit. Fons ejus ex summo Pyrænei cacumine aquarum divortio defluens & magno strepitu excurrens loco Salientis nomen indidit, & quasi ex ipsâ Galliâ majore vi ac mole agentem undas, & Vaccitaniam ab Ilergetum regione terminantem, Gallicum appellavere : qui summâ tellure flexu devius Cæsaraugustano in agro in Iberum influit.* Vid. *Mar. Hisp.*

L'agréable perspective que font les montagnes des environs du port de Salient, disparoît à mesure que l'on descend vers l'Espagne ; vous cessez totalement d'en jouir après Salient, village situé au confluent de deux ruisseaux, & dans un vallon plus ouvert que ne le font ordinairement ceux qui se trouvent à une si grande élévation.

De Salient à Puyo vous suivez une gorge étroite, bordée en partie de bois ; elle s'élargit près de ce dernier village où se fait la réunion de plusieurs ruisseaux qui contribuent à cet élargissement, soit en minant, par la rapidité de leur cours, le pied des montagnes, soit en haussant le sol des vallées par des dépôts.

Le village de Puyo est ombragé, du côté du Sud, par une chaîne de montagnes, d'une hauteur prodigieuse, & composées de bancs de marbre, dont l'inclinaison est du N. N. E. au S. S. O., elles sont entiérement arides dans le penchant septentrional, & ce semble inaccessibles ; le côté opposé de ces mêmes montagnes, couvert en partie de bois, offre un aspect moins hideux; différence qui dépend, ainsi que nous l'avons déjà dit, du plan d'inclinaison qu'observent les bancs.

Le val de Thène se retrécit considérablement après Puyo, ce n'est plus jusqu'à Viescas, qu'un profond ravin, où le voyageur trouve des passages assez incommodes, pour être autorisé à croire qu'ils ont été le principal motif de la fondation d'une Chapelle qu'on y a consacrée à Notre-Dame de Patience ; cette gorge devient ensuite plus large ; le Gallego qui reçoit les eaux de la Sia, cesse d'être resserré entre de hautes montagnes ; il inonde souvent, au Sud de Viescas, un terrain immense, entiérement composé de matières, que son cours précipite des montagnes. Vous observez parmi ces débris une plus grande quantité de pierres arrondies qu'au val de Canfranc, ce qu'il faut attribuer à l'élévation considérable des endroits d'où elles se détachent : les montagnes du val de Thène étant très-hautes, la rapidité & l'abondance des eaux doivent augmenter en proportion ; ces circonstances ne peuvent avoir lieu sans que les pierres, forcées de céder aux cours impétueux des ruisseaux, ne se trouvent émoussées dans leurs angles par des chocs violens & multipliés. Leur destruction, en général, est plus complète à proportion qu'elles ont été roulées à de plus grandes distances : on remarque dans les vallées de gros blocs, qui avant de parvenir à l'embouchure des rivières, sont entiérement réduits en sable.

DESCRIPTION MINÉRALOGIQUE,

DEPUIS LES BORDES D'ESPOEY,

JUSQU'AUX ENVIRONS DU VILLAGE D'ARBEOST,

Dans la vallée d'Affon.

Direction des Bancs.	*Inclinaison des Bancs.*	

LA vallée, ou pour mieux dire la gorge d'Affon ne fe prolonge que depuis le village de ce nom, jufqu'à celui d'Arbeoft. Le pic de Gabifos dont la hauteur, fuivant M. Flamichon, eft de 1255 toifes au-deffus du pont de Pau, la borne du côté du Sud ; c'eft une des moins profondes & des moins larges des Pyrénées ; elle ne pénètre pas au-delà des montagnes moyennes, & n'a guère que la largeur néceffaire pour le cours de la rivière qui la parcourt d'un bout à l'autre. Cette efpèce de torrent fe joint au Gave, près de Nay, ville entièrement confumée par le feu du Ciel, en 1545, & qui, rebâtie depuis, a donné naiffance au célèbre Abadie, dont la mémoire étoit fi prodigieufe, qu'il compofoit fes ouvrages dans fa tête & ne les écrivoit qu'à mefure qu'il les faifoit imprimer.

La vallée que nous nous propofons de fuivre ne commence, ainfi que nous l'avons déjà vu, qu'au Sud du village d'Affon. Avant que de nous occuper de la defcription des montagnes qui la bordent, jettons un coup-d'œil fur les matières que l'on rencontre, au nord de cette partie des Pyrénées ; nous découvrirons dans les côteaux & dans les plaines, des terres ou des pierres arrondies, que

les

les torrens ont charrié des montagnes ; elles consistent principalement en matières calcaires, argileuses, & en roches de granit ; parcourez les Landes qu'on nomme Pont-long, descendez dans les plaines de l'Ousse & du Gave Béarnois, montez sur les hauteurs qui dominent ces rivières, vous verrez dans ces divers terrains des vestiges de la destruction des Pyrénées. Quand on considère, le long de cette chaîne de montagnes, les cavités larges & profondes qui sont comblées de leurs débris, depuis l'Océan jusqu'à la Méditerranée, il est aisé de concevoir que la hauteur des Pyrénées a dû prodigieusement baisser depuis l'époque de leur formation. Mais quittons des contrées dont le sol est l'ouvrage secondaire de la nature, pour examiner en approchant des montagnes une composition plus ancienne ; nous

De l'O.N.O. à l'E. S. E. | Du S. S. O. au N. N. E.

trouverons à Nay des bancs de pierre calcaire blanche, la même espèce de pierre se découvre sous le château de Coarraze, où Henri IV fut élevé ; elle est pareillement disposée par bancs.

Au-delà de Nay dont la situation est embellie par le cours du Gave, le terrain présente du grès argileux.

En continuant d'avancer vers le Sud, on trouve sous l'Eglise d'Asson, distante de Nay d'environ deux mille toises, des masses de marbre gris.

De l'O.N.O. à l'E. S. E.

Entre le village d'Asson & le pont de la Tape, on découvre des couches presque verticales de schiste argileux, qui se lève par lames minces & des masses d'ophite, les mêmes matières se prolongent par le calvaire de Betharram, au pied duquel on trouve des blocs énormes de granit

Du N. E. au S. O.

roulé & des bancs schisteux, dont le plan est perpendiculaire à l'horizon, & à travers lesquels le Gave Béarnois s'est ouvert un passage.

A un quart de lieue Sud de Betharram, où se termine une plaine fertile qu'arrose le Gave, on entre dans une gorge bordée de hautes collines ;

Q

Direction des Bancs.	*Inclinaison des Bancs.*
De l'O.N.O. à l'E. S. E.	Du N. N. E. au S. S. O.
De l'O.N.O. à l'E. S. E.	Du S. S. O. au N. N. E.

elles préfentent fur la rive droite de cette rivière des bancs d'une pierre compofée de petits grains quartzeux : ces bancs qui ont depuis un pied juf- qu'à quatre d'épaiffeur, font féparés par des cou- ches d'ardoife argileufe.

Revenons dans la vallée d'Affon, nous verrons vers fon entrée, près du pont de la Tape, des montagnes de marbre gris qui fe prolongent du côté de l'Eft, vers Saint-Pé, où l'on trouve auffi des maffes de marbre gris, orné de veines fpa- thiques ; on y remarque quelques bancs de la même efpèce de pierre ; ils fe trouvent du côté du Gave fous les murs de la ville.

Au-delà des matières calcaires précédentes on rencontre des maffes d'ophite & de marbre gris, qui fe fuccèdent alternativement jufqu'au village de Peyroufe, éloigné de Saint-Pé d'environ dix- huit cens toifes : cette difpofition alternative fait conjecturer que la formation des pierres calcaires & celle des maffes d'ophite de cette partie des Pyrénées datent du même temps ; comme ces deux efpèces de pierre font placées verticalement à côté l'une de l'autre en différentes bandes, ar- rangement que l'on obferve depuis le fommet des collines qu'elles forment jufqu'au deffous du ni- veau des eaux du Gave qui en baigne le pied, il femble que cette opinion eft très-vraifemblable. Revenons dans la vallée d'Affon, d'où nous nous fommes éloignés plus d'une fois, pour examiner du côté de l'Eft, des terrains adjacens dont la compofition eft affez fingulière pour exciter la curiofité des Naturaliftes, nous trouverons entre le pont de la Tape & celui de Guillemette des maffes d'ophite & des bancs de fchifte argileux, dont la direction varie.

Sous l'Eglife de Saint-Paul, village fitué au pied des montagnes de la région inférieure, on découvre des pierres calcaires.

Remontez au-delà de Saint-Paul, le long de la rivière qui coule dans la vallée d'Affon, & vous

Direction *des Bancs.*	*Inclinaison* *des Bancs.*	
∽	∽	verrez que les montagnes qui la bordent, du Nord au Sud, jufqu'au-deſſus du village d'Arbeoſt, font compoſées de couches de ſchiſte argileux & de maſſes de marbre gris, qui ſe ſuccèdent alternativement.

DESCRIPTION DES MINES
que l'on trouve dans les montagnes qui dominent la vallée d'Aſſon.

Nous n'avons qu'un petit nombre de mines à décrire; mais la riche minière de fer de Loubie, dédommage amplement de cette diſette : ſi l'on voit ici peu de métaux précieux, on y trouve du moins abondamment le plus utile.

Les pierres calcaires des environs de la forge de Nogarot, font parſemées de pyrites cubiques.

Près de Haugaron, eſt la mine de fer en chaux brune & ſolide de Loubie, que l'on convertit en fer dans les forges de Nogarot & de Saint-Paul.

Vous trouvez quelquefois, avec cette mine de fer, de la mine de cuivre jaune, & de la mine de cuivre ſoyeuſe : *Ærugo vel ochra cupri germinans, viridis. Lin. Ærugo nativa, raſilis, vel ſtriata. W.*

La beauté des galeries & le genre de travail, que M. Moiſſet a remarqué dans la minière de Loubie, lui ont fait ſoupçonner que cette mine de fer a été exploitée par les Romains; leurs ouvrages, avec ceux des modernes, s'étendent en profondeur horizontale, à la diſtance d'environ trois cens quarante toiſes.

Près du col de Loubie, ſur la rive gauche du ruiſſeau qui y prend ſa ſource, on trouve de la mine de fer micacée : *Ferrum intractabile, rubricans, micaceum, nitens. Lin.* La mine de fer micacée, ſuivant les Eſſais de M. Sage, produit cinquante livres de fer par quintal. M. Monnet dit qu'elle eſt très-pauvre en fer, & qu'un quintal de cette mine n'en rend pas plus de quinze à dix-huit. La mine de fer micacée du col de Loubie eſt attirée par l'aimant.

On trouve entre la mine de fer de Loubie & le village d'Arbeoſt, ſur la rive droite du Louzon, de la mine de plomb à petits cubes.

Q 2

On découvre de la mine de plomb à petites facettes, fur la rive gauche du Gave, vis-à-vis de Saint-Pé.

O B S E R V A T I O N S.

Après la longue fuite d'obfervations que nous avons mifes fous les yeux du Lecteur, nous penfons qu'il eft à propos de fixer un moment fon attention fur l'arrangement des matières des Pyrénées. Cette difpofition diffère trop de celle qu'on remarque dans d'autres parties du globe, fur-tout dans les terrains unis où les bancs font horizon-taux, pour ne pas nous occuper des caufes qui produifent cet effet fingulier; nous avons vu que les bancs des Pyrénées font inclinés, & qu'ils forment avec la perpendiculaire un angle d'environ trente degrés. Suivant la plupart des obfervateurs, la nature ne les avoit pas ainfi difpofés primitivement; M. de Buffon penfe que les ma-tières des Pyrénées étoient jadis horizontales, mais que la maffe entière de chaque partie de montagne, dont les bancs font parallèles entre eux, a penché tout en bloc, & s'eft affife dans le moment d'un affaiffement fur une bafe inclinée. Il eft affez difficile en effet, de concevoir comment les eaux de la mer ont pu dépofer des fédimens fur un plan qui approche de la perpendiculaire; les loix de la phy-fique femblent devoir nous déterminer à croire que les matières feroient tombées par leur propre poids dans les lieux bas, & qu'au lieu de ces bancs parallèles, qui s'étendent à des diftances confidé-rables, nous ne verrions aujourd'hui que des maffes confufément entaffées. Il faut en convenir, de pareilles raifons femblent, au pre-mier coup - d'œil, convaincantes; mais elles perdent infiniment lorfqu'on réfléchit à la conftitution intérieure des Pyrénées; nous ferons fouvent à même d'obferver, qu'avant l'époque où cette chaîne fut couverte des débris de productions marines, il exiftoit déjà de hautes éminences, uniquement compofées de maffes de granit. Il ne paroît pas vraifemblable que les eaux de la mer aient pu former des bancs horizontaux fur les flancs de ces montagnes; l'inclinaifon des bancs calcaires & argileux a été produite primitivement par la pente de

leur bafe. Ces matières, avant que d'avoir acquis la folidité qu'elles
ont aujourd'hui, fe font trouvées dans des états propres à faciliter un
pareil arrangement. « La mer, fur les côtes voifines de la ville de
» Caen, en Normandie, dit M. de Buffon, a conftruit & conftruit
» encore, par fon flux & reflux, une efpèce de fchifte, compofé de
» lames minces & déliées, & qui fe forment journellement par le fé-
» diment des eaux ; chaque marée montante apporte & répand fur
» tout le rivage un limon impalpable, qui ajoute une nouvelle feuille
» aux anciennes ; d'où réfulte, par la fucceffion des temps, un
» fchifte tendre & feuilleté (1) ». Les couches font fi minces, qu'il
faut, fuivant le même Naturalifte, plus de quatorze mille ans pour
la compofition d'une colline de glaife de mille toifes de hauteur.
Suppofons que les fchiftes des Pyrénées aient été formés de cette
manière, ou qu'ils proviennent d'une terre marécageufe femblable
à celle de Modène, dont on parlera dans le cours de cet Ouvrage,
il fera aifé de concevoir que les parties argileufes, extrêmement
divifées dans leur origine, & par conféquent trop légères pour être
entraînées par leur propre poids, ont pu couvrir la furface d'un plan
incliné, & y avoir été retenues, foit à la faveur de leur propriété
glutineufe, foit par les afpérités de leur bafe : « il ne femble pas né-
» ceffaire, felon M. de Keralio, de recourir aux tremblemens de
» terre pour expliquer la pofition prefque verticale des couches d'ar-
» doife ; un limon gras & très-fin qui fe dépofe en petite quantité,
» peut s'arrêter facilement fur un plan très-incliné. Si on remplit un
» vafe, dont les côtés foient perpendiculaires, d'eau chargée d'une
» terre légère, fes parties les plus fines s'attacheront aux côtés per-
» pendiculaires du vafe, & y formeront une couche mince, mais
» très-fenfible ; cette couche deviendroit épaiffe, fi l'expérience
» étoit répétée fans ceffe durant plufieurs fiècles ; il eft donc très-
» poffible qu'une eau limoneufe, renfermée entre des côtés prefque
» perpendiculaires, & faifant effort dans tous les fens, comme tous

_____

(1) Hiftoire Naturelle, Supplément, Tome cinquième.

» les fluides, y dépose de part & d'autre un limon gras & très-fin.
» La première couche ayant pris un peu de confiftance, eft en état
» d'en recevoir & d'en retenir une autre : celle-ci, une troifième.
» Il me femble que la ftructure feuilletée des bancs d'ardoife, s'ac-
» corde affez bien avec cette formation ». Voyez la *Defcription des
Glacières de Suiffe*, page 308.

Quant à l'arrangement des pierres à chaux., ces matières font, ou
le réfultat des débris des corps marins, réduits en pouffière ; dans ce
cas il eft vraifemblable qu'elles ont été dépofées à-peu-près comme
les fchiftes ; ou elles peuvent être compofées de coquilles entaffées
les unes fur les autres ; alors voici ce qui fe préfente naturellement
à l'efprit. Les corps marins qu'on trouve quelquefois par bancs, de
plufieurs lieues de longueur, ne contiennent qu'une feule famille,
fans qu'on apperçoive le moindre veftige d'autres productions marines ; cette circonftance nous porte à penfer qu'il s'amaffe peu-à-peu
une prodigieufe quantité de coquilles dans les lieux que ces animaux
ont choifis pour leur féjour ; condamnés la plupart à mourir où ils
ont pris naiffance, ils font collés les uns aux autres par une humeur
gluante qui les attache pareillement aux rochers, d'où la violence
des vagues ne peut les féparer. Nous avons un grand nombre de
preuves de cette extrême adhérence. Voici ce que les Mémoires de
l'Académie des Sciences rapportent. « Il y a des coquillages qui ne
» fortent jamais de l'endroit où, pour ainfi dire, ils ont pris racine.....
» L'œil de bouc s'attache par une bafe très-plate à des pierres
» même très-polies, & s'y attache avec tant de force, qu'étant mis
» dans une fituation où cette bafe & la pierre fuffent verticales, il a
» fallu un poids de vingt-huit ou trente livres pour lui faire lâcher
» prife...... M. de Réaumur s'eft affuré par des expériences déci-
» fives, que ce coquillage s'attache fortement à la pierre par le
» moyen d'une glu qui fort de lui...... Cette glu eft encore plus
» remarquable dans les orties de mer...... C'eft par le moyen de
» cette même glu que les huîtres fe collent aux rochers, ou les unes
» aux autres ; & enfin c'eft-là le ciment univerfel dont la nature s'eft

» fervie toutes les fois qu'elle a voulu, pour ainſi dire, bâtir dans la
» mer, ou y aſſurer quelque choſe contre le mouvement perpétuel
» & violent des eaux ».

L'exemple ſuivant vient pareillement à l'appui de l'opinion que
j'ai ci-devant haſardée. « Deux vaiſſeaux qui avoient été deux ans à
» la mer du Sud, étant revenus à Breſt, on trouva quand on voulut
» les brayer à l'ordinaire, leur fond ſi chargé de coquillages, qu'on
» ne pouvoit preſque diſcerner le bois; & ces coquillages étoient ſi
» adhérens, qu'il fallut ſcier tout le doublage pour les détacher.
» M. Deſlandes en envoya à M. de Réaumur de deux genres; les
» uns ſont des balanus qui ſont auſſi une des eſpèces de conques ana-
» tifères; les autres ſont des pinnes marines ». *Voyez l'Hiſtoire de
l'Académie des Sciences, 1724*, page 50.

J'ouvre le tome dix-ſeptième de l'*Hiſtoire générale des Voyages*,
par M. l'Abbé Prévôt, & je lis dans la page 152 ce qui ſuit : « Les
» vents contraires dont nous fûmes accueillis en paſſant le détroit de
» Malaca, nous obligèrent d'y mouiller pendant quelques jours. On
» y trouva des huîtres excellentes qu'il falloit manger ſur le rocher
» même où elles ſont attachées ſi fortement, qu'il n'eſt pas poſſible
» de les en tirer ». Les rochers de la baie de Saint-Jean-de-Luz
contre leſquels les flots de l'Océan vont ſe briſer, ſont couverts,
malgré leur inclinaiſon qui approche de la perpendiculaire, de
glands de mer & de lepas qui adhèrent fortement à leur ſurface. Ces
coquillages réſiſtent aux fières tempêtes qui ſoulèvent les flots dans
cette baie, & la main de l'homme eſſaie en vain de les détacher du
rocher ſur lequel ils ont choiſi leur demeure. D'après ce qui vient
d'être rapporté, on paroît autoriſé à croire que le gluten des coquillages a ſervi à fixer ſur un plan incliné les corps marins qui, dans la
ſuite des temps, ſe ſont convertis en pierre calcaire.

DESCRIPTION MINÉRALOGIQUE
DES MONTAGNES
QUI BORDENT LA VALLÉE D'AZUN.

Direction des Bancs.	*Inclinaison des Bancs.*

Les obfervations minéralogiques nous ramènent au pied des Pyrénées d'où nous allons regagner leurs fommets, en nous écartant le moins qu'il fera poffible, du plan que nous avons adopté ; nous ferons conftans à fuivre la direction du Nord au Sud comme le plus fûr moyen de mettre de l'ordre & de la clarté dans la defcription de ces montagnes ; mais il ne nous fuffit pas de décrire un grand nombre de faits de la nature, & de les préfenter fans confufion, nous defirerions encore corriger leur féchereffe naturelle, en mêlant au récit les agrémens dont il eft fufceptible ; quoique nous penfions avec un de nos Auteurs célèbres que ce qui ne doit être embelli que jufqu'à une certaine mefure précife.eft ce qui coûte le plus à embellir, nous ne nous bornerons pas néanmoins, à conduire le Lecteur par des lieux inhabités & à travers de ftériles rochers ; nous continuerons de le mener quelquefois dans les pays animés d'une nombreufe population, dans de rians payfages qui par leur variété font capables de foulager l'efprit fatigué d'une fèche nomenclature. Tâchons en parcourant la vallée d'Azun, d'intéreffer celui qui ne cherche pas moins à s'amufer de la fuperficie des chofes qu'à les approfondir.

La vallée d'Azun eft une branche de la vallée de Lavedan ; elle commence au bourg d'Argelés

&

& se prolonge jusqu'aux limites de la France, comme presque toutes les grandes cavités qui traversent du Nord au Sud, la chaîne des Monts-Pyrénées. Cette vallée s'élève considérablement au-dessus du sol de la vallée de Lavedan; des atterrissemens immenses forment dès son entrée une haute colline. Ces grands amas qui s'étendent jusqu'au village d'Aucun sont, en général, composés de blocs énormes de granit & de matières terreuses, que les torrens ont charriés des montagnes supérieures. Parmi ces pierres roulées on en remarque dont le diamètre est d'environ huit pieds. Ces ruines, qui sont l'ouvrage des eaux, & que le tems a entassées, n'offrent point, ainsi qu'on pourroit l'imaginer, une vue désolée; elles sont couvertes de prairies dont la verdure toujours fraîche forme, au contraire, le plus agréable aspect: ce terrain mobile, élevé aux dépens des montagnes, abonde en plusieurs espèces de productions; on y remarque sur-tout des frênes, des châtaigniers & des noyers, dont les tiges garnies de branches qu'elles étendent au loin, forment une ombre impénétrable: mais ne nous arrêtons pas plus long-temps à contempler la fécondité de ce lieu, continuons notre marche pour aller examiner une formation plus ancienne; nous verrons que les montagnes qui dominent toutes ces matières, & qui leur servent en même temps de base, sont composées de masses de marbre gris; il est facile de se convaincre de cette vérité au-dessus d'Arcizan, paroisse située à deux mille toises d'Argelés.

Plus loin, entre les villages de Gaïllagos & d'Aucun, nous trouverons des couches de schiste argileux, on en tiroit anciennement de l'ardoise. Cette ardoisière paroît correspondre à celle qui est dans le penchant de la montagne située sur la rive gauche du Gave de Bun.

Si nous remontons, vers l'Ouest, le cours du ruisseau qui traverse le village d'Aucun, nous

* R.

Direction des Bancs.	Inclinaison des Bancs.
De l'O.N.O. à l'E.S.E.	Du S.S.O. au N. N.E.

verrons fon lit compofé de couches de pierre calcaire feuilletée & couvert de blocs de granit,
ayant jufqu'à fix pieds de diamètre : ce ruifſeau
que les chaleurs de l'été fèchent prefque entiérement, devient quelquefois, dans les tems d'o-
rage, un torrent impétueux qui entraîne les habitations, & ravage les campagnes : on affure
que le fracas des roches qu'il précipite des montagnes, fe fait entendre jufqu'à Marfous, qui en
eſt éloigné de fix cens toifes.

On trouve dans les montagnes fituées près du
village de Marfous, des maffes de marbre gris.

Non loin d'Arrens, qui eſt à mille toifes Sud de
Marfous, on découvre des bancs de fchiſte argileux, qui fe prolonge vers l'Oueſt par le lac des
Allias, à côté duquel eſt un col qui fert à la communication des vallées d'Azun & d'Affon. On remarque une ardoifière fur la rive droite du Gave.
Je ne m'étends pas davantage fur les fubſtances
minérales des environs d'Arrens. La verdure qui
les couvre rend leur recherche très-difficile ; d'ailleurs, prefque toute l'attention eſt fixée par les
charmantes perfpectives des montagnes voifines,
& du vallon qui les fépare. Je laiffe au Lecteur
le plaifir d'imaginer l'effet que doit produire la
vue d'un tableau où l'œil enchanté découvre des
champs fertiles en plufieurs efpèces de grains,
des prairies entrecoupées de bocages, parfemées
d'habitations ruſtiques, & abreuvées d'une eau
abondante & pure, qu'on voit fe précipiter des
roches arides qui furmontent cet agréable payfage,
nous nous en éloignons à regret pour parcourir de
vaſtes & triſtes folitudes.

Après le village d'Arrens, le premier objet qui
fe préfente aux yeux de l'obfervateur, eſt la Cha-

De l'O.N.O. à l'E.S.E.	Du S.S.O. au N. N.E.

pelle de Poeylaunt, bâtie fur des couches de
pierre calcaire, grife, tendre & feuilletée. On
remarque dans cette églife la fingularité fuivante :
elle n'eſt point pavée ; on a feulement mis de
niveau le rocher qui en forme le fol.

Direction des Bancs.	Inclinaison des Bancs.

Au-delà de ce lieu, où les montagnes refferrent extrêmement la vallée d'Azun, qui n'eft plus qu'une gorge jufqu'à fon extrémité méridionale,

De l'O.N.O. à l'E.S.E.	Du S.S.O. au N.N.E.

on trouve des couches de fchifte argileux, gri-fâtre & mou.

De l'O.N.O. à l'E.S.E.	Du S.S.O. au N.N.E.

Plus loin les montagnes font compofées de bancs de marbre gris, où de pierre calcaire feuille-tée, féparés par des couches de fchifte argileux, un peu mou, & d'un gris jaunâtre, chaque bande formée de lits d'une feule efpèce de pierre à plu-fieurs toifes d'épaiffeur; on peut compter huit de ces bandes alternatives, depuis la Chapelle de Poeylaunt, jufqu'à une maifon qu'on appelle la *Lavaffe* ; elles fuivent toutes la même direction & la même inclinaifon; dans cet intervalle on voit fur la rive droite du Gave le lieu qu'occupoit une maifon qui fut enfevelie, il y a quelques an-nées, fous les Lavanges, avec les perfonnes qui l'habitoient.

En continuant d'avancer vers le Sud, on trouve

De l'O.N.O. à l'E.S.E.	Du S.S.O. au N.N.E.

après la maifon de la Lavaffe des couches d'ar-doife argileufe ; elles font fituées dans un endroit qu'on nomme le *Tech ;* on y a ouvert une ardoi-fière; on ne peut fuivre cette gorge fans être frappé d'étonnement. Le Gave eft renfermé de-puis Arrens, entre des montagnes qui femblent irriter fon impétuofité ; accrû d'un grand nombre de ruiffeaux, il fe précipite avec un bruit épou-vantable, & couvrant les rochers de fon écume ; fes bords riches en pâturages font ombragés de coudriers, d'érables & de frênes.

Après les couches de fchifte précédentes, les

De l'O.N.O. à l'E.S.E.	Du S.S.O. au N.N.E.

montagnes font compofées de bancs de marbre gris, qui fervent d'appui à ces matières argi-leufes ; on remarque fur la rive droite une grotte qui paroît inacceffible.

Plus loin eft un défilé qui fe nomme *Lefcala,* ou *faut Davadé,* noms qui conviennent parfai-tement à ce paffage bordé d'affreux précipices ; il eft fitué fur les flancs efcarpés d'une montagne

R 2

Direction des Bancs.	Inclinaison des Bancs.
De l'O.N.O. à l'E.S.E.	Du N.N.E. au S.S.O.
	Du S.S.O. au N.N.E.
De l'O.N.O. à l'E.S.E.	Du N.N.E. au S.S.O.
	Du S.S.O. au N.N.E.

composée de couches de pierre calcaire assez dure, & dont les lits ne sont pas généralement inclinés ; on en observe un petit nombre placés verticalement.

Au-delà du saut d'Avadé , on découvre des bancs de schiste dur , argileux , qui sont suivis de masses de granit ; la surface de cette roche est chargée de rosage ferrugineux ; cet arbrisseau , sur lequel la vue aime à se reposer , porte de belles fleurs rougeâtres aux extrémités de ses branches.

En avançant sur ces montagnes qui semblent se reculer à mesure qu'on approche des sommets, on trouve des masses de granit qui s'étendent jusqu'au-delà du lac, ou gourgue de Suyen ; les montagnes sont composées de cette roche : dans ces lieux élevés qui forment la région superieure, on ne découvre pas, en remontant les eaux du Gave, de pierres calcaires ; il s'en trouve néanmoins à quelque distance de la gorge que nous suivons ; au Nord du lac d'Arrieugrand est une montagne qu'on nomme *Migoela*, d'où s'éboulent des blocs de marbre gris ; la base de cette montagne, ainsi que le milieu, est de granit. Il m'a été assuré qu'entre les lacs de Remoulains, & le quartier de Cujelapalas, il se trouve aussi des pierres à chaux. Tels sont les minéraux que nous avons observés dans les montagnes d'Azun ; nos découvertes se bornent à celle des schistes, des pierres calcaires & des granits ; nulle autre espèce de pierre ne s'est offerte à nos yeux ; on n'apperçoit même pas des cristallisations spathiques, ni quartzeuses ; toutes les substances ont une forme grossière ; mais si la vue n'est point satisfaite de la configuration de ces masses, on se trouve bien dédommagé par l'avantage d'avoir pu facilement observer la marche régulière de la nature : on ne peut se dispenser d'admirer la disposition uniforme des matières que nous avons décrites ; aucune partie des Pyrénées ne montre

Direction des Bancs.	*Inclinaison des Bancs.*

mieux l'organifation de cette chaîne de monts ; on voit très-diftinctement que les bancs calcaires & argileux font appuyés alternativement les uns fur les autres ; que le granit leur fert de bafe , & que leur direction eft toujours de l'O. N. O. à l'E. S. E. Le voyageur curieux de connoître la ftructure des Pyrénées, fans craindre d'être arrêté par des obftacles qui fouvent la déguifent , doit pénétrer jufqu'au fond de la vallée d'Azun : il trouvera dans les montagnes qui l'entourent des objets capables de le fatisfaire ; il eft d'autant plus facile de les obferver , que les roches font prefque entiérement nues depuis les environs de la Lavaffe ; nous n'avons trouvé au-delà de cette maifon qu'une petite quantité de bois , dont il ne fera pas inutile de faire connoître les efpèces & leur pofition ; dans les montagnes moyennes font le frêne & le hêtre ; au-delà croiffent les fapins ; à une plus grande hauteur on découvre le pin fauvage ; c'eft ainfi que les différentes régions des Pyrénées font diftinguées par la diverfité des plantes.

DESCRIPTION DES MINES
que fourniffent les montagnes qui bordent la vallée d'Azun.

C'EST une chofe étonnante de voir la prodigieufe quantité de mines qu'on a ouvertes dans les Pyrénées ; mais elles ont prefque toujours trompé les efpérances des entrepreneurs : vous trouvez des preuves de leurs mauvais fuccès dans les montagnes d'Azun ; on y remarque des veftiges de travaux faits par les anciens ; les modernes les ont fuivis durant quelque temps ; il paroît que ces entreprifes n'ont produit aucune utilité ; quoique nous penfions qu'elles font capables de rebuter pour toujours la cupidité, nous allons décrire les veines de métaux qui fe trouvent dans des montagnes que la nature a fi peu enrichies.

On trouve à Caſtillon, montagne ſituée dans le territoire du village d'Arras, de la mine de plomb à petites facettes, dont la gangue eſt argileuſe.

A Nouaux, dans le territoire d'un particulier d'Arras, on découvre de la mine de cuivre, d'un jaune pâle.

A Arrouge, montagne qui appartient à la paroiſſe de Sireix, on trouve de la pyrite jaune, pâle ; il y a auſſi de la blende : *Pſeudo galena mollior obſcura, ſquamulis tenuioribus W.*

A Eſcalléremale, dans le quartier d'Arcizanſavant, on trouve de la pyrite, d'un jaune pâle.

Le canton de Labat d'Aucun produit de la pyrite jaune, avec de la mine de plomb & de la blende.

Au pic de Pan, dans le territoire d'Aucun de Marſous, on découvre de la pyrite jaune, dont la gangue eſt quartzeuſe.

Le pic du Midi d'Arrens fournit de la blende à petites écailles, de la mine de plomb & de la pyrite.

La Pene d'Aube renferme de la mine de plomb à petites facettes, dont la gangue eſt quartzeuſe : on trouve auſſi dans cette montagne quelques petits criſtaux de roche hexagones.

Le pic d'Arrieugrand fournit dans le canton, qu'on appelle *Maluras*, de la galène chatoyante, à petits grains : *Galena particulis minoribus, obliquè reſplendens.* W. La gangue de cette mine eſt argileuſe.

OBSERVATIONS.

En parcourant la vallée d'Azun, nous avons vu l'ouvrage preſque inconcevable des torrens ; l'eſprit ne ſe prête que difficilement à croire qu'ils ont pu rouler ces rochers énormes, iſolés & arrondis qu'on trouve dans les vallons & ſur les montagnes ; les vagues de la mer paroiſſent ſeules, capables de déplacer de pareilles maſſes ; mais les doutes ceſſent pour l'obſervateur, que de violens orages ſurprennent dans le ſein des Pyrénées ; j'ai été témoin, pluſieurs fois, des terribles effets qu'ils produiſent, & particuliérement le 30 Juillet 1780. Attiré par le beau ſpeétacle que les montagnes de Ga-

varnie préfentent , j'arrivai ce jour-là , au village de ce nom, avec
M. Flamichon , Ingénieur-Géographe du Roi ; l'habitude où nous
étions de voyager dans les Pyrénées , nous rendit attentifs , malgré
la férénité du ciel , à de légers nuages où l'œil connoiffeur voit com-
primé l'orage qui fe prépare ; nous jugeâmes que le tonnerre fe
feroit bientôt entendre, perfuafion qui nous empêcha de pénétrer
au-delà de Gavarnie , où nous étions arrivés vers les dix heures du
matin. Infenfiblement les montagnes s'obfcurcirent , & vers les deux
heures le tonnerre commença à gronder au loin, du côté de Lus ;
on n'entendoit qu'un bruit fourd & continu , mais les éclairs redou-
blés qui perçoient des nuages noirâtres , mêlés d'une blancheur que
l'on regarde comme le funefte préfage de la grêle , nous annon-
çoient déjà la défolation des contrées fur lefquelles cet orage fon-
doit ; quoique menacés de partager l'effroi qu'il devoit infpirer , nous
ne fûmes qu'admirateurs du beau & terrible fpeêtacle que l'horizon
préfentoit , le tonnerre ne gronda que foiblement au-deffus de nos
têtes. Nous defcendîmes le lendemain vers la plaine , en fuivant la
branche du Gave , qui prend fa fource aux montagnes de Gavarnie ; les eaux avoient leur limpidité ordinaire, mais elles ne la con-
fervèrent que jufqu'à Gèdre , où elles fe mêloient avec les eaux alors
bourbeufes d'un torrent qui fe précipite des fommets qui dominent la
chapelle de Notre-Dame de Héas ; empreffés de recueillir quelques
détails , nous apprîmes à Gèdre que le territoire de ce village avoit
été dévafté , & que les champs ravagés par la grêle avoient perdu
leurs fruits ; nous ne tardâmes pas à voir nous-mêmes les dégâts caufés
par l'orage ; des prairies qui , la veille charmoient la vue , étoient en-
févelies fous des monceaux de pierres, ou noyées fous des amas d'une
boue encore liquide ; les flancs des montagnes étoient coupés de
ravins, là , où nous n'avions pas même trouvé une fimple rigole. Les
chemins emportés auroient été un obftacle pour fortir de cette vallée , qui depuis Gèdre jufqu'à Saint-Sauveur , n'eft qu'une gorge
étroite bordée de hautes montagnes par lefquelles le voyageur ne

trouve aucune iſſue ; mais les officiers municipaux de Lus , occupés de la conſervation d'une prodigieuſe quantité de beſtiaux , que
des conventions faites avec l'Eſpagne , obligeoient d'éloigner des
montagnes de la région ſupérieure , s'empreſſèrent de faire ouvrir
de petits ſentiers à travers les lieux dégradés ; dans l'eſpace d'une
matinée la communication fut rétablie ; mais ce temps ne ſuffit pas
pour diminuer l'horreur d'un grand nombre de précipices , ni le danger auquel on étoit expoſé ; ce ne fut qu'avec des peines infinies que
nous arrivâmes à Lus , où nous apprîmes que l'orage n'avoit pas été
moins violent à Bareges , & qu'une partie de la grande route , qui
mène à ces bains avoit été entiérement détruite ; c'eſt ainſi que dans
un court eſpace de temps la ſurface des Pyrénées fut changée entre Bareges & Gavarnie.

Cet exemple ne nous permet pas de douter de la formation des
dépôts immenſes qui élèvent le ſol des vallées , ou qui couvrent le
penchant des montagnes ; ces atterriſſemens ont été formés viſible-
ment par les torrens ; les eaux entraînent les pierres que les injures
du temps détachent des montagnes , & les placent dans les lieux inférieurs avec tous les débris terreux dont elles ſont accompagnées ;
ces eaux trouvent d'autant moins d'obſtacle pour mouvoir de grandes maſſes , que celles-ci roulent ou gliſſent ſur un plan preſque perpendiculaire , compoſé de durs rochers ; ne rencontrant point ſur
leur paſſage des terres où elles s'enfoncent , ni des inégalités capables
de les arrêter , ces blocs quoique de pluſieurs pieds de diamètre ſont
tranſportés à des diſtances conſidérables , on en trouve qui ont été
anciennement entraînés juſqu'à des lieux ſéparés aujourd'hui par de
profondes vallées , des montagnes d'où ils ont été détachés ; tels ſont
les débris graniteux qu'on remarque, entre Saint-Pé & Lourde , ſur des
couches de pierre calcaire , & qui dans cet intervalle forment de
hautes collines ; quelque part que l'obſervateur porte la vue , il ne voit
autour de lui que des maſſes d'ophite , des marbres ou autres eſpèces
de pierre à chaux ; il faut traverſer de grandes cavités pour pénétrer
juſqu'aux

jufqu'aux montagnes d'où ces rochers ifolés & arrondis ont été charriés. Parcourez la vallée de Barèges que les torrens ont creufée primitivement à travers des bancs calcaires & argileux ; vous la trouverez couverte jufqu'à une certaine hauteur de différens débris, mais
fur-tout de blocs de granit que les eaux ont précipités des montagnes
fituées au Sud-Eft de ces bains. Faut-il d'autres preuves des amas
furprenans, formés par les torrens dans le fein des Pyrénées ? la
vallée de Campan peut en fournir plufieurs ; bornons-nous à citer les
ruines des environs du village de Sainte-Marie, vous verrez de
grands rochers de granit entaffés fans ordre, au milieu d'immenfes
débris terreux ; comme les montagnes voifines ne font point compofées de cette efpèce de roche, ils ont dû être tranfportés des fommets éloignés & graniteux qui s'élèvent du côté du midi ; on ne peut
avec vraifemblance fuppofer que ces matières proviennent du
renverfement fubit de quelque montagne graniteufe placée dans ce
lieu là ; la forme arrondie des blocs & leur furface polie prouvent
un frottement qui ne peut être occafionné que par l'action des torrens qui leur ont fait parcourir un long efpace.

Si l'énormité des rochers que le cours impétueux des torrens entraîne, eft capable d'étonner notre imagination, nous devons être pareillement frappés de voir qu'ils font prefque tous de la nature du
granit ; fuivons les rivières qui fillonnent les Pyrénées, nous trouverons leur lit couvert de blocs de cette efpèce de roche ; examinons
les anciens atterriffemens, nous nous convaincrons qu'ils font également compofés de granit roulé. Si l'on ne voit pas la même quantité de débris calcaires & argileux, au milieu des montagnes qui offrent de tous côtés ces matières difpofées en maffes continues, ce
n'eft pas qu'elles réfiftent mieux aux injures du temps, ainfi que l'é-
poque plus récente de leur formation pourroit le faire concevoir ;
nous penfons au contraire, malgré l'antériorité du granit, que les
pierres calcaires & argileufes fe détruifent plus facilement : ces matières étant moins dures que le granit, ne réfiftent pas de même aux

S

chocs fréquens & impétueux qu'elles éprouvent lorſque les torrens les entraînent. Elles ſe briſent , ſe réduiſent en poudre contre les rochers. Elles ſont enfin déjà détruites à une très-petite diſtance des montagnes d'où elles ſe détachent, tandis que le granit brave la rencontre des corps les plus durs.

DESCRIPTION MINÉRALOGIQUE

DES MONTAGNES

QUI BORDENT LE VALLON DE CAUTERÈS.

LE vallon de Cauterès est une branche de la vallée de Lavedan, il se prolonge depuis Pierrefite, du Nord au Sud, jusqu'aux limites de la France & de l'Espagne ; il n'offre dans presque toute sa longueur qu'une gorge étroite, dominée par des montagnes très-élevées dont quelques-unes sont couvertes de bois, d'autres entièrement nues ; ce vallon est arrosé par un torrent dont les eaux vont se mêler avec celles du Gave, au-dessous de Pierrefite, & qui dans son cours impétueux se précipite de rocher en rocher ; on admire une de ces cascades naturelles à une petite distance Sud, des bains de la Raillère ; ce torrent roule ses eaux sur la surface rapide d'une roche de granit, qui sillonnée transversalement, les fait jaillir au loin ; dans ce saut impétueux elles décrivent une ligne courbe, en retombant sur le granit d'où elles s'élancent de nouveau, en suivant de même jusqu'à leur chûte une portion de cercle ; de cette belle cascade sortent des jets d'eau qui forment une pluie continuelle accompagnée d'un brouillard blanchâtre ; plus bas le torrent se précipite avec violence à travers les ruines de ses bords & les couvre de son écume ; des rochers sans nombre s'opposent à son passage, & ne font qu'accroître son impétuosité & augmen-

S 2

Direction *des Bancs.*	*Inclinaison* *des Bancs.*
⌣	⌣

ter le bruit des vagues. Les montagnes qui refferrent fon lit produifent les mêmes effets, le vallon de Cauterès eft fort étroit, ainfi que nous l'avons déjà dit ; l'endroit le plus large fe trouve près des fources minérales , élargiffement qui eft l'ouvrage de deux torrens, dont la jonction fe fait un peu au-deffous des bains ; nous aurons fouvent occafion d'obferver que la largeur des vallées eft toujours proportionnée à la quantité d'eau qu'elles reçoivent ; il n'y a communément que la dureté plus ou moins grande des rochers qui s'oppofe à cette loi générale ; mais ne nous arrêtons point ici à prouver cette vérité. Pénétrons dans le vallon de Cauterès , pour examiner les matières qui la traverfent.

Le village de Pierrefite , fitué à l'entrée de la région moyenne & de la gorge qui mène à Cauterès, eft dominé par de hautes montagnes com-

Du N. O. au S. E.	Du N. E. au S. O.

pofées de bancs de fchifte dur argileux , rougeâtre , traverfé de veines quartzeufes : ces montagnes font fi contiguës qu'elles laiffent à peine un paffage aux eaux d'un torrent qui tombe avec un bruit terrible.

Plus loin , nous avons inutilement cherché la continuité d'un petit nombre de bancs calcaires qui traverfent la vallée de Barèges , entre Pierrefite & le pont de Vifcos , ce qu'il faut peut-être attribuer à l'ocre ferrugineufe qui colore prefque généralement les matières qu'on trouve dans cette partie des Pyrénées ; les montagnes ne paroiffent

Du N. O. au S. E.	Du N. E. au S. O.

compofées que de bancs de fchifte dur , argileux : le torrent qui les fépare eft ombragé de frênes, d'aunes, de tilleuls , de chênes , &c.

A mi-chemin de Pierrefite à Cauterès, le vallon que nous fuivons eft interrompu par une éminence compofée de débris calcaires qui fe font détachés d'une montagne voifine où l'on dé-

Du N. O. au S. E.	Du N. E. au S. O.

couvre des bancs de marbre gris , mêlé de veines blanches fpathiques.

Au-delà des matières calcaires précédentes

Direction des Bancs. | *Inclinaison des Bancs.*

font des couches d'ardoife argileufe, & des couches de pierre à chaux feuilletée qui fe fuccèdent alternativement jufqu'à Cauterès : ces différentes couches fe confondent en quelques endroits, chaque bande qui eft un affemblage de lits calcaires ou de lits argileux, a peu d'épaiffeur ; on pourroit en compter avant que d'arriver à Cauterès quatre ou cinq, compofées de la première efpèce de pierre & un pareil nombre de la dernière ; la direction de ces matières diffère un peu de celle que fuivent les bancs de fchifte qu'on obferve dans les montagnes fituées au Sud de Pierrefite.

Quittons un inftant le fol du vallon de Cauterès, orné de petites prairies qui, entrecoupées de canaux, prouvent que les habitans de ce lieu entendent parfaitement bien la manière d'affervir & de diftribuer les eaux, pour répandre dans les pâturages toute la fécondité dont ils font fufceptibles, gagnons les bains qu'on appelle les cabanes, fitués à côté & au-deffus de Cauterès, nous trouverons, à une petite diftance Nord de ces

De l'O.N.O. à l'E.S.E. | Du S.S.O. au N.N.E.

fources, des couches d'ardoife argileufe.

Si nous paffons au Sud de ces mêmes eaux minérales, nous découvrirons à vingt pas de dif-

De l'O.N.O. à l'E.S.E. | Du S.S.O. au N.N.E.

tance, des couches de marbre gris ; il faut obferver que les couches argileufes & calcaires font couvertes, dans cet endroit, de blocs de granit détachés des montagnes fupérieures ; c'eft fur les débris de cette roche que font bâties les maifons des bains des cabanes ; comme ces ruines n'ont été entaffées ici que poftérieurement à la formation des montagnes, il eft aifé de voir que les fources minérales jailliffent du fein des pierres calcaires & argileufes, quoiqu'elles paffent à travers des amas graniteux ; tout le monde fait que Cauterès eft un endroit renommé par fes eaux. M. Campmartin qui en a fait l'analyfe, eft perfuadé qu'elles diffèrent très-peu de celles de Barèges ; ces eaux font monter le thermomètre de

Direction des Bancs.	*Inclinaison des Bancs.*

Reaumur, depuis le 3 4me degré, jufqu'au 44me.

Immédiatement après Cauterès, fitué à la diftance d'environ trois lieues de Pierrefite, on découvre, en allant aux bains de la Raillère, des maffes d'une pierre brunâtre & ferrugineufe; c'eft un fchifte dur, dont plufieurs parties donnent des étincelles lorfqu'on les frappe avec le briquet; d'autres n'en donnent pas, & ce font principalement celles qui ont une forme fchifteufe.

Plus loin, on commence à trouver des maffes de granit; le pont de la Raillère eft bâti fur les limites de cette roche & des matières que nous avons examinées dans le vallon de Cauterès; ce pont eft auffi le terme des pénibles efforts que l'homme a dû employer pour défricher quelques petites portions d'une terre couverte de rochers; au-delà, l'herbe fleurie, l'or des moiffons ceffent de flatter la vue; elle ne rencontre plus que des afpects rudes & fauvages; les montagnes ne préfentent que des roches ftériles, ou des forêts de noirs fapins, repaire des linx (1) & des ours.

A l'entrée de ces affreux déferts, on remarque les bains de la Raillère; les fources minérales de ce lieu, jailliffent du fein du granit; autour d'elles font entaffés fans ordre des blocs énormes & innombrables de cette roche, triftes débris qui proviennent de la deftruction totale de quelque haute montagne; le granit n'a pu réfifter, malgré fa grande dureté, aux ravages du temps, qui confume les matières les moins fujettes à fe détruire & change infenfiblement la furface du

---

(1). *Felis Cauda abreviata, apice atra, auriculis apice Barbatis.* Lin. Syft. Nat. Le 26 Juillet 1777, M. le Vicomte de Carbonnières a eu l'honneur de préfenter au Roi un Linx qui avoit été pris dans les montagnes des environs de Cauterès. Cet animal rare, & dont on croyoit l'efpèce perdue en Europe, s'eft trouvé dans les Pyrénées, à la fuite de fa mère, qui fut tirée d'un coup de fufil par un payfan, & lui échappa; fon petit qui n'avoit que huit à dix jours, tomba entre les mains du chaffeur, qui le vendit à M. le Vicomte de Carbonnières, il y a environ huit mois. Cet animal eft parfaitement conforme à la defcription qu'en a faite M. le Comte de Buffon dans fon Hiftoire naturelle. Le Roi l'a fait mettre à la Ménagerie. *Voyez la Gazette de France du Lundi 28 Juillet 1777, n°. 6.*

Ouest

Pl. VIII.

Nord.

Moisset fecit.

Coupe des Montagnes situées près de Canteres.   A. Bancs Schisteux et Calaires. B. Masses de Granit. Nº. 1.

Moisset del.   Nº. 2.

Vue du Pic de Midi de la Vallée d'Ossau. Elevé suivant Mr. Flamichon de 1407. Toises au dessus d'un Pont Bas sur le Gave près la Ville de Pau.

globe ; la deſtruction de ces maſſes graniteuſes doit être l'ouvrage d'une infinité de ſiècles, ſi l'on en juge par les obéliſques de granit, élevés en Egypte il y a quatre mille ans ; ſuperbes monumens qui embelliſſent aujourd'hui la ville de Rome, ſans avoir ſouffert aucune altération.

Les montagnes qui bordent le vallon de Cauterès depuis le pont de la Raillère juſqu'aux environs du lac de Gaube, ſont compoſées de granit. On n'apperçoit pas dans cet intervalle de matières calcaires ; cependant le Gave roule, audeſſus des bains de la Raillère, quelques morceaux de pierre à chaux, dont les maſſes doivent être dans la région ſupérieure.

Les montagnes de granit des environs de Cauterès pourroient fournir, pour la ſculpture & l'architecture, des blocs d'une groſſeur prodigieuſe ſans être coupés par aucun fil. On eſt redevable de la découverte de cette roche, dans pluſieurs contrées de l'Europe, aux Naturaliſtes modernes. La maſſe de granit qui ſert de piédeſtal à la Statue Equeſtre de Pierre-le-Grand a été tirée d'un marais, près d'une baie que forme le Golfe de Finlande ; ce bloc énorme, qui pèſe trois millions deux cens mille livres, a été tranſporté & placé à Petersbourg ; le ſuccès de cette hardie entrepriſe, ne permet plus de dire, avec l'illuſtre Boſſuet, qu'il n'appartient qu'à l'Egypte de dreſſer des monumens pour la poſtérité.

OBSERVATIONS.

Nous avons mis ſous les yeux du Lecteur, un nombre aſſez conſidérable de faits, pour qu'il puiſſe déjà entrevoir que l'organiſation phyſique des Pyrénées diffère de celle que l'on obſerve dans pluſieurs grandes éminences du globe ; d'habiles Naturaliſtes prétendent que les chaînes des montagnes ſont compoſées de trois bandes ; la première, diſent-ils, contient des maſſes de granit, formant les endroits les plus élevés ; la seconde des bancs de fchifte argileux, adoffés contre cette roche ; & la troifième des bancs calcaires. Cette divifion, fuivant M. Pallas, exifte dans toute l'étendue des vaftes états Ruffes. M. Ferber a remarqué le même arrangement dans fon voyage d'Italie par le Tirol ; il ajoute, avec M. Pallas, que le granit, le fchifte argileux, & les pierres calcaires, fuivent conftamment le même ordre dans toutes les montagnes de l'Europe. Il eft certain que le granit forme de même le noyau des Pyrénées ; mais les bancs argileux n'ont pas uniquement pour bafe cette fubftance que l'on regarde comme la plus ancienne roche du globe ; ils fe trouvent auffi fur les bancs calcaires, qu'il n'eft pas rare de voir à leur tour immédiatement fur le granit ; les dépôts d'argile durcie & de pierre à chaux font appuyés alternativement les uns fur les autres, difpofition qui a été pareillement remarquée par d'autres Obfervateurs. « Les Pyrénées, felon M. Bayen, ne font en général formées » que de trois pierres, fchifte ou pierre argileufe, marbre ou terre » calcaire, granit ou terre vitrefcible. Les deux premières, le fchifte » & le marbre *forment alternativement* des couches qui m'ont paru, » à l'égard du marbre, avoir quelquefois plus d'une demi-lieue » d'épaiffeur ». *Voyez l'Examen chymique de différentes pierres.* M. Bowles rapporte que, dans la defcente des Pyrénées, du côté de Saint-Jean-Pié-de-Port, on trouve des roches fablonneufes, de l'ardoife, du marbre veiné de blanc ; & que de Saint-Jean-Pié-de-Port à Bayonne, on voit *alternativement de l'ardoife, de la pierre calcaire & du marbre veiné. Voyez l'Int. à l'Hift. Nat. de l'Efpagne,* page 382. Il eft aifé de juger par la defcription que le même Naturalifte fait des Pyrénées, depuis Vittoria jufqu'à Saint-Sébaftien, que les bancs calcaires & les bancs argileux y font difpofés alternativement.

M. Darcet, dans fon *Difcours fur l'état actuel des Pyrénées*, dit « que les montagnes calcaires que l'on trouve entre Lus & Barèges, » font difpofées par couches, inclinées comme celles de fchifte, » *qui y font interpofées*. Il a également obfervé que la roche de

» marbre

» marbre qu'on rencontre au-deſſus de la vallée d'Aſpe, étoit par
» couches inclinées & ſéparées par d'autres couches de ſchiſte ».

Les Monts-Pyrénées ne préſentent point ſeuls cette diſpoſition,
ſelon laquelle les bancs calcaires & argileux ſe ſuccèdent alternativement; pour ſe convaincre de cette vérité, écoutons M. Genſanne:
« Les bancs de roche calcaire, dans les Cévennes ſur-tout, ſont
» ſouvent appuyés ſur d'autres bancs conſidérables de ſchiſte ou de
» roches ardoiſées, qui ne ſont autre choſe que des vaſes argileuſes,
» ou des limons plus ou moins pétrifiés; juſques-là je ne vois rien
» que de naturel; car il eſt hors de doute que la mer a couvert autre-
» fois les ſommets de ces montagnes; & il eſt viſible que ces bancs de
» ſchiſte faiſoient autrefois le fond de cette mer, & que les teſtacées
» y ont dépoſé leurs débris, qui ſont aujourd'hui changés en roches
» calcaires; mais un fait qui ſurprendra plus d'un Naturaliſte, c'eſt
» qu'il eſt des endroits où, au-deſſous de ces bancs de ſchiſte, il s'en
» trouve un ſecond de roche calcaire, d'une couleur différente du
» premier, & dont les incruſtations teſtacées ne paroiſſent pas les
» mêmes ». *Voyez l'Hiſtoire Naturelle du Languedoc.* Walerius
a obſervé le même arrangement dans la Dalécarlie & la Weſtrogo-
thie. *Obſervatione dignum ſchiſti ſtrata interdum eſſe diviſa alio lapi-*
dum genere, præcipuè calcareo ut in monte Kinnekulle Weſtrogo-
thiæ & Oſmundsberget in Dalecarlia. W. in Syſt. Min. page 348.

En ſuppoſant que les végétaux détruits ſe convertiſſent en argile,
opinion que l'on verra appuyée d'un grand nombre de preuves,
nous allons citer un exemple curieux de la diſpoſition alternative de
différentes matières, il me paroît en même temps propre à répandre
du jour ſur la formation des pierres calcaires & argileuſes. « Quand
» on creuſe des puits dans les environs de la Ville de Modène, on
» trouve à vingt-trois pieds de profondeur, les reſtes des ancien-
» nes conſtructions; plus bas, on a une terre dure, compacte, qu'on
» prendroit pour une terre vierge, ſi un peu plus avant on ne trou-
» voit une terre noire & marécageuſe, pleine de joncs: on ren-

T

» contre enfuite , jufqu'à la profondeur de quarante-cinq pieds, des
» terres blanches & noires, avec des feuilles & des branches d'ar-
» bres , mêlées d'une eau trouble & bourbeufe , dont il eft difficile
» de fe garantir , & dont on empêche le mélange avec l'eau claire
» par le moyen d'un mur de brique , fait circulairement fur le ter-
» rain qui eft au-deffous ; ce terrain eft une couche cretacée , d'en-
» viron dix-huit pieds d'épaiffeur , rempli de coquillages marins ;
» fous cette craie & à la profondeur de foixante-trois pieds, com-
» mence une autre couche marécageufe de trois pieds environ , où
» il y a beaucoup de joncs , de branches , & de feuilles de diffé-
» rentes plantes ; à cette couche fuccède , jufqu'à quatre-vingt cinq
» pieds, un autre banc de craie , femblable au premier , puis une
» couche marécageufe ; fous celle-ci , & à la profondeur d'environ
» cent trois pieds , commence un banc de huit pieds d'épaiffeur ».
Voyez le Voyage d'Italie , fait dans les années 1765 & 1766. La
conformation fingulière de ce terrain femble trahir le fecret de la
nature ; mais comme il échappe fouvent lorfqu'on croit le faifir le
mieux , nous n'ofons affurer que les matières argileufes & calcaires
des Pyrénées aient été formées de la même manière que le fol de Modène ; nous nous contenterons de le conjecturer jufqu'à ce que de
nouvelles obfervations de ce genre viennent à l'appui de ce fyftême.

Mais fuivons : les mines de charbon de terre fourniffent une infinité d'exemples , qui prouvent auffi que les bancs calcaires & argileux fe fuccèdent alternativement. Les couches que l'on rencontre
dans les mines d'Ecoffe, font compofées, fuivant M. Jean Stra-
chey, de deux ou trois braffes d'argile : on trouve enfuite une braffe
d'ardoife , une braffe de pierre à chaux ; au-deffous de cette couche , deux braffes d'ardoife, &c. &c. *Voyez l'art d'exploiter les
mines de charbon.*

Les lits qu'accompagnent les mines de charbon de terre de Lobe-
gin, à peu de diftance de Wettin , en Mifnie , cercle de Leipfick ,
font difpofés de la manière fuivante : deux verges de terre végé-

tale, deux ou fix verges de glaife, une verge de fable rouge, une verge & demie de pierre argileufe ; on trouve enfuite de la pierre calcaire, de l'argile noire entremêlée de couches de charbon, trois quarts de verge d'une efpèce de roche calcaire grife, & enfin trois verges ou environ d'ardoife noire. *Idem.*

Les couches des mines de charbon du pays de Liège, préfentent le même ordre ; fous la couche appellée terre franche, fe rencontre de l'argile jaune, qui a fept pieds d'épaiffeur ; on trouve enfuite un lit de craie, ayant jufqu'à douze toifes d'épaiffeur ; il précède une efpèce de terre graffe, glaifeufe, graveleufe, appellée Dielle, qui à fon tour eft remplacée par des couches marneufes. *Idem.*

Il réfulte de ces faits que les argiles ne fervent pas toujours de bafe (1) aux pierres à chaux, & qu'il exifte des bancs argileux, dont l'origine eft moins ancienne que celle d'une infinité de bancs calcaires ; les pierres à chaux ont été formées de coquilles ou de leurs débris réduits en poudre ; il n'exifte, fuivant M. de Buffon (2), aucun autre agent, aucune autre puiffance particulière dans la nature, qui puiffe produire la matière calcaire. L'origine des argiles a été jufqu'à préfent moins éclaircie, mais il femble qu'on pourroit imaginer, fans choquer la vraifemblance, qu'une grande partie de cette terre provient de la deftruction des végétaux ; plufieurs habiles Naturaliftes ont adopté ce fentiment. « Dans le langage ordinaire on » nomme argile toutes les terres qui font graffes ou empâtantes, & » fouvent ces terres ne font pas de véritables argiles, mais des ter- » res mêlangées dans lefquelles il y a une portion d'argile plus ou » moins grande ; on ne connoît pas d'ailleurs l'origine de cette por-

---

(1) M. Delius, dans fon *Traité de l'Exploitation des Mines*, affure que le fond même de quelques montagnes primitives de la Hongrie, eft calcaire, & que l'on voit fur les têtes de ces montagnes des parties fchifteufes ; dans ce même Ouvrage il affure avoir reconnu plufieurs autres montagnes compofées de roche calcaire, qui étoit recouverte d'argile pétrifiée, rougeâtre. *Voyez le Voyage Minéralogique fait en Hongrie & en Tranfilvanie, par M. Born, traduit de l'Allemand par M. Monnet, page 363.*

(2) Hiftoire Naturelle des Minéraux, *page 220.*

» tion argileufe ; quelques-uns penfent qu'elle eft le réfultat des vé-
» gétaux, ayant remarqué qu'il n'y a pas de plante (1) qui n'en
» fourniffe plus ou moins ». *Voyez le nouveau Syftéme de Minéralogie*, par M. Monnet, pag. 135.

On a beau varier, fuivant M. Demefte, l'analyfe des fubftances
végétales, on n'en retire jamais ni argile ni quartz ; cependant la
terre qui réfulte de la décompofition de ces mêmes végétaux, contient de l'argile & du quartz. *Voyez les Lettres fur la Chymie, la
Docimafie, &c.* Tome I, pag. 574.

« M. Baumé, qui dans fon mémoire fur les argiles, a fait mention
» du réfidu terreux des végétaux, affure qu'il forme avec l'acide
» vitriolique de l'alun, & une efpèce de félénite un peu différente
» de celle qui eft produite par la terre calcaire pure ; les acides don-
» nent avec ce réfidu des fels fpathiques & un peu de fels martiaux ;
» M. Baumé croit, d'après cela, que la terre des végétaux eft formée
» d'argile & d'une terre voifine des terres calcaires, &c. &c. ».
*Voyez les Leçons Elémentaires d'Hiftoire Naturelle & de Chymie, par
M. de Fourcroy*. Tome II, pag. 545.

« Les exemples des fubftances végétales pourries & changées en
» une terre argileufe ou fablonneufe, fans avoir même perdu leur
» tiffu organique, ne font pas rares, on en trouve en Finlande,
» fur le bord du Lac de l'Angelina, dans le territoire de Tavaf-
» thus, & dans les environs d'Upfal, fur-tout près d'Ernftadt ; on
» en a rencontré auffi des morceaux dans le Soiffonnois & dans les
» environs d'Etampes, qui font recouverts de leur écorce, & qui
» dans l'endroit de leur fracture, laiffent encore diftinguer les cou-
» ches fucceffives, ou le progrès de l'intus-fufception qu'ils avoient

---

(1) *Argillam evidenter ex refolutis vegetabilibus ortam adducit tilas. Radices putredine def-
tructis in argilla vidit Zimmermam. Eller ex cineribus lignorum argillam paravit. Gaub. ex
Salicornia herbacea L. ope acidi vitriolici alumen obtinuit.* Vide *Examen de compofitione & ufu
argillæ.* Joh. Frider. Mofeder.

» reçu autrefois ». *Voyez la nouvelle Exposition du Regne minéral par M. Valmont de Bomare.* TOME II, pag. 491.

Cronsted pense que l'argile est une terre résultante des végétaux, altérée & changée par l'eau & par une longue suite de temps ; lorsqu'on considère, ajoute cet Auteur, combien de plantes maritimes se détruisent dans certaines mers pour former la terre ou l'humus...... On se laisse aisément aller à ces idées. *Voyez l'Essai d'une nouvelle Minéralogie*, pag. 133.

M. Macquer dit que la terre qui est entrée dans la composition des plantes, & du corps même des animaux, après qu'elle a été dépouillée, le plus qu'il lui est possible, des principes de ces composés auxquels elle étoit unie, forme toutes les terres argileuses. *Voyez le Dictionnaire de Chymie*, TOME IV, pages 65 & 66.

Si le sentiment unanime des Observateurs de la nature suffit pour établir une vérité, il n'est pas douteux que les terres argileuses ne tirent en général leur origine de la destruction des plantes ; de même que les animaux testacées préparent la matière calcaire, ainsi la végétation est un des intermèdes que la nature emploie pour former l'argile. Pour nous familiariser avec une idée qui au premier coup-d'œil paroît si peu vraisemblable, considérons cette prodigieuse quantité de plantes qui croissent au fond de la mer, & qui, par leur destruction, peuvent se convertir en argile, nous cesserons d'être étonnés de trouver cette terre si abondamment répandue. Scylax (1) dit qu'au-delà de Cerné la mer n'est pas navigable (2) parce qu'elle y est pleine de limon & d'herbes marines. Ces herbes (3) couvrent tellement la surface de l'eau, qu'on a de la peine à l'appercevoir, & les vaisseaux ne peuvent passer au travers que par un vent frais.

« Lorsque le galion qui part des Philippines est assez avancé vers le

---

(1) *Voyez* son Périple, *article* de Carthage.
(2) *Voyez* Hérodote *in Melpomene* sur les obstacles que Satafpe trouva.
(3) *Voyez* les Cartes & les Relations, le premier volume des Voyages qui ont servi à l'établissement de la Compagnie des Indes, *part. première, page* 201.

» Nord pour trouver les vents d'Oueſt, il garde la même latitude &
» dirige ſon cours vers les côtes de Californie. Après avoir couru
» quatre-vingt-ſeize degrés de longitude, à compter du Cap *Spiritu-*
» *Sanɔto* , on trouve la mer couverte d'une herbe flottante que les
» Eſpagnols nomment *Porra ;* cette vue eſt pour eux un ſigne cer-
» tain qu'ils ſont aſſez près de la Californie . . . . Careri dit que ces
» herbes ont juſqu'à vingt-cinq palmes de longueur ; qu'elles ſont
» groſſes comme le bras vers la racine , & comme le petit doigt vers
» le haut, qu'elles ſont creuſes en dedans , comme les oignons en
» graine auquel la racine reſſemble. Vers l'extrémité du côté le plus
» gros, elles ont de longues feuilles en façon d'algue, larges de
» deux doigts , longues de ſix palmes, toutes d'égale longueur &
» de couleur jaunâtre ; c'eſt une des plus grandes herbes que l'Au-
» teur eût jamais vue. *Voyez l'Hiſt. Gén. des Voyages par M.*
l'Abbé Prévoſt , Tome II , pag. 163. On trouve dans le même ouvrage , ce qui ſuit : « On continua de gouverner , dit Lery , tan-
» tôt à l'Eſt, tantôt à l'Oueſt, qui n'étoit pas notre chemin , car
» notre pilote qui n'entendoit pas bien ſon métier, ne ſut plus ob-
» ſerver ſa route , & nous allâmes ainſi dans l'incertitude , juſqu'au
» tropique du Cancer, où nous fûmes pendant quinze jours dans
» une mer herbue. Les herbes (1) qui flottoient ſur l'eau étoient ſi
» épaiſſes & ſi ſerrées, qu'il fallut les couper avec des coignées
» pour ouvrir le paſſage au vaiſſeau, *Idem* , Tome XIV, pag. 199.

Puiſque l'ouvrage que nous venons de citer fournit d'autres preuves de la prodigieuſe quantité de plantes qui croiſſent au fond de la
mer, qu'il me ſoit permis de rapporter les exemples ſuivans ; on ne
ſauroit trop les multiplier quand ils paroiſſent propres à répandre
du jour dans une matière auſſi peu approfondie que celle dont nous
nous occupons : « La mer a ſes gazons, on en trouve ſur les côtes

---

(1) *Fucus pyriferus habitat in Oceano Æthiopico è profundiſſimo mari ſæpè enatans , inſu-*
laſque quaſi formans. Kœnig, miſs. 42.

» du Groenland, qui font hériffés d'une herbe longue & rameufe...
» il y a des plantes marines qui croiffent auprès des côtes ; j'en ai
» compté, dit M. Crantz, plus de vingt fortes, depuis la longueur
» d'un demi-pouce jufqu'à un pied ; plus on avance dans la mer &
» plus elle a de profondeur, plus les plantes qu'on y trouve font
» longues & larges. *Idem*, Tome XVIII, pag. 35.

» Depuis le 26e. jufqu'au 37e. degré de latitude, en fuivant le
» Nord jufqu'à la Virginie, on voyoit flotter chaque jour autour
» du vaiffeau une groffe quantité de ce que les Anglois appellent
» Gulfweed, c'eft-à-dire herbe de *Golfe*, & qui diminuoit à pro-
» portion de la diftance de la terre ; on lui a donné ce nom parce
» qu'elle paroît venir des baffes de la Floride, & l'on prétend qu'il
» s'en trouve jufqu'à trois ou quatre cens lieues au Nord-Eft du
» continent. *Idem*, Tome III, pag. 465.

Aux exemples précédens, nous ajouterons ce que rapporte M.
Bougainville (1). La mer (aux Ifles Malouines) eft prefque toute
couverte de goemons (2) dans le port, fur-tout près des côtes,
dont les cánots avoient de la peine à approcher, ils ne rendent
d'autre fervice que de rompre la lame.

Le Capitaine Cook fait également mention des plantes qui croiffent au fond de la mer ; voici ce qu'on lit dans la relation de ce
grand navigateur ; » on a déjà-remarqué plufieurs fois combien les
» algues marines font des indices peu fûrs de terre, fans parler des
» immenfes lits d'algues, qu'on trouve annuellement au milieu de
» la mer atlantique, dans la mer du Sud, dans la zone tempérée à au

---

(1) *Voyage autour du Monde*, *tome premier*, *page 110.*

(2) Les Marins donnent ce nom à certaines plantes noueufes, longues, qui croiffent
en grande quantité, dans le fond de la mer jufqu'à une demi-lieue du rivage ; elles font
fouvent entrelaffées, les unes aux autres, par le mouvement des eaux, de manière à
former une barrière formidable ; on a vu plus d'une fois des vaiffeaux arrêtés par ces
fortes de filets fur la pointe du Cap de Bonne-Efpérance. *Voyez l'article* Goemon, *dans*
le Dictionnaire d'Hiftoire Naturelle, *par M.* Valmont de Bomare.

» moins quinze cens lieues de la nouvelle Zélande en Amérique.
» Nous fommes fûrs qu'il n'y a point de terre dans un fi grand efpace,
» quoique nous ayons vu de temps à autre des morceaux de goe-
» mon dans chaque parage ». *Voyez les Obfervations faites pendant
le fecond voyage de M. Cook, dans l'hémifphère auftral*, Tome V,
pag. 166.

« Devant le mouillage de Saint-Vincent dans le détroit de le
» Maire, il y a plufieurs bancs de rochers couverts de goemons;
» la fonde y rapporte huit ou neuf braffes. On regardera probable-
» ment comme extraordinaire, que l'eau foit auffi profonde dans un
» endroit où les herbes qui croiffent au fond, paroiffent au-deffus
» de la furface de la mer; mais les plantes qui croiffent fur les fonds
» de roche de ces parages, font d'une grandeur énorme; les feuilles
» ont quatre pieds de long, & quelques-unes des tiges en ont plus
» de cent vingt, quoiqu'elles ne foient pas plus groffes que le pouce.
» MM. Banks & Solander en examinèrent plufieurs; en les mefu-
» rant à la braffe, nous en trouvâmes quatorze, c'eft-à-dire, quatre-
» vingt-quatre pieds. Comme elles ne s'élevoient pas perpendicu-
» lairement, mais qu'elles faifoient un angle très-aigu avec le fond,
» nous jugeâmes qu'elles étoient au moins plus longues de la moitié.
» MM. Banks & Solander appellèrent cette plante *fucus giganteus*».
Voyez le Voyage du Capitaine Cook autour du Monde. Tome II,
pag. 265

Les mers lointaines ne font pas les feules qui abondent en plantes
marines. M. de la Lande nous apprend qu'on en trouve auffi dans la
Méditerranée. « Depuis que l'embouchure du Rhône s'eft rappro-
» chée du port du Bouc, le fond s'eft confidérablement élevé par le
» limon dont les eaux de la mer font chargées,.... Les mattes ou
» tas de goemons qui y croiffent, élèvent continuellement le terrain:
» en 1700, on y voyoit encore trente-fix galères mouillées dans le
» port; actuellement on auroit peine à en mettre fix en fûreté ».
Voyez des Canaux de Navigation,

Il feroit aifé de citer d'autres exemples de végétaux qui croiffent au fond de la mer dans les différentes parties du globe, mais nous nous bornerons aux faits que nous venons de rapporter; ils paroiffent fuffifans pour qu'il foit poffible de concevoir la prodigieufe quantité de matière terreufe qui a dû fe former & qui fe forme chaque jour par la deftruction des plantes marines; qu'on ajoute à ces amas de terre végétale, celle que les rivières & les fleuves tranfportent dans la mer, débris qui, fuivant l'opinion des Naturaliftes, fe convertiffent en argile, il ne fera plus alors fi difficile de fe repréfenter l'immenfe quantité de fubftance argileufe que fournit le réfidu des végétaux détruits.

La nature, qui femble proportionner fes bienfaits à l'étendue de nos befoins, ne fe borne pas, comme pour la formation des pierres calcaires, à n'employer qu'un feul moyen pour produire l'argile, terre précieufe qui fournit aux arts la matière d'une infinité d'ouvrages qu'il feroit trop long de détailler; elle convertit auffi en fubftance argileufe les corps qui paroiffent les plus difficiles à fe décompofer. M. le Comte de Buffon (1) nous apprend que les cailloux les plus durs, les laves des volcans, & tous nos verres factices fe convertiffent en terre argileufe par la longue impreffion de l'humidité de l'air. Le quartz & tous les autres verres produits par la nature, quelque durs qu'ils foient, doivent, fuivant le même Naturalifte, fubir la même altération, & fe convertir à la longue en terre plus ou moins analogue à l'argile. Prefque toutes les montagnes de granit du Limoufin offrent des preuves de cette vérité; on y trouve des terres argileufes qui proviennent de la décompofition de cette roche. Ainfi la nature eft dans une action continuelle; elle modifie, elle altère, elle détruit même des fubftances dont l'extrême dureté fembloit devoir éternifer la durée; quand on confidère ces divers effets, on fent combien il eft difficile de connoître l'origine de certaines matières qui fe trouvent aujourd'hui dans un état très-différent

(1) Hiftoire Naturelle des Minéraux.

V.

de celui où elles étoient à l'époque de leur formation. Le granit, par exemple, qui se convertit, pour ainsi dire, sous nos yeux en argile, a subi peut-être plusieurs autres changemens pendant la révolution des siècles ; si ces transmutations successives ont eu lieu, que d'obstacles l'esprit humain n'a-t-il pas à surmonter, pour arracher à la nature son secret sur la formation de cette roche ?

DESCRIPTION MINÉRALOGIQUE
DES MONTAGNES
QUI BORDENT LA VALLÉE DE LAVEDAN.

Quoique nous foyons familiarifés avec les
objets pittorefques des contrées montagneufes,
nous ne pouvons refufer notre admiration aux
beautés fans nombre, que la nature a prodiguées
dans la partie des Pyrénées que nous allons parcourir : le contemplateur de ces merveilles y jouit
fucceffivement de la vue d'une infinité de magni-
fiques tableaux, qui n'ont entre eux aucune efpèce de reffemblance. Chaque pas lui procure
l'agréable furprife d'un nouvel afpeƈt ; dans ces
changemens fubits qu'aucune nuance ne prépare,
l'abondance des fruits s'offre à côté de la plus
affreufe ftérilité ; de riches pâturages forment les
lifières d'une région enfevelie dans les neiges &
les glaces ; des habitations nombreufes & ruftiques fuccèdent tout-à-coup à l'horreur des vaftes
folitudes ; mais ne précipitons point la defcription de ces objets fi oppofés , ils trouveront leur
place à la fuite de l'hiftoire des fubftances minérales que les montagnes de Lavedan produifent ;
ce pays dont la ville de Lourde eft le chef-lieu,
fait partie de la province de Bigorre, & confifte en
une longue vallée qui fuit le cours du Gave. Le
Lavedan ne commence qu'à Lourde ; mais pour
faire connoître les matières qui fe trouvent au
Nord de cette valiée , nous partirons de Tarbes,
ville capitale du Bigorre ; ce pays étoit ancienne-

V 2

Direction des Bancs.	Inclinaison des Bancs.
L.	
De l'O.N.O. à l'E.S.E.	Du S. S. O. au N. N. E.
De l'O.N.O. à l'E.S.E.	Du N. N. E. au S.S.O.

ment habité par les Bigerrones, que Jules-César met au nombre des neuf peuples qui compoſoient la Novempopulanie.

Autour de la ville de Tarbes s'étendent des campagnes ſi fertiles, que le voyageur ſe croit tranſporté dans cette heureuſe Campanie que Bacchus & Cérès, comme dit Pline, ſe diſputent la gloire d'enrichir. Nous allons les traverſer par la route de Lourde, qui paſſe dans les environs d'Oſſun, lieu près duquel eſt une plaine nommée *Lanne Mourine* ; elle eſt fameuſe par la ſanglante bataille qui s'y donna, au commencement du huitième ſiècle, entre les Sarrazins & les habitans du pays : on y trouve encore en fouillant la terre, des oſſemens, des crânes humains, dont l'épaiſſeur extraordinaire fait juger que ce ſont les crânes des Maures qui périrent dans ce combat. (On ſait que les crânes des habitans des pays chauds, ſont ordinairement plus épais que ceux des autres pays. *Voyez le Dictionnaire des Gaules.*)

Le ſol de la plaine de Tarbes eſt compoſé de pierres roulées de différentes eſpèces que les torrens ont tranſportées des Pyrénées ; elle eſt ſéparée par quelques éminences, de la vallée de Lavedan, dont elle paroît être un ancien prolongement ; ce terrain inégal commence au Nord du village de Saux, & ſe termine à la ville de Lourde ; il préſente des matières argileuſes que l'on retrouve au-delà du château de Benac ; elles ſont de la nature de l'ardoiſe des toits, & diſpoſées par couches dans un côteau ſitué près d'un village qui ſe nomme *Loucrup*. Les environs de Saux fourniſſent des pierres calcaires.

Plus loin, entre Saux & Lourde, on trouve des couches d'ardoiſe argileuſe ; ſi l'on dirige un moment les recherches du côté du lac, ſitué à la diſtance d'environ douze cens toiſes de cette ville, on voit ſur ſes bords, du côté de l'Orient, les mêmes couches argileuſes, qui ſuivent dans

Direction *des Bancs.*	*Inclinaison* *des Bancs.*	

cet endroit la direction qu'on voit en marge. Ces matières paroiffent placées fur un terrain caverneux, ainfi que l'indique un affaiffement qui intercepta, il y a quelques années, la route de Tarbes; on voit aujourd'hui un petit lac dans l'endroit où ce profond abîme s'eft formé; on affure qu'on a tenté en vain de le combler.

Nous voici à l'entrée de la vallée de Lavedan, où fe trouve la ville de Lourde, qui eft commandée par un château bâti fur des maffes de pierre calcaire; cette forterefle que l'on regardoit anciennement comme une barrière capable d'arrêter les ennemis de l'état, & qui n'offre plus que le trifte féjour de la captivité, eft féparée par un ravin de la grande route de Pau, où le voyageur découvre des couches de pierre calcaire fiffile & des bancs de marbre gris. Des blocs arrondis de granit d'une groffeur confidérable, & qui ont été roulés par les eaux, couvrent en quelques endroits, du côté de Peyroufe, ces lits calcaires; on les trouve dans de hautes collines fituées près de ce village.

De l'O.N.O. à l'E. S. E. — *Du N. N. E. au S. S. O.*

Revenons à Lourde, nous trouverons à une petite diftance Sud de cette ville, près de laquelle commencent les montagnes de la région inférieure, des maffes d'ophite fervant de bafe à des pierres à chaux; on apperçoit ces matières dans une montagne aride qui borde, du côté de l'Orient, la plaine de Lourde; cette plaine eft terminée au Sud par une petite élévation compofée de couches calcaires.

De l'O.N.O. à l'E. S. E. — *Du N. N. E. au S. S. O.*

Immédiatement après & au Nord d'un pont conftruit fur le Gave, à une demi-lieue ou environ de Lourde, on côtoie une montagne compofée de bancs de marbre gris, & de couches d'ardoife marneufe, dirigées du Nord au Sud, & inclinées de l'Oueft à l'Eft; ces matières fe prolongent fur la rive gauche du Gave de l'O. N. O. à l'E. S. E.; leur inclinaifon eft du N. N. E. au S. S. O.; on a ouvert plufieurs ardoifières dans

Du Nord au Sud. — *De l'Oueft à l'Eft.*

De l'O.N.O. à l'E. S. E. — *Du N. N. E. au S. S. O.*

Direction des Bancs.	Inclinaison des Bancs.	

les couches marneuses ; on tire de la même montagne, ainsi que des environs de Lourde, du marbre gris traversé de veines spathiques.

| De l'O. N. O. à l'E. S. E. | Du N. N. E. au S. S. O. |

Près & au-delà du pont ci-dessus, on découvre quelques couches d'ardoise, & communément des couches d'ardoise marneuse.

Plus loin, le voyageur laisse sur la droite de hautes montagnes composées de masses de marbre gris. Le triste aspect qu'offre leur nudité n'est égayé que par la verdure des buis qui dérobent à la vue une partie de ces stériles rochers.

Après avoir passé ces montagnes, la vallée de Lavedan qui, près de Lourde, n'est qu'une gorge étroite, s'ouvre insensiblement ; elle a près d'Argelés environ une demi-lieue de largeur ; au-dessous de ce bourg, les eaux qui descendent de la vallée d'Azun se mêlent avec celles du Gave : nous ne nous arrêterons point à décrire ici le riche paysage de cette partie des Pyrénées ; ce seroit nous écarter de notre sujet : nous allons continuer l'histoire de l'organisation de ces montagnes, & chercher sous les débris que les rivières ont déposé près d'Argelés, les bancs qui leur servent de base.

| De l'O. N. O. à l'E. S. E. | Du N. N. E. au S. S. O. |

On trouve à l'entrée de ce bourg, à droite de la grande route, des couches d'ardoise grise argileuse.

| De l'O. N. O. à l'E. S. E. | Du N. N. E. au S. S. O. |

A une petite distance au-delà d'Argelés, situé dans une plaine dominée au Nord par une chaîne de montagnes calcaires qui la défend de la rigueur des froids aquilons, on découvre à côté d'un moulin des couches presque verticales de pierre calcaire fissile.

| Du N. O. au S. E. | Du N. E. au S. O. |

Plus loin, les montagnes des environs de Pierre-fite sont composées de bancs de schiste dur argileux, traversé de veines de quartz ; cette pierre se divise par tables d'environ un pouce d'épaisseur & de plusieurs pieds de longueur ; on les place de champ pour enclorre des héritages ; ces schistes, quoique de nature à se détruire plus facilement que les autres espèces de pierre, ont résisté à l'action des torrens qui n'ont pu s'ouvrir

Direction des Bancs.	*Inclinaison des Bancs.*	
		à travers ces matières que le paffage néceffaire pour le cours des eaux ; la vallée de Lavedan fe refferre prodigieufement au-delà de Pierrefite ; foit que l'on remonte le Gave de Cauterès, ou celui de Barèges, qui fe joignent près de ce lieu ; on ne voit que des gorges étroites bordées de montagnes très-hautes, prefque inacceffibles & d'un afpect aride & noirâtre, couleur produite par une portion plus ou moins grande de fer, qui fe trouve particuliérement dans le fchifte. On voit après Pierrefite, lieu fitué au pied des mon-
Du N. O. au S. E.	Du N. E. au S. O.	tagnes de la région moyenne, des bancs de cette ef- pèce de pierre : ils bordent la grande route de Barè- ges dont la direction eft parallèle à celle de ces ma- tières pendant l'efpace d'environ un quart de lieue.
		Au-delà, les montagnes forment fur la gauche
De l'O.N.O. à l'E. S. E.	Du N. N. E. au S. S. O.	un angle rentrant où l'on trouve quelques cou- ches de marbre gris ou de pierre calcaire fiffile.
		En continuant de pénétrer dans cette gorge,
De l'O.N.O. à l'E. S. E.		on découvre des bancs verticaux de fchifte argi- leux, groffier, dont la furface eft en plufieurs endroits, couverte d'incruftations gypfeufes, comme prefque toutes les matières de ce canton.
De l'O.N.O. à l'E. S. E.		Les fchiftes précédens font fuivis de bancs verticaux, de pierre calcaire de la nature du marbre ; il eft très-difficile de les découvrir, ainfi que ceux des autres pierres à chaux que nous rencontrerons jufqu'à Lus, non-feulement parce qu'ils font moins larges que les bancs fchifteux, mais encore, à caufe des fubftances ferrugineufes qui les colorent ; ces obftacles nous déterminent à fixer avec exactitude la pofition de ces bancs calcaires ; vous les trouverez au-delà d'un pont bâti fur un torrent qui fe précipite des montagnes fituées à l'oppofite du village de Vifcos, dans l'endroit le plus efcarpé de la route de Barèges.
De l'O.N.O. à l'E. S. E.		Près de Vifcos qui eft à trois mille toifes ou en- viron Sud de Pierrefite, les montagnes font com- pofées de bancs perpendiculaires de fchifte dur, argileux.

Direction | *Inclinaison*
des Bancs. | *des Bancs.*
De l'O.N.O.
à l'E. S. E.

Entre Viscos & le pont qui traverse le Gave, au-delà de ce village, on remarque quelques bancs verticaux de marbre gris ; il seroit difficile, en pénétrant dans cette gorge de ne s'occuper que de la recherche des substances minérales ; on ne peut éviter ni la vue d'une suite d'affreux précipices, ni celle des rochers qui pendent au-dessus de la route ; quoique placé en apparence entre deux périls, le voyageur n'a jamais essuyé aucun de ceux qui semblent le menacer dans ces horribles lieux, avantage que l'on doit en partie à la sage prévoyance de l'administration ; des parapets élevés dans les passages les plus dangereux, forment une barrière sûre.

Mais poursuivons. Entre le pont dont je viens de faire mention, & le village de Saligos, on découvre des couches de marbre fissile. *Marmor particulis subimpalpabilibus fissile. Lin.*

A Saligos lieu où la vallée est moins étroite & où la verdure des prés commence à dissiper la tristesse que produit cette suite de rochers que nous côtoyons depuis Pierrefite ; à Saligos, dis-je, on apperçoit des couches d'ardoise argileuse ; ce village est bâti sur cette espèce de pierre.

Au-delà, on trouve des bancs de marbre gris un peu foncé ; cette découverte, ordinaire dans les Pyrénées, occupe moins l'Observateur que les ossemens qu'on dit enfouis au village de Visos. Un curieux qui avoit entendu parler des Géans de la vallée de Bareges, demanda, il y a quelques années, des os de ces hommes d'une taille extraordinaire, à M. Cantonnet, Curé de Lus, qui ayant fait creuser dans une rue de Visos, dit y avoir découvert des ossemens humains prodigieux.

Si nous continuons notre marche vers le Sud, nous trouverons en deçà d'un pont situé sur le Gave, à un quart de lieue ou environ Nord du village

Direction des Bancs.	*Inclinaison des Bancs.*
De l'O.N.O. à l'E. S. E.	
De l'O.N.O. à l'E. S. E.	
Du N. N. O. au S. S. E.	De l'O.S.O. à l'E. N. E.
Du N. N. O. au S. S. E.	De l'O. S. O. à l'E. N. E.
De l'O.N.O. à l'E. S. E.	Du S. S. O. au N. N. E.

village de Lus, des couches d'ardoife grife argileufe, parmi lefquelles on remarque des pierres verdâtres qui approchent de la nature de l'ophite ; ce pont eft bâti fur des bancs perpendiculaires de fchifte groffier ; il fe trouve à l'entrée du baffin de Lus, qui, de même que les montagnes dont il eft environné, offre de toutes parts la plus riante perfpective.

Après avoir paffé ce lieu qu'arrofe le torrent qui defcend des montagnes de Barèges, & qui, dans l'impétuofité de fon cours, entraîne des blocs énormes de granit, on découvre à une petite diftance fous la chapelle de Saint-Pierre, des couches d'ardoife grife argileufe.

Plus loin, au pont de Saint-Sauveur, voifin de la chapelle de Saint-Pierre, on trouve des couches de pierre calcaire fiffile.

Au Sud, & à une très-petite diftance du pont de Saint-Sauveur, on découvre des bancs de marbre gris ; il eft facile de les obferver près du paffage de *l'Echelle*, où fe trouve une marbrière qu'on exploite ; ces bancs fe prolongent du côté de l'Oueft, vers les bains de Saint-Sauveur, qui depuis quelques années attirent beaucoup de monde. Suivant les expériences de M. Campmartin, l'eau du bain de *la Vallée* fait monter le thermomètre de Réaumur à 30 degrés; cet habile chymifte a trouvé que l'eau de cette fource, foumife aux mêmes expériences que celles de Barèges, contient, comme elles, de *l'hepar fulfuris* ; je penfe qu'on pourroit étendre cette analogie à toutes les eaux chaudes minérales des Pyrénées, qui, plus ou moins fulfureufes, paroiffent fortir d'un réfervoir commun ; les eaux de Bagnères, de Bigorre, font les feules qui ne doivent pas être comprifes dans cette claffe, la recherche la plus approfondie n'y découvre point de foie de foufre.

Après les bancs de marbre qui font avant le paffage effrayant de *l'Echelle*, on fuit un chemin

X

Direction des Bancs.	Inclinaison des Bancs.
Du N. N. O. au S. S. E.	De l'O. S. O. à l'E. N. E.
Du N. N. O. au S. S. E.	De l'O. S. O. à l'E. N. E.
Du N. N. O. au S. S. E.	De l'O. S. O. à l'E. N. E.
De l'O. N. O. à l'E. S. E.	Du S. S. O. au N. N. E.
De l'O. N. O. à l'E. S. E.	Du N. N. E. au S. S. O.

étroit, creufé dans le penchant d'un profond précipice au pied duquel on entend le bruit continu du Gave ; fon lit eft refferré entre de hautes montagnes, dont les fondemens femblent minés par les goufres épouvantables que forment les eaux. Les bords efcarpés & dangereux de cette rivière préfentent des bancs de fchifte dur, argileux, dont l'inclinaifon approche de la perpendiculaire, comme prefque tous les bancs qui traverfent la vallée que nous fuivons. A l'extrémité du paffage de *l'Echelle*, les bancs de fchifte dur font mêlés avec des couches de pierre calcaire.

Les montagnes qui dominent le premier pont que l'on trouve au Sud du paffage de *l'Echelle*, & que l'on nommé le pont *de l'Artigue*, font compofées de bancs de fchifte groffier.

A Pragnères, village à trois mille toifes Sud de Lus, & entouré de hautes montagnes, qui par leur grande élévation fembleroient devoir être comprifes dans la région fupérieure, on découvre des bancs prefque horizontaux de marbre gris, dont quelques-uns varient dans leur plan d'inclinaifon. *Voyez la Planche IX.*

L'efpace qui fe trouve entre Pragnères & Gèdre, eft occupé par des bancs de fchifte dur, argileux, & par des bancs de marbre gris, que l'on voit fe fuccéder alternativement : ces matières font auffi quelquefois confondues au point qu'il eft très-difficile de fixer le nombre des bancs. Les pierres calcaires renferment près de Gèdre du marbre gris & blanc.

Hâtons nous d'arriver dans des montagnes où les bancs font plus diftinéts ; le granit préfente cette formation régulière ; on trouve après le village de Gèdre des bancs de cette efpèce de roche d'environ un pied d'épaiffeur ; ils font dans la direétion générale de l'O. N. O. à l'E. S. E., & inclinés du N. N. E. au S. S. O. de plus de trente degrés avec la perpendiculaire ; ce granit, qui fert de bafe à des bancs calcaires & à des bancs

Pl. IX

Sud

Ouest

achon del. Vue des Montagnes Calcaires de Marboré près de Gavarnie dans la Vallée de Barege. Nᵒ. 1.

Ouest

Nord

achon del. Vue d'une Montagne Calcaire qui domine le Village de Pragneres dans la Vallée de Barege.

Direction des Bancs.	Inclinaison des Bancs.

de schiste, est plus composé que celui qui se trouve dans les autres parties des Pyrénées ; il est mêlé avec des matières argileuses, communément pénétrées d'ocre ; au pied de ces montagnes de granit, on trouve des blocs prodigieux de cette roche, entassés sans ordre & qui en faisoient anciennement partie, mais qui en ont été détachés par des causes dont la tradition n'a pas conservé le souvenir.

Au-delà de ces montagnes de granit, on

De l'O.N.O. à l'E.S.E. — *Du S.S.O. au N.N.E.* trouve des bancs de marbre gris, placés sur des masses graniteuses. *Voyez la Planche X.*

Sous l'église de Gavarnie, paroisse située à près de quatre mille toises Sud de Gèdre & dont le territoire est limitrophe des terres d'Espagne,

De l'O.N.O. à l'E.S.E. — *Du N.N.E. au S.S.O.* on trouve des bancs d'une espèce de granit ou schiste quartzeux micacé, surmonté par des bancs de marbre gris. Cet arrangement n'est pas le seul que ces matières observent, le naturaliste voit avec étonnement à une petite distance à l'Ouest de l'auberge de Gavarnie qu'on nomme *la Belle*, près d'une grange qui appartient au pro-

De l'O.N.O. à l'E.S.E. — *Du N.N.E. au S.S.O.* priétaire de cette maison, quelques bancs de marbre gris, qui, dans la totalité, ont environ deux toises d'épaisseur ; ces lits calcaires sont

De l'O.N.O. à l'E.S.E. — *Du N.N.E. au S.S.O.* appuyés sur des bancs de granit, qui portent euxmêmes sur les pierres à chaux, de manière que celles-ci sont *enchâssées* dans les matières graniteuses ; la disposition alternative de ces deux espèces de pierre indique une formation du même âge ; quoique les observations de ce genre ne paroissent pas assez multipliées pour que l'on puisse décider sur un pareil sujet, & que l'origine du granit soit généralement reconnue antérieure à celle des bancs calcaires, il semble néanmoins qu'on est autorisé à croire que la formation des pierres à chaux & des roches graniteuses de Gavarnie est contemporaine ; il seroit difficile d'expliquer d'une autre manière l'ordre respectif que ces bancs observent.

X 2

Direction des Bancs.	Inclinaison des Bancs.

Mais quittons l'interprétation de la nature pour décrire les minéraux du val d'Ossone. En remontant vers l'Ouest, le torrent qui coule dans cette gorge, on trouve des granits ou des schistes quartzeux micacés, parmi lesquels on remarque des schistes durs argileux ; le lit de ce torrent est composé de ces espèces de pierre & bordé de hêtres, de sapins & de pins sauvages.

Sur les rives du Gave d'Ossone, des montagnes nues inaccessibles & d'une hauteur prodigieuse ne présentent que des pierres calcaires, c'est du marbre gris en général, disposé par masses ; on

De l'O.N.O. à l'E. S. E.   *Du S. S. O. au N. N. E.* remarque aussi quelques bancs, ils sont sur la rive gauche, & au pied d'une chaîne de montagnes, qui se prolonge vers le quartier qu'on nomme *Lacoste*, par la pene de Succugnac, également composée de pierres à chaux ; quelques-uns de ces rochers qui dominent le val d'Ossone, sont penchés au point de garantir le voyageur de la pluie ; on voit de pareilles cimes menaçantes en suivant la route de Barèges entre Pierrefite & Lus.

La montagne de Lacoste est surmontée de matières d'un rouge brun, qui, vues de loin, paroissent être du schiste dur, argileux, dont les bancs *De l'O.N.O. à l'E. S. E.*   *Du N. N. E. au S. S. O.* semblent suivre du côté du col de Cauterès, la direction que l'on voit en marge ; ces pierres ont pour base des masses de marbre gris.

Les cimes des montagnes, qui, du côté de l'Espagne, bordent le val d'Ossone, riche en pâturages, sont composées de pierre calcaire ; la montagne de Vignemale (1), une des plus hautes des Pyrénées & toujours couverte de glaces & de neige, est pareillement composée de pierre à

___

(1) Suivant le nivellement & autres opérations faites par M. de Laroche, la montagne de Vignemale est d'environ 1679 toises au-dessus du marche-pied de la croix de la place de Lourde. Si nous ajoutons à ce nombre environ deux cens toises, que M. Flamichon, qui a nivellé une partie du cours du Gave, suppose depuis Lourde jusqu'à l'Océan, nous trouverons que cette montagne est élevée de 1879 toises au-dessus de la mer.

Sud

Sud

Ouest

Coupe des Bancs Calcaires dont eſt compoſée l'Enceinte dans laquelle tombent les Caſcades de Gavarnie Nº 2

Nord

Direction des Bancs.	Inclinaison des Bancs.

chaux. A cette grande élévation, l'Obfervateur ne découvre aucun veftige de granit; les eaux ne charient pas le moindre morceau de cette roche; elles ne roulent que des pierres à chaux & des fchiftes argileux; une fingularité encore remarquable dans ces montagnes de la région fupérieure, c'eft que les marbres qu'on y trouve ne portent aucune marque de vetufté, ils ont au contraire le caractère des pierres calcaires d'une formation récente, quoiqu'on n'y découvre pas des corps marins.

Mais quittons ces lieux déferts & fauvages qui ne retentiffent jamais du chant des oifeaux, où l'on n'entend que le cri finiftre de la corneille; revenons à Gavarnie pour terminer aux montagnes qui dominent ce village du côté du Sud, la defcription des minéraux que nous avons commencée dans les plaines du Bigorre; ces montagnes font compofées de bancs de marbre gris, dont l'inclinaison varie aux cafcades de Gavarnie; jettez les yeux fur les tours de Marboré, hériffées de glaçons, voyez le pic blanc qui fe perd dans les nues, vous ne découvrirez que des pierres calcaires dans cette haute région des Monts-Pyrénées.

De l'O.N.O. à l'E.S.E.
Du S.S.O. au N.N.E.
Du N.N.E. au S.S.O.

DESCRIPTION DES MINES
que renferment les montagnes qui entourent les vallées de Lavedan & de Barèges.

PARMI les fubftances métalliques que l'on trouve dans cette partie des Pyrénées, les mines de plomb font les plus abondantes; mais elles ont été ouvertes fans qu'il en ait réfulté des avantages pour les Entrepreneurs, qui fe font laffés de continuer les travaux qu'exige la recherche des tréfors cachés dans le fein de la terre.

La montagne de Bats, territoire de Neftalas, renferme de la mine de plomb à petites facettes; la gangue de cette mine eft calcaire.

Le pic du Midi de Soulon, produit de la mine de cuivre, d'un jaune pâle.

Au pied du pic de Midi de Soulon, on trouve de la mine de cuivre jaune.

Près du pont de Meyabat, fur la rive droite du Gave, on découvre de la mine de plomb à petites facettes, dont la gangue eft calcaire.

Dans le bois de Vifcos, on trouve de la mine de plomb à petits grains : cette mine, dont la gangue eft argileufe, fe trouve mêlée avec de la pyrite jaune & de la blende.

Près du pont de la Gardette, à une petite diftance de Gêdre, il y a de la mine de plomb à petites facettes, dont la gangue eft calcaire.

Sous les bois plantés de hêtre, vis-à-vis de Mouré, on découvre de la mine de plomb à petits grains, la gangue de cette mine eft calcaire.

A quelque diftance de Gêdre, fur la rive droite du ruiffeau de Heas, dans un endroit qu'on appelle *Las Crampettes*, on découvre de la mine de plomb à petits cubes ; on remarque dans cette mine, dont la gangue eft calcaire, de la pyrite jaune-pâle.

A la Hargue, près de Gêdre, on trouve de la mine de plomb à petites facettes.

A Campeil, entre Gêdre & Notre-Dame de Heas, il y a de la mine de plomb, à petits cubes, la gangue eft calcaire.

A Baranquon de l'Artigue, entre Gêdre & Notre-Dame de Heas, on découvre de la mine de plomb, à petits grains, dont la gangue eft calcaire.

Le quartier du Gront de l'Artigue, près de Saint-Philippe, produit de la mine de plomb, à petits cubes, la gangue eft quartzeufe. On remarque dans le même endroit de la pyrite jaune en criftaux, dont je n'ai pas obfervé le nombre de facettes.

A Saint-Philippe, on trouve de la mine de plomb à petites facettes.

A Caret, de la mine de plomb à petits grains.

A Touyères, de la mine de plomb à petits grains, dans une gangue calcaire : on trouve dans le même endroit de la mine de cuivre jaune, folide : *Minera cupri flava, folida. W.*

Au Biroulet, il y a de la mine de fer micacée.

On trouve à Couret, près de Gavarnie, de la mine de plomb à petits grains.

Au Carrot de l'Artigue, dans le territoire de Gavarnie, on

découvre de la mine de plomb à petits cubes, la gangue de cette mine eſt calcaire.

Au trou des Maures, près de Gavarnie, on trouve de la mine de plomb à petits cubes; la gangue de cette mine eſt argileuſe : on trouve dans le même endroit de la pyrite jaune-pâle.

A la Providence, près de Gavarnie, il y a de la mine de plomb à petites facettes, dont la gangue eſt calcaire; vous remarquez, à une petite diſtance de cette mine, de la pyrite jaune-pâle, dont la gangue eſt pareillement calcaire.

A Caſenave, dans le territoire de Gavarnie, on trouve de la mine de plomb à petits grains.

On découvre à la Hourquette, de la mine de plomb à petites facettes.

Le quartier de la Haigniſſe, dans le territoire de Gavarnie, pro-duit de la mine de plomb à petits cubes, dont la gangue eſt calcaire.

On lit, dans le Dictionnaire Minéralogique de la France, que la conceſſion de toutes ces mines avoit été faite, en 1728, au Baron de Lowen, Suédois, mais qu'il périt lorſqu'il alloit en entreprendre l'exploitation. Les ſieurs Crouſſet la demandèrent enſuite & l'obtinrent; leur entrepriſe n'a point réuſſi, puiſque les travaux ont totalement ceſſé.

OBSERVATIONS.

A meſure que nous nous éloignons de la mer, on voit, comme je l'ai déjà annoncé, les Pyrénées s'élever d'une manière, pour ainſi dire, inſenſible. La vallée d'Oſſau nous a préſenté des montagnes d'une hauteur plus conſidérable que celles de la vallée d'Aſpe; elles ſont à leur tour dominées par les montagnes de Lavedan, dont l'aſ-pect eſt auſſi plus varié. Le voyageur entre dans ce pays par une gorge étroite, que l'on trouve après Lourde, place qu'Arnaud de Béarn défendit vaillamment pour les Anglois, en 1373, & où il périt de la main de Gaſton de Foix, ſon parent, qui le poignarda, pour avoir refuſé de la livrer au Duc d'Anjou.

En avançant vers le Sud, on découvre la plaine d'Argelés, où ſe fait la réunion de pluſieurs torrens, qui, après avoir précipité leur cours à travers les rochers, coulent fur un fol propre à différentes productions : ici, des campagnes femées de froment & de maïs, fourniffent également à la fubfiftance du riche & du pauvre ; là, les plus belles prairies affurent un afile aux troupeaux que les neiges de l'hiver chaffent du fommet des Pyrénées. Près des lieux habités, des vergers, dont l'épais feuillage couvre les canaux deftinés à féconder les terres, enchantent la vue par la diverfité des fruits : ce délicieux vallon eft dominé par des montagnes qu'embelliffent des bois épars, de gras pâturages, entrecoupés d'une infinité d'habitations ; tableau qui, fans embraffer beaucoup d'étendue, n'offre pas moins le plus agréable mélange.

Après le village de Pierrefite, s'élève une longue chaîne de roches, au pied defquelles on admire le magnifique chemin qui mène aux bains de Barèges, par une gorge étroite & profonde ; la nature qui, dans les maux dont elle accable l'humanité, fembloit avoir voulu lui dérober l'ufage de ces eaux falutaires, en les plaçant dans les déferts les moins acceffibles, a été forcée de fe prêter aux vues bien-faifantes du Gouvernement. Les flancs des montagnes ouverts, d'effroyables ravines comblées, des ponts conftruits fur des torrens impétueux, ont fait difparoître tous les obftacles qui empêchoient d'approcher de ce lieu ; mais l'admiration produite par ces prodiges de l'art, de même que les riantes prairies de Lus, dédommagent foiblement de l'extrême aridité qu'on obferve fur les bords du Gave, & dont le voyageur n'eft pas moins attrifté que de la couleur noirâtre des rochers. Il découvre bientôt après, en continuant de remonter par Saint-Sauveur, des montagnes fans culture ; leur afpect devient hideux vers les frontières de l'Efpagne ; les environs de Gêdre offrent des blocs énormes de granit, confufément entaffés ; mais l'étonnement redouble lorfqu'on arrive au village de Gavarnie. Les tours de Marboré, qui paroiffent moins l'ouvrage de la nature que celui de l'art, compofées de bancs calcaires, fe perdent dans la région des nues, & ne font acceffibles qu'aux frimats. Des neiges éternelles couvrent une partie de ces montagnes, que la nature

condamne

condamne à la plus affreufe ftérilité ; l'œil y cherche en vain de verts gazons, le fapin qui fe plaît au milieu des plus arides rochers, refufe même d'ombrager des lieux auffi fauvages : plufieurs torrens, qui, du fein de ces montagnes glacées, tombent en cafcades d'environ trois cens pieds, & qui paffent, après leur chûte, fous des voûtes de neige, font leur unique ornement. On ne peut enfin confidérer fans effroi l'horrible & impofant fpeatacle des tours chenues de Marboré ; fituées à la fource du Gave Béarnois, elles femblent préfenter à l'imagination même la plus froide, la demeure facrée du Dieu qui verfe les eaux falubres de cette rivière.

C'eft un préjugé affez généralement reçu, que les eaux des neiges & des glaces fondues, font dangereufes à boire. M. Elie Bertrand a cherché à détruire cette opinion ; voici ce qu'il dit à ce fujet : « Les » eaux qui viennent des glaces & des neiges fondues, & en général » la plus grande partie des eaux des montagnes, font plus légères & » plus falutaires que toute autre. Les eaux en particulier qui découlent » des glacières peuvent toujours être bues impunément, quelque » chaleur que l'on ait. Si on eft échauffé, altéré ou fatigué, elles » rafraîchiffent, défaltèrent & délaffent ; c'eft-là un fait attefté par » tous ceux qui ont été à portée d'en faire l'épreuve ; ces eaux des » glacières font même fouvent pour les habitans un excellent fébri-» fuge ; c'eft auffi quelquefois un remède dans les dyffenteries. Si » dans quelque lieu de la Suiffe on voit des goîtres, c'eft à une » efpèce particulière d'eau pierreufe ou fablonneufe qu'il faut attri-» buer ces excroiffances, fi du moins l'eau y contribue beaucoup, » & non pas aux eaux des neiges, comme on l'a fouvent dit ». *Mém. de M. Elie Bertrand.*

« On ne fauroit croire, rapporte Tournefort, combien la neige » fortifie quand on la mange ; on fent dans l'eftomac, quelque » temps après, une chaleur pareille à celle que l'on fent dans les » mains quand on l'y a tenue un demi-quart-d'heure ; & bien loin » d'avoir des tranchées, comme la plupart des gens fe l'imaginent, » on a le ventre tout confolé ». *Voyage au Levant.*

Y

Pour moi je ne me suis jamais trouvé incommodé des eaux de neige fondue, dont j'ai bu souvent dans les Pyrénées ; les habitans de ces montagnes sont pourtant très-persuadés qu'elles peuvent devenir nuisibles.

Nous nous sommes entretenus des hautes montagnes de Gavarnie, dont l'aspect repousse le voyageur ; l'esprit est pareillement frappé lorsqu'il considère les bancs de marbre qui composent ces superbes remparts. Situés dans une région si élevée, ils attestent que l'Océan n'a point de bornes insurmontables, & qu'il couvre le globe de la terre au gré de son inconstance. Mais quel est le temps nécessaire pour ces grandes vicissitudes, dont on attribue la cause aux loix du mouvement universel ? C'est ce que nous n'entreprendrons pas de déterminer. Si l'on calculoit, d'après les observations de Celsius, qui prétend que les eaux baissent de quarante-cinq pouces dans un siècle, nous trouverions (en ne fixant la hauteur des tours de Marboré qu'à quinze cens toises au-dessus du niveau de la mer), que les eaux auroient dû employer deux cens quarante mille ans pour s'éloigner du sommet de ces montagnes.

Les rochers de Gavarnie ne sont pas les seuls qui, à cette grande élévation, soient formés de pierres calcaires ; nous observerons les mêmes matières à l'extrémité méridionale des vallées d'Aran & de Luchon, où se trouvent les plus hauts sommets de la chaîne ; elles sont constamment posées sur le granit, & jamais dessous ; arrangement qui fait entrevoir deux époques très-distinctes dans la formation des Pyrénées. La première nous présente ces masses prodigieuses de granit, espèce de pierre que la nature semble avoir destinée pour servir généralement de base à l'enveloppe extérieure du globe. La deuxième réunit les couches parallèles qui s'étendent à des distances considérables, les amas de galets, les pierres calcaires ; indices & monumens qui attestent qu'une grande partie des Pyrénées est l'ouvrage de la mer. Les plus hautes cimes déposent en faveur de cette opinion ; l'Observateur ne voit point s'élever au milieu des débris, entassés par les eaux, ces isles graniteufes, que l'on regarde comme n'ayant jamais été fubmergées ; le granit feul forme quelquefois, il eft vrai, de hautes montagnes, mais les pierres calcaires & argileufes fe trouvent à une auffi grande élévation. Il réfulte de ce fait, qu'à l'époque où la mer commençoit à couvrir les Pyrénées de productions marines, il exiftoit déjà de grandes montagnes, purement graniteufes, qu'elle n'a fait qu'accroître par d'immenfes dépôts, provenant de la deftruction des corps marins organifés ; mais l'enveloppe des maffes de granit, continuellement expofée aux injures du temps & à l'action des eaux du ciel, ne ceffe de diminuer depuis que la mer s'eft retirée du fommet des Pyrénées. Les torrens, fur-tout, qui fillonnent de profondes cavités dans le fein de ces montagnes, entraînent les pierres calcaires & argileufes, & dégagent peu-à-peu le granit; ainfi cette roche, après une longue fuite de fiècles, fe trouvera entiérement à découvert, telle enfin qu'elle étoit difpofée, avant d'avoir fervi de bafe à des matières de nouvelle formation. Les Pyrénées, parvenues à leur premier état, reffembleront aux montagnes graniteufes du Limoufin, qui paroiffent avoir fubi toutes ces viciffitudes. Les environs de Châteauneuf, village fitué à fix lieues de Limoges, préfentent des bancs inclinés de marbre gris, entourés de granit; cette ifle calcaire eft, felon M. Cornuo, Ingénieur-Géographe du Roi, d'une demi-lieue de diamètre, & diftante de plus de dix lieues des contrées calcaires. Un pareil monument femble avoir été confervé pour indiquer que les montagnes actuelles du Limoufin, ne font que le noyau d'une région autrefois beaucoup plus haute, formée par les dépôts de la mer, & détruite après la retraite des eaux par les mêmes caufes qui abaiffent chaque jour la cime des Pyrénées.

La conftitution intérieure de cette chaîne ne permet pas d'admettre, comme nous l'avons déjà dit, que les matières qui la compofent aient été formées en même temps; il eft aifé au contraire de voir que la formation du granit a précédé celle des bancs calcaires & argileux, auxquels il fert de bafe; mais comment s'eft faite la réunion des différentes efpèces de pierre qui conftituent l'ancienne roche du

Y 2

globe, où l'Obfervateur n'a jamais trouvé le moindre veftige de productions de la mer ? Il paroît que fon origine eft une des opérations les plus fecrètes de la nature. Cependant fi l'on convient que les matières difpofées par bancs, ne peuvent être que l'ouvrage de la mer, pourquoi les montagnes de granit qui préfentent cet arrangement, ne devroient-elles pas leur formation à fes eaux, comme quelques lits calcaires qu'on trouve entre les maffes ou bancs de cette roche femblent le faire préfumer ? Le granit eft quelquefois par lits très-réguliers. Les montagnes des environs de Gavarnie nous en fourniffent une preuve : nous trouverons pareillement des bancs de granit près de Bellegarde : on rencontre la même difpofition hors des Pyrénées ; des couches graniteufes traverfent la route d'Autun à Toulon, à une lieue ou environ de cette dernière ville. On voit à une petite diftance au-deffus de Vandeneffe, en Bourgogne, des bancs d'une efpèce de granitello, de plufieurs pieds d'épaiffeur ; ces bancs, dont la direction eft de l'O. à l'E., & l'inclinaifon du N. au S., formant un angle d'environ trente-cinq degrés, avec la perpendiculaire, font féparés par des couches de fchifte argileux, feuilleté, qui contient quelques parties micacées. J'ai obfervé dans le Limoufin, entre le Fai & Morterolles, des bancs de granit ; peut-être cet ordre fe préfenteroit-il plus fouvent à nos yeux, fi la même caufe qui unit fouvent les bancs de marbre, au point de les difpofer par maffes non interrompues, n'eût rapproché de même ceux de granit ; réunion qu'un laps immenfe de tems a pu faciliter. A cette hypothèfe, on objectera fans doute l'abfence des corps marins dans les roches de granit ; je réponds que des galets entaffés par les eaux de la mer, n'en contiennent pas, & qu'il y a une infinité de pierres calcaires qui n'offrent déjà plus aucun veftige de coquilles ; d'ailleurs les montagnes graniteufes ont pu avoir été formées dans l'âge où la furface de la terre ne produifoit que des plantes ; corps vivans & organifés, dont l'origine a dû précéder celle des animaux. Nous fommes donc autorifés à croire que les eaux de la mer ont formé le granit qui s'étend en couches : cette opinion paroît d'autant plus probable , que ces couches fuivent la direction des pierres calcaires & argileufes.

Il importe de remarquer que le granit ftratifié eft adoffé en général contre des maffes plus antiques de cette roche qui n'eft point difpofée par bancs ; ces deux efpèces quoique compofées des mêmes fubftances ne paroiffent pas avoir été formées de la même manière , la pofition des parties conftituantes femble indiquer une formation différente ; on obferve que le granit qui n'eft point étendu en couches montre les feuilles de mica difpofées en tous fens ; dans les granits feuilletés au contraire les paillettes de mica font parallélement difpofées les unes fur les autres , comme les lames d'ardoife ou autres matières que les eaux ont dépofées. Il eft vraifemblable qu'à mefure que la mer s'avançoit vers les montagnes de granit en maffe , elle commençoit par y dépofer les débris graniteux , que les torrens avoient charriés dans les lieux inférieurs ; ces matières graveleufes fe trouvant dans un état de divifion favorable pour fuivre le mouvement des eaux, furent dépofées les premières & dûrent par conféquent former ces couches de granit feuilleté , qui recouvrent fréquemment le granit en maffe & le féparent des pierres calcaires & argileufes. Quand aux groupes de granit où l'œil ne diftingue pas de couches & qui n'offrent que des maffes folides fans fentes ni futures , ils font, fuivant M. de Sauffure , l'ouvrage de la criftallifation. « Ce célèbre Naturalifte penfe que les parties de » granit font toutes contemporaines, qu'elles ont été formées dans » le même élément & par la même caufe, & que le principe de » cette formation a été la criftallifation ; des élémens de quartz , de » fchorl , de feld-fpath, diffous dans un même fluide , fe font raffem- » blés au fond de ce fluide, en fe criftallifant, ici féparés , là entremê- » lés, comme nous voyons de l'eau faturée de différens fels , dépofer » dans le fond d'une même capfule, les criftallifations de tous ces fels, » plus ou moins réguliérement configurés & plus ou moins entrelacés » les uns dans les autres ». *Voyage dans les Alpes.* Tome I, pag. 102.

L'opinion de M. Barral fur la formation des granits eft différente ,

il l'attribue aux feux des Volcans. « Ne se pourroit-il pas, dit cet
» Observateur de la nature, que les cendres volcaniques ayant pour
» principe apparent des grenats, des fragmens de schorl, de mica,
» de quartz & de feld-spath passassent à l'état de granit, qui n'est
» que l'agrégation de ces matières élémentaires régénérées en partie
» suivant l'abondance ou la rareté de ces mêmes élémens, & sui-
» vant que les pores de la cendre se feront plus ou moins prêtés à
» leur cristallisation ; M. Barral ajoute, qu'ayant examiné plusieurs
» espèces de cendres, il croit y avoir reconnu tous ces fragmens en
» partie dans les unes & dans les autres ; & même sans une atten-
» tion particulière, l'on voit dans ces cendres les grenats, les schorls
» & les mica ; M^{rs}. Guettard & Ferber & autres en font mention
» dans leurs observations d'Italie ». *Voyez Hist. Nat. de l'Isle de*
Corse, page 39.

Quand on considère que la grande chaîne des montagnes graniteuses de l'Isle de Corse, est, suivant M. Barral, presque par-tout
coupée par des courans de laves, souvent mêlangées avec le granit, & que les montagnes de cette roche qui s'élèvent dans le sein
de l'Auvergne & du Vivarais, présentent le même phénomène, il
est facile d'imaginer qu'elle peut avoir également été produite
par les feux souterrains ; d'un autre côté comme les Naturalistes
n'ont point découvert des indices de volcans dans les montagnes graniteuses des Pyrénées, des Alpes, de la Bourgogne, du
Limousin, de la Bretagne, &c. on est forcé de suspendre son opinion
& de convenir que nous ne connoissons point encore les moyens
que la nature a employés pour former le granit qui n'est pas disposé
par couches. La physique moderne n'a pas mieux réussi sur l'origine
primitive de cette roche. Par quel agent ont été formées les substances employées pour sa composition ? Le silence de presque tous
les Naturalistes prouve combien cette question est difficile à résou-
dre ; aucun systême ne domine encore à l'exclusion des autres, &
pour me servir de l'expression de l'ingénieux auteur de *la pluralité*
des mondes, toutes les portes sont ouvertes à la vérité.

DESCRIPTION MINÉRALOGIQUE

DES MONTAGNES

QUI BORDENT LA VALLÉE DE BASTAN.

Direction des Bancs.	*Inclinaison des Bancs.*

Les montagnes que nous allons parcourir, dépouillées de leurs forêts, séparées par de profondes cavités, offrent à nos recherches leurs merveilles souterraines ; nous aurons soin d'y recueillir tout ce qui nous paroîtra propre à contribuer à l'histoire minéralogique des Pyrénées ; la connoissance de la structure intérieure de ces monts ne peut s'acquérir que par une longue suite d'observations ; aussi ne craindrons-nous pas d'exposer dans un trop grand détail les minéraux que renferment les montagnes qui dominent la vallée de Bastan. On lit dans l'Histoire de l'Académie des Sciences, que, puisqu'il ne nous est permis que de remonter quelquefois & avec peine des effets aux causes, le travail des observations suivies doit être fort nécessaire, & qu'il est même d'autant plus digne de louange qu'il est moins brillant & que ceux qui l'entreprennent se sacrifient en quelque sorte à la gloire de ceux qui feront des systêmes. Pour nous qui sommes convaincus de ces vérités, nous préférons l'avantage de donner des descriptions bien exactes à celui de plaire par des hypothèses qui ne seroient qu'ingénieuses & que la nature pourroit détruire : puissent nos découvertes être de quelque secours à ceux qui cherchent à pénétrer jusqu'à l'origine secrete des choses ! Après avoir parlé de la nécessité d'étendre nos recherches ; je crois qu'il convient de fixer la position géographique de la contrée dont nous allons examiner le sol.

La vallée de Bastan est une branche de celle que le Gave suit, depuis les cascades de Gavarnie jusqu'à Lourde, elle commence au village de Lus, & se termine au pied du Tourmalet, passage par lequel on pénètre dans la vallée de Campan.

La vallée de Bastan, se prolonge du Sud-Ouest au Nord-Est, direction différente de celle que nous suivons dans les autres vallées, qui est, ainsi qu'on l'a vu, du Nord au Sud. Passons à la description des minéraux qu'on trouve dans les montagnes qui l'environnent.

Sous le château de Sainte-Marie, qui domine le bassin de Lus, remarquable par la riche variété de ses aspects, on découvre des couches de

De l'O.N.O. à l'E.S.E. | Du S.S.O. au N.N.E.

schiste argileux qui se divise facilement par feuilles.

Après le château de Sainte-Marie, les monta-

De l'O.N.O. à l'E.S.E. | Du S.S.O. au N.N.E.

gnes présentent des bancs de marbre gris, le sol de la vallée qui sépare ces montagnes, est couvert de différentes espèces de terre & de pierre, que les torrens y ont transportées ; on y remarque sur-tout des blocs considérables de granit roulé par les torrens.

Plus haut, en continuant de remonter le Gave, dont les bords sont ombragés de saules & d'au-

De l'O.N.O. à l'E.S.E. | Du S.S.O. au N.N.E.

nes, on découvre des couches d'ardoise argileuse.

Avant que d'arriver à Barèges, le voyageur ren-

De l'O.N.O. à l'E.S.E. | Du S.S.O. au N.N.E.

contre des couches de pierre calcaire fissile : elles sont couvertes, ainsi que la plupart des bancs qui traversent la vallée de Bastan, d'aterrissemens qui s'élèvent jusqu'à une grande hauteur. Barèges est bâti sur ce terrain mobile, dont les eaux entraînent quelquefois des parties considérables ; de pareils éboulemens ont souvent menacé ce lieu de sa destruction ; un bois planté de hêtres & une

Direction des Bancs.	*Inclinaison des Bancs.*

une muraille élevée, fur le penchant de la montagne contre laquelle ces bains font adoffés, forment fa défenfe. Barèges eft renommé par fes eaux minérales ; elles contiennent, fuivant M. Montaat, une petite quantité *d'hepar fulfuris*, du *natrum*, du fel marin, une terre dont une partie eft foluble dans les acides & le refte de nature argileufe ; M. Montaat y a découvert auffi une fubftance graffe, qui s'y trouve dans un état favonneux. Le degré de chaleur des eaux de Barèges, eft, felon M. Campmartin, depuis le vingt-neuvième degré du Thermomètre de Réaumur jufqu'au trente-fixième.

Sortons de Barèges pour diriger nos pas vers le pic du midi ; on découvre à l'extrémité orientale de la grande rue de ce lieu, des bancs prefque verticaux de fchifte dur, argileux.

De l'O.N.O. à l'E.S.E.	Du S.S.O. au N.N.E. Du N.N.E. au S.S.O.

A une petite diftance de ces bancs fchifteux, on remarque du côté du Sud des bancs calcaires parallèles aux précédens ; c'eft du marbre gris blanc traverfé de veines verdâtres ; ces bancs font en général verticaux ; on n'en découvre qu'un petit nombre d'inclinés.

De l'O.N.O. à l'E.S.E.	Du S.S.O. au N.N.E.

Si l'on fuit le chemin du Tourmalet, montagne que l'on paffe pour aller dans la vallée de Campan, on trouvera à une demi-lieue ou environ de Barèges, des bancs de fchifte dur, argileux, qui fervent de bafe à des couches d'ardoife de la même nature. Parmi ces couches de fchifte, on a ouvert une ardoifière fur la rive gauche du Gave : il eft important de remarquer que les fchiftes durs contiennent une pierre verdâtre affez dure pour donner des étincelles lorfqu'on la frappe avec le briquet, & dans laquelle font des filets d'amianthe & d'asbefte ; entre les maffes de cette pierre verdâtre, qui femble approcher de la nature de l'ophite, on voit des couches de marbre gris fiffile, qui lui fervent quelquefois d'appui. Toutes ces matières fe trouvent à l'oppofite de plufieurs bergeries fituées fur

De l'O.N.O. à l'E.S.E.	Du N.N.E. au S.S.O.

Z

Direction des Bancs.	Inclinaison des Bancs.

la rive droite du Gave & entourées de champs & de prés ; là, font les dernières habitations de cette vallée & les bornes des productions dont la terre récompenfe les travaux du laboureur ; vous ne trouvez au-delà que des lieux incultes & d'af-freufes folitudes.

Aux premiers pas que l'on fait dans les vaftes déferts que nous allons parcourir, on ne rencontre point de fubftances nouvelles, on continue à trouver des fchiftes en remontant le Gave, ce font des couches d'ardoife argileufe que l'on découvre avant la jonction des torrens qui defcendent du Tourmalet & du pic du midi de Bagnères, remarquable par le funefte événement qui enleva aux fciences en 1741 le célèbre M. Plantade, qui mourut fubitement en montant fur cette montagne.

De l'O. N. O. à l'E. S. E.   *Du S. S. O. au N. N. E.*

Tâchons de gagner le fommet du pic du midi dont nous fommes éloignés de quinze cens toifes; mais comme nous nous trouvons au pied de la montagne du Tourmalet, ne laiffons point ignorer au Lecteur, qui a le courage de nous fuivre à travers ces triftes lieux, qu'elle eft compofée de couches de fchifte gris, qu'on peut ranger parmi les ardoifes argileufes. Lorfqu'on commence à monter vers le pic du midi, la rive droite du torrent que nous allons côtoyer préfente pareillement des fchiftes argileux.

De l'O. N. O. à l'E. S. E.   *Du S. S. O. au N. N. E.*

Plus loin, dans le penchant d'une montagne couverte de gras paturâges, & fituée au Nord du Lac & de la Piquette du Honcet, vous trouvez des couches de pierre calcaire tendre & feuilletée.

De l'O. N. O. à l'E. S. E.   *Du S. S. O. au N. N. E.*

Ces couches font appuyées fur d'autres couches d'ardoife argileufe.

De l'O. N. O. à l'E. S. E.   *Du S. S. O. au N. N. E.*

Elles font immédiatement fuivies de couches de marbre gris fiffile.

De l'O. N. O. à l'E. S. E.   *Du S. S. O. au N. N. E.*

Ne foyons point rebutés de la répétition fréquente à laquelle nous fommes affujettis par la ftructure uniforme de ces montagnes, pourfui-

Direction des Bancs.	*Inclinaifon des Bancs.*

vons un récit ftérile & faftidieux pour quiconque ne fe plaît point à confidérer la difpofition fingulière des différentes matières dont elles font compofées ; nous nous convaincrons que les dernières couches de marbre dont j'ai fait mention cideffus, fervent d'appui à des fchiftes durs parmi

Du N. O. au S. E. — Du S. O. au N. E.

lefquels on remarque des bancs dans la direction qu'on voit en marge.

En continuant d'avancer vers le Nord, on

Du N. O. au S. E. — Du S. O. au N. E.

traverfe des couches de marbre fiffile.

Au-delà, vous trouvez des fchiftes durs, dont les bancs font fi rapprochés que cette pierre femble difpofée par maffes continues ; ce qui nous empêche de déterminer la direction des bancs.

De l'O.N.O. à l'E. S. E. — Du S. S. O. au N. N. E.

Ces matières argileufes font fuivies de feuillets verticaux de marbre fiffile, on en découvre auffi qui font un peu inclinés.

Au-delà des bancs que nous venons de décrire,

De l'O.N.O. à l'E. S. E. — Du N. N. E. au S. S. O.

on trouve un petit lac dont les bords préfentent des bancs de fchifte dur, micacé, qui occupent l'efpace qui le fépare d'un autre lac plus étendu dont la largeur a été fixée par M. Moiffet à cent cinquante toifes, & fa longueur à deux cens cinquante. Ces bancs font entremêlés de couches de pierre calcaire, dont la totalité n'a que peu d'épaiffeur. Portez la vue fur les montagnes oppofées qui bordent le torrent que l'on remonte en allant au pic du midi, vous appercevrez la correfpondance de ces différentes matières.

Les bancs de fchifte dur précédent fe terminent vis-à-vis du milieu du grand lac ; ils font

De l'O.N.O. à l'E. S. E. — Du N. N. E. au S. S. O.

fuivis de couches de marbre gris fiffile, qui leur fervent d'appui. Toutes ces matières font par bandes alternatives & difpofées fucceffivement les unes fur les autres, depuis le pied de la montagne du Tourmalet.

Les bancs de pierre calcaire qu'on obferve à côté du grand lac, font pofés fur de grandes maffes de quartz d'un gris blanc, immédiatement fuivies de fchiftes durs noirâtres & percés de

Z 2

Direction des Bancs.	Inclinaison des Bancs.

petits trous, comme s'ils euffent éprouvé l'action du feu ; il y a apparence que c'eft un effet de la foudre qui frappe fouvent la cime des monts.

Après ce grand lac qui, fuivant le rapport de mon guide, ne produit aucune efpèce de poiffons, on trouve des fchiftes durs, mêlés de beaucoup de quartz. Au milieu de ces arides rochers, croif-fent plufieurs efpèces de plantes, qui dédomma-gent d'un fi trifte afpect ; le carnillet-mouffier (*filene acaulis. Lin.*) eft l'efpèce fur laquelle la vue aime le plus-à fe fixer. Le Botanifte ne re-doute pas de monter aux lieux les plus difficiles où cette plante prend naiffance, elle les couvre d'un gazon orné de fleurs, dont l'agréable & vive couleur femble appeller fon avide curiofité.

Le voyageur monte jufqu'au lac par une pente qui n'eft point extrêmement rapide, mais au-delà de ce grand amas d'eau, il faut pour atteindre la cime du pic du midi, gravir contre les rochers efcarpés ; après de pénibles efforts, on arrive dans une partie de ce mont qu'on nomme la brè-che de Saint-Cours, où l'on trouve des maffes de marbre gris, mêlé avec des fchiftes durs.

On trouve plus haut un petit lac fitué à l'Oueft du pic du midi, & dont les bords font couverts d'une neige qui ne fond jamais, il eft traverfé

De l'O.N.O. à l'E.S.E.	Du N.N.E. au S.S.O.

par des couches de fchifte dur, un peu grenu, micacé & mêlé de couches de pierre calcaire grife qui eft une efpèce de marbre ; ces différen-tes couches n'ont pas au-delà d'un demi-pied d'é-paiffeur, chacune prife dans fa totalité.

De l'O.N.O. à l'E.S.E.	Du N.N.E. au S.S.O.

Après avoir paffé ce lac on découvre des cou-ches de pierre calcaire feuilletée ; c'eft une ef-pèce de marbre qui eft prefque fans aucun mê-lange d'argile.

Plus loin, au bord d'un précipice effroyable que l'on côtoie pour monter au pic du midi, on trouve des couches de pierre calcaire grife, mê-lée de fchifte dur & de quartz ; cette région in-habitée & fauvage eft l'afile des aigles, qui, fuyant

Direction des Bancs.	Inclinaison des Bancs.
De l'O.N.O. à l'E. S. E.	Du N. N. E. au S. S. O.
De l'O.N.O. à l'E. S. E.	
De l'O.N.O. à l'E. S. E.	
De l'O.N.O. à l'E. S. E.	Du S. S. O. au N. N. E.

devant le chaffeur, de rocher en rocher, femblent infulter à fa vaine pourfuite.

Le fommet du pic du midi eft compofé de fchifte micacé ; quoique les bancs n'y foient pas en général bien réguliers, on en remarque plufieurs dans la direction que l'on voit en marge.

Les matières fchifteufes ne font pas les feules qui forment cette haute montagne, on rencontre du côté du Sud, à une petite diftance du fommet, des bancs calcaires verticaux appuyés contre des fchiftes.

Si l'on confidère la partie qui regarde le nord, la vue rencontre près de la cime de la même montagne des bancs de fchifte micacé, qui portent eux-mêmes fur des bancs calcaires ; ces différentes matières fe trouvent prefque à la même hauteur, & fe fuccèdent alternativement, comme les pierres calcaires & argileufes.

Après avoir examiné le pic du midi de Bagnères, d'où une perfpective immenfe s'offre à la vue, nous allons revenir fur nos pas vers Barèges pour parcourir une branche de la vallée de Baftan, en remontant le torrent qui fe précipite du lac d'Efcoubous.

Sur la rive gauche du Gave, à côté de la jonction de cette rivière & des eaux qui defcendent du lac d'Efcoubous, on trouve des bancs verticaux de marbre fiffile, entremêlés de fchifte dur, argileux.

Plus loin, l'obfervateur découvre des bancs de fchifte dur, mêlés de quarts & des couches de marbre fiffile, qui fe fuccèdent alternativement ; ces matières qui traverfent le vallon d'Efcoubous, au pied & à l'Eft du pic d'Eflits, obfervent toutes le même arrangement.

Derrière le pic d'Eflits, montagne qui produit de l'amiante (1), on apperçoit des maffes de

_____

(1) *Amyanthus fibris mollioribus parallelis, facilè feparabilibus.* W. *Amyanthus fibris filiformis flexibilibus.* Lin. L'amiante eft compofé de fibres flexibles parallèles, qui lui ont faits

Direction des Bancs.
De l'O.N.O. à l'E. S. E.

Inclinaison des Bancs.
Du S. S. O. au N. N. E.

marbre gris, presque aussi élevées que la cime de cette montagne, & qui servent d'appui à des bancs, dont l'éloignement m'a empêché de distinguer l'espèce.

Les pierres calcaires que présente la rive gauche du torrent que nous remontons, portent elles-mêmes sur des masses de granit. Les montagnes sont composées de cette roche jusqu'à leur sommet : elle occupe une grande étendue de pays, entre les vallées de Baſtan & d'Aure ; je me bornerai à citer les montagnes d'Izé, de Cau-

---

donner le nom de *Lin fossile ;* il varie dans sa couleur ; celui des Pyrénées est d'un blanc grisâtre. M. Sage rapporte qu'il entre plus aisément en fusion que l'amiante de la Chine, & qu'il produit un émail noir par la terre martiale qu'il contient. L'amiante, selon M. V. de B., est formé d'une argile extrêmement divisée & transformée, ainsi que le talc. C'est une vieille chimère, suivant M. Cronsted, que de croire que les Anciens se faisoient des vêtemens avec l'asbeste fibreux ; d'autres Auteurs ont adopté l'opinion de ce savant Minéralogiste ; je rapporterai néanmoins les propriétés merveilleuses qu'on attribue à ce minéral.

Les Anciens avoient l'art d'en ourdir des toiles incombustibles, dont on enveloppoit les corps destinés à être brûlés ; les toiles d'amiante servoient aussi à d'autres usages. Le Nouveau Testament nous apprend, en S. Luc, chap. 16, que le vêtement du mauvais riche étoit de *bissus* ou amiante ; ces toiles, non-seulement résistoient au feu, mais se purifioient & se blanchissoient dans cet élément, ainsi qu'on en peut juger par le passage suivant de Pline : *Inventum jam est etiam (linum), quod ignibus non absumeretur, vivum id vocant, ardentesque in focis conviviorum ex eo vidimus mappas, sordibus exustis splendescentes igni magis, quam possent aquis ; regum inde funebres tunicæ, corporis favillam ab reliquo separant cinere. Nascitur in desertis, adustisque sole Indiæ, ubi non cadunt imbres, inter diras serpentes : assuescitque vivere ardendo, rarum inventu, difficile textu propter brevitatem. Rufus de cætero color, splendescit igni, cum inventum est æquat pretia excellentium Margaritarum.*

« Il n'y a pas long-temps que la carrière de Caryste a cessé de produire des pelotons de » pierre molle, qui se filoient comme le lin ; car je pense que quelques-uns de vous ont » pu voir des serviettes & des rézeaux, & des coëffes qui en étoient tissus, qui ne brû- » loient point au feu ; ainsi quand elles étoient usées & sales pour avoir servi, & qu'on » les jettoit dedans la flamme, on les en retiroit toutes nettes & claires ». *Voyez Œuvres morales de Plutarque*, Tome I, pag. 1113, *traduction d'Amiot.*

On voit dans la bibliothèque du Vatican, un suaire de toile d'amiante, de neuf palmes romaines de long, qu'on prétend avoir servi à brûler les corps. Charles-Quint avoit plusieurs serviettes de lin incombustible, qu'on jettoit au feu pour les blanchir.

L'amiante est aussi très-propre à faire des mèches ; les Païens s'en servoient dans leurs lampes sépulcrales : on ignore présentement l'art d'en faire de belles toiles. Voici la manière dont on prépare ce minéral pour les petits ouvrages auxquels il est employé : on fait tremper de l'amiante dans de l'eau chaude, on divise ensuite les fibres, en les frottant entre les mains, afin d'en séparer toutes les matières étrangères ; ce lavage doit être répété cinq ou six fois ; on fait ensuite sécher au soleil, sur une claie de joncs, les fils d'amiante, séparés & nettoyés. L'amiante étant bien divisé en fibres isolées, on les met entre des dents de cardes très-fines, & un peu huilées ; on mêle ces filamens flexibles avec du coton, de la laine, ou de la filasse ; on file ce mêlange, dont on fait de la toile, qu'on jette ensuite au feu pour faire brûler, soit la laine, soit le coton, ou la filasse qui a été employée ; il ne reste plus alors qu'un tissu d'amiante.

bère, d'Aigueclufe & celles qui entourent le lac d'Efcoubous, elles font compofées de granit ; cependant on remarque vis-à-vis du bord feptentrional, & à droite du lac d'Efcoubous, des maffes de marbre gris. C'eft avec une efpèce de fatisfaction que je termine la defcription minéralogique des montagnes qui environnent le lac d'Efcoubous, elles n'offrent de toute part que des faces fèches & arides ; l'œil n'y rencontre d'autre verdure que celle d'un petit nombre de pins ifolés ; les rochers de la Thébaïde ne forment pas un plus trifte afpect.

OBSERVATIONS.

La tâche que nous nous fommes impofée paroîtroit bien pénible à remplir, fi, parmi les rochers qui fixent notre principale attention, la nature n'avoit pris foin de femer quelques fleurs propres à ranimer notre courage, fouvent refroidi par la féchereffe du fujet. La vallée de Baftan qu'elle a traitée avec rigueur, offre rarement cet avantage ; dépourvue des ornemens répandus avec tant de profufion dans les contrées adjacentes, elle n'a pour partage qu'une trifte uniformité. Aucune plaine ne la fépare des montagnes qui la dominent, & l'efpace étroit qu'elles laiffent aux bords des torrens, n'eft couvert que de débris ; cependant la pente de ces montagnes, quoique trèsroide, ne fe refufe pas entièrement aux travaux du cultivateur ; il y recueille une petite quantité de blé proportionnée à la modicité de fes befoins ; on découvre auffi des habitations humaines fur des rochers & au bord des précipices où l'on ne cherche que les aires des vautours : après avoir confidéré cette fingulière perfpective, vous ne trouvez au-delà que des montagnes dont la vue infpire moins d'étonnement que de trifteffe. Vous n'êtes ému ni par le fpectacle impofant de la nature, ni enchanté par la variété d'un riche payfage : les forêts même, cette belle parure des régions montagneufes ne couvrent aucune partie de la vallée de Baftan ; fuivez-là, depuis les envi-

rons de Barèges jufqu'au Tourmalet , parcourez les folitudes qui entourent le pic du Midi , & vous verrez , avec peine , qu'on ne
découvre pas un feul arbre qui , de fon ombrage , forme un afile
contre les rayons du foleil.

Mais gagnons le fommet de cette montagne d'où nous porterons
au loin la vue pour nous dédommager d'un afpeɛt fi monotone ; le
pic du Midi de Bagnères s'élève dans la région des Pyrénées , qui
fépare Bagnères de Barèges ; fa hauteur , fuivant M. Flamichon , eft
de 1371 (1) toifes au-deffus du pont de Pau ; de cette montagne
chauve qui préfente d'affreux précipices du côté du Nord , les yeux
de l'Obfervateur commandent fur les contrées de l'Aquitaine , il
apperçoit Bagnères , Tarbes & Saint-Gaudens à fes pieds , il reconnoît le berceau de Henri IV ; il voit dans les domaines de ce grand
Roi, les plaines fe confondre avec les collines , & s'étendre à l'infini ; la vue fe portant enfuite fur les Pyrénées , elle parcourt une
furface immenfe creufée de profondes cavités , & hériffée de monts
fourcilleux ; cette grande chaîne pierreufe n'offre point de bornes à
l'œil qui , toujours attiré fans être jamais fixé , fe perd dans d'horribles & vaftes folitudes.

(1) M. de la Roche eftime qu'on peut ajouter environ cent toifes de plus.

DESCRIPTION

DESCRIPTION MINÉRALOGIQUE,

DEPUIS TARBES JUSQU'AU TOURMALET,

Montagne située à l'extrémité de la vallée de Campan.

Direction des Bancs.	Inclinaison des Bancs.

Nous avons eu occasion de remarquer que le sol de plusieurs contrées, qui s'étendent le long des Pyrénées, étoit formé aux dépens de cette chaîne de monts ; de pareils débris se trouvent au pied des montagnes du Bigorre, sur-tout dans les plaines que l'Adour arrose ; remontons cette rivière vers Bagnères, nous trouverons entre Tarbes & Montgaillard, des pierres graniteuses, schisteuses & calcaires que les eaux ont roulées des Pyrénées ; ainsi rien ne demeure constamment le même, le tems qui soumet tout à son empire change la face du monde ; l'instabilité n'est pas seulement le partage des choses humaines, la durée des siècles cause la destruction des masses pierreuses les plus solides ; au milieu des ruines de la nature qu'on observe dans les campagnes de Tarbes, paroît un village qui se nomme Audos, lieu où, suivant le rapport de quelques Historiens, la mort surprit Marguerite de Valois, Reine de Navarre, sœur de François premier.

Arrivé au village de Trebons, situé à quinze cens toises de Montgaillard, le voyageur découvre des lits verticaux de schiste argileux, qui se divise par feuilles minces.

De l'O.N.O.
à l'E, S. E.

Au Sud-Est de Trebons, dans un côteau situé sur la rive droite de l'Adour, on trouve des masses d'ophite, *voyez* la Planche XI ; elles sont sui-

A a

vies de maſſes de pierre calcaire, immédiatement poſées ſur des maſſes de granit décom-
poſé, au point qu'on enfonce facilement dans
cette roche le bout d'une canne. Au-delà de ces
pierres calcaires ſont des maſſes d'ophite, ſur leſquelles le pont de Pouzac eſt en partie appuyé ;
l'arrangement de ces matières ſemble indiquer
que la formation des pierres calcaires & des maſſes d'ophite eſt contemporaine , & que celle du
granit eſt antérieure.

Quittons la rive droite de l'Adour & traverſons
une plaine où les eaux de cette rivière portent la
fécondité , nous allons gagner des collines qui
s'élèvent ſur la rive gauche , au Nord de Bagnères : elles ſont compoſées de maſſes de pierre argileuſe grenue ; on y trouve auſſi des couches de
ſchiſte un peu micacé & des couches de ſchiſte
gris qui ſe ſépare facilement par feuilles ; ſi nous
ſuivons vers l'Oueſt la direction de ces matières,
nous les trouverons ſur la rive gauche du ruiſſeau
que recueille le Gailleſte , ſous le village de La-
baſſere , deſſus ; elles ſe prolongent au-delà , par
le domaine de Lacoume , maiſon bâtie ſur des
couches de ſchiſte gris qui ſe lève par feuilles min-

Du S. O.
au N. E.
De l'O.N.O.
à l'E. S. E.

Du S. E.
au N. O.
Du N. N. E.
au S. S. O.

ces, & dont la direction & l'inclinaiſon varient :
ces lits argileux touchent à des maſſes d'une
pierre verdâtre de la nature de l'ophite, parmi
leſquelles on remarque de l'asbeſte & de l'amiante,
compoſés de fibres très-courtes ; elles préſentent
auſſi une terre argileuſe blanche, qu'on détache
facilement de la ſurface de l'ophite ; il y a même
des morceaux où il paroît que cette pierre éprouve
différentes altérations : on eſt autoriſé à croire que
l'ophite paſſe non-ſeulement à l'état d'amiante,
mais que cette dernière ſubſtance devient à ſon
tour argile blanche ; à une petite diſtance des pierres d'ophite , on rencontre des veines d'amiante :
elles traverſent des terres ſablonneuſes qui proviennent de la décompoſition des maſſes d'ophite ;
toutes ces matières dont l'origine eſt ſi peu éclair-

Est

Pl. XI.

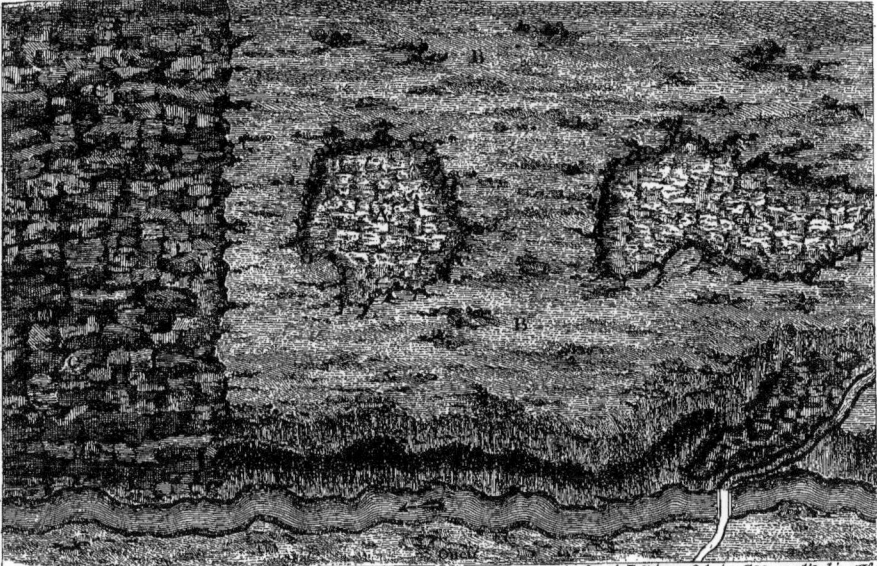

Sud

Coupe d'une partie du Coteau situé a l'Est de Pouzac près de Bagneres. A Granit B.Pierres Calcaires C.Masses d'Ophite. N.º 1.

Nord

Est

Vue du Pic de Saugue près de Gavarnie dans la Vallée de Barege. A.Masses de Granit B.Pierres Calcaires. N.º 2.

Direction des Bancs.	Inclinaison des Bancs.
De l'O.N.O. à l'E.S.E.	Du S.S.O. au N.N.E.
De l'O.N.O. à l'E.S.E.	Du N.N.E. au S.S.O.
De l'O.N.O. à l'E.S.E.	
De l'O.N.O. à l'E.S.E.	Du S.S.O. au N.N.E.

cie, se trouvent à cent pas de Lacoume, dans un champ situé au Sud-Ouest de cette maison.

Ne nous écartons pas davantage d'une direction qu'il est essentiel de suivre, tournons vers le Sud pour continuer à examiner la nature du sol, nous trouverons, avant que d'arriver au village de Labassère, des couches de pierre calcaire.

Plus loin, on découvre des couches de schiste argileux qui se divise facilement par feuilles ; ces matières ne suivent pas un arrangement très-régulier, il y a cependant quelques lits dont j'ai observé la direction que l'on voit en marge.

L'église de Labassère est située au pied d'une colline calcaire, sur laquelle on voit une tour presque entièrement ruinée, la pente de cette colline est aride du côté du Sud-Ouest. Il n'y paroît jamais de verdure.

On rencontre après l'Eglise de Labassère, des lits verticaux de schiste gris, argileux, qui se lève facilement par lames, ils se confondent à la distance d'environ un quart de lieue Sud-Ouest de ce village, avec des matières calcaires qui forment par cette réunion des ardoises marneuses dans lesquelles on a ouvert des ardoisières : ces différens lits suivent la même direction, les ardoises marneuses sont bornées du côté du Sud par des montagnes calcaires, qui dominent les collines que nous venons de décrire.

Revenons sur les bords de l'Adour, rivière qui, partagée en plusieurs canaux, répand dans les terres qu'elle arrose les mêmes bienfaits que le Nil en Egypte, où quelque grande que soit la sécheresse, l'herbe, suivant l'expression d'un ingénieux poëte (1), n'implore point le secours de Jupiter pour obtenir de la pluie. On trouve à Bagnères, ville située au pied des montagnes de la région inférieure, & célèbre par la bonté des eaux, des

---

(1) Te propter nullos tellus tua postulat imbres,
Arida nec pluvio supplicat herba Jovi.

masses de marbre gris : cette pierre est arrangée aussi par bancs, mais moins communément. La montagne calcaire du pied de laquelle jailliffent les eaux minérales, est remarquable par une caverne profonde qu'on appelle *la Grotte de Beda.*

Entre Bagnères & les bains de Salut, féparés par l'intervalle d'environ un quart de lieue, on découvre des couches verticales de fchiste gris, argileux, qui fe divife par feuilles minces ; il y en a aussi quelques-unes d'inclinées ; on fuit ces matières en montant du côté de l'Oueft, au col de Ger, elles font à une petite diftance de ce paffage, dans la même direction & inclinaifon qu'au pied de la montagne ; on remarque cependant, vers le fommet, des couches qui déclinent moins du côté du Sud ; elles contiennent des pierres verdâtres de la nature de l'ophite, mais en petite quantité. Les couches de fchifte gris font interpofées depuis leur bafe entre deux montagnes calcaires, fituées au Nord & au Sud du col de Ger ; ce paffage (1) dont le fol eft compofé d'une pierre plus facile à fe détruire, eft moins élevé que ces montagnes. On remarque en montant au col de Ger, que les fchiftes voifins des pierres à chaux, qui les bornent du côté du Sud, ne font pas fans mêlange : ils contiennent plus ou moins de fubftance calcaire, preuve évidente que ces matières font d'une formation du même âge.

Si du col de Ger on defcend aux bains de Salut, on trouve des maffes de marbre gris, la montagne fituée au Sud de cette fource en paroît entièrement compofée ; les environs du château de Baudean offrent aussi du côté du Sud-Oueft des bancs calcaires.

A l'entrée du bourg de Campan, fitué à la diftance d'environ trois mille toifes Sud de Ba-

---

(1) La plupart des cols des Pyrénées étant fitués au milieu des fchiftes que le temps a dégradés, font pareillement dominés par des maffes calcaires, entre lefquelles ces matières argileufes font interpofées ; on peut obferver cette difpofition refpective dans les cols de Sainte-Chriftine, du Menou, des Moines, d'Aneou, du Tourmalet, &c.

gnères, on trouve des couches de schiste gris, argileux.

Au-delà de Campan, l'observateur ravi de la beauté du paysage, oublie l'objet principal de ses recherches, pour contempler les bords de l'Adour tapissés d'une riante verdure ; l'aspect des montagnes ne fixe pas moins son attention, il voit celles de la rive gauche ornées de prairies, de bocages & de futaies ; les montagnes de la rive droite n'offrent que d'arides rochers de marbre gris, parmi lesquels on remarque une grotte profonde, inaccessible aux rayons du soleil, on y trouve des cristallisations calcaires ; une inscription gravée au fond de cet antre, apprend que madame la Comtesse de Brionne l'a parcouru en 1766 ; des masses de marbre gris occupent l'espace qui se trouve entre le bourg de Campan & le village de Sainte-Marie.

Après Sainte-Marie, on découvre sur la rive gauche de l'Adour, des bancs de pierre calcaire & des bancs de schiste argileux, il n'est pas facile de les bien observer à cause des bois & des pâturages qui les couvrent. On remarque peu de régularité dans la disposition de ces bancs ; les montagnes qui bordent la rive droite de l'Adour, sont composées de blocs de granit roulé, sous lesquels se prolongent des bancs calcaires & des bancs de schiste argileux ; là presque toutes les substances minérales échappent à la curiosité des minéralogistes, la nature y favorise davantage le contemplateur du règne végétal, il promène la vue sur de riches prairies qui s'étendent jusqu'à Grip, maison située sur le chemin de Bagnères à Barèges, & éloignée de Sainte-Marie d'environ deux mille cinq cens toises.

Au-delà de Grip est un sol négligé, inculte, qui succède à l'abondance des pâturages ; de-là, on monte à Tramesaigues, quartier où se fait la jonction de plusieurs torrens, on y découvre des bancs verticaux de marbre gris.

Direction des Bancs.	Inclinaison des Bancs.
De l'O.N.O. à l'E. S. E.	Du N. N. E. au S. S. O.
De l'O.N.O. à l'E. S. E.	Du N. N. E. au S. S. O.

A l'Efcalette, nom qui a été donné à la partie efcarpée d'une montagne fituée un peu au-deffus de Tramefaigues, on rencontre des bancs de fchifte dur argileux.

Les fchiftes précédens font fuivis de bancs de marbre gris, vous les trouvez entre Lefcalette & le Tourmalet, dans des lieux fauvages & déferts.

Arrivé prefqu'au fommet de la montagne du Tourmalet, vous découvrez des bancs de fchifte argileux, plus ou moins feuilleté, mais principalement du fchifte gris & affez tendre; la direction & le plan d'inclinaifon de ces bancs varient: ces matières font dominées par des montagnes calcaires, fituées au Sud du Tourmalet, paffage d'où l'on découvre les dos vaftes & nuds d'une longue chaîne de monts.

DESCRIPTION DES MINES
que fourniffent les montagnes qui entourent la vallée de Campan.

PARMI les fubftances métalliques que les Pyrénées renferment dans leur fein, voici les feules de cette partie de la chaîne qui foient parvenues à ma connoiffance.

On trouve des pyrites cubiques dans les pierres calcaires des environs de Salut; les fchiftes qui font au Nord de ces bains, en contiennent pareillement.

Il y a des pyrites arfenicales, à Cofte-Ouillère, montagne limitrophe des vallées de Campan & d'Aure, à côté du pic d'Arbizon.

La montagne qu'on appelle *Lacoucadé*, dans le territoire d'Aure, fous le pic d'Arbizon, fournit auffi des pyrites arfenicales.

OBSERVATIONS.

Autant les montagnes de cette partie du Bigorre, font peu riches en métaux, autant fe montrent-elles abondantes en fources qui contiennent des vertus médicinales; ces faveurs de la nature fe font remarquer à Bagnères, ville fituée à l'entrée de la vallée de Campan. Perfonne n'ignore le grand concours de monde qu'on voit à ces eaux durant l'été, & durant une partie de l'automne; elles font des plus fréquentées du royaume.

Les fources de Bagnères, dont le nombre eft confidérable, font monter la liqueur du thermomètre de Réaumur, depuis le vingt-fixième jufqu'au quarante-fixième degré.

M. Campmartin s'eft occupé de l'analyfe de plufieurs de ces fources; il réfulte de fes expériences que les eaux de Salut contiennent un fel neutre, à bafe terreufe, conftitué par l'acide vitriolique.

Les fources du grand Pré, de Lanne & de Lafferre, contien-nent, fuivant le même Chymifte, un fel neutre, à bafe terreufe, ayant pareillement l'acide vitriolique pour conftituant. Ces eaux font privées de fer & de foufre

Oïenard, *in notitiá utriufque Vafconiæ*, rapporte plufieurs Inf-criptions, qui prouvent que les eaux de Bagnères étoient connues des Romains.

Vicus aquenfis, hodie Bagneres *à thermis, feu aquis falubribus, quas finu fuo emittit, id nomen adepta; harum ufus non recens, fed antiquus & Romanis etiam, illa regione potientibus, cognitus atquè ufurpatus fuit, ut ex Aquenfium cognomine ejufdem urbis civibus in veteri Infcriptione attributo, & ex votis Nymphis, pro falute ac-ceptá redditáque, folutis elicitur.*

Vetus lapis domus cujufdam Bagneriarum urbis parieti juxta por-tam falariam affixus.

I.
> *NYMPHIS.*
> *PRO SALU*
> *TE SUA SE*
> *VER. SERA.*
> *NUS V. S. L. M.*

Alia etiam venerandæ vetuftatis veftigia, vicinus ifti urbi ager of-tentat. Pofaco monte; inter veteris columnæ rudera, jacet lapis his litteris notatus.

II.
> *MARTI.*
> *INVICTO.*
> *CAJUS.*
> *MINICIUS.*
> *POTITUS.*
> *V. S. L. M.*

La pierre, fur laquelle cette Infcription eft gravée, fe trouve aujourd'hui à Bagnères, fur le mur du jardin de M. Duzer.

At bina marmora, quæ campeftri vico, Afca in vice-comitatu Afterienfis non procul Bagneriis proftant, numinis cujufdam, Bigerronibus culti, nomen hactenus ignoratum aperiunt, alterique eorum difci atquè urcei figura infculpta eft.

III.   *A G Ho N I* (1), IIII.   ɑ E O.

GHONI.

ɑ EO   AVLINI.

LABVSIVS   AVRINI.

vs LM   vs Lm.

La ville de Bagnères ainfi que les autres parties des Pyrénées eft expofée à des tremblemens de terre affez fréquens ; dans ces grandes agitations de la nature, cette longue chaîne de monts a été plufieurs fois violemment ébranlée, quelques-unes de ces funeftes époques fe trouvent marquées dans les annales & dans les traditions des peuples qui l'habitent ; l'obfcurité des premiers tems & le défaut d'obfervations nous ont dérobé la connoiffance d'une infinité d'autres fecouffes, qui ont dû s'y faire reffentir ; nous allons rapporter, en fuivant l'ordre chronologique, ce que nous avons recueilli à ce fujet.

Ipfo anno (580) graviter urbs Burdigalenfis à terræ motu concuffa eft, mœniaque civitatis in difcrimine everfionis extiterunt : atquè ità omnis populus mætu mortis exterritus eft, ut fi non fugeret, putaret fe cum urbe dehifcere. Qui tremor ad vicinas civitates porrectus eft, & ufque Hifpaniam adtigit, fed non tam validè. Tamen de Pyræneis montibus immenfi lapides funt commoti, qui pecora hominesque proftraverunt. Vid. Sancti Georgii Florentii Gregorii Epifcopi turonenfis opera. pag. 242.

Au mois de Janvier 1373 il·y eut de fi furieux tremblemens de

---

(1) *Aghon*, fuivant Bullet, étoit une fontaine divinifée. *Ag*, eau ; *on*, bonne ; *Aghon*, bonne eau. *Voyez le Mémoire fur la langue Celtique,*

terre

terre en Espagne, qu'ils firent tomber de grandes roches aux Monts-Pyrénées, renversèrent des bâtimens, sous les ruines desquels quantité de personnes furent écrasées. *Voyez*, Abrégé nouveau de l'Histoire d'Espagne. *Tome II, pag. 122, Edit. in-12.*

En 1431, il y eut un tremblement de terre qui causa beaucoup de dommage en Aragon, sur-tout dans la Catalogne & le Roussillon. *Voyez* Hist. gén. d'Espagne, de Ferreras. *Tome VI, pag. 376. Edit. in-quarto.*

En 1660, le 21 de Juin, il y eut un terrible tremblement de terre, qui désola tout le pays compris entre Bordeaux & Narbonne ; voici ce qu'on écrivoit de Bayonne. Le grand tremblement qui
» s'est fait sentir en tant de lieux, s'est passé si légérement dans cette
» Ville que nous n'en avons eu que la peur ; mais il a fait tomber
» la plupart des cheminées de celle de Pau ; & l'on nous mande de
» Bagnères en Bigorre, situé au pied des Pyrénées, que plusieurs
» maisons ont été renversées, & tous ceux qui étoient dedans
» écrasés ; que les montagnes, d'une hauteur excessive, s'étant
» ouvertes, une a été abymée ; & que la vallée de Campan, voi-
» sine de ladite ville de Bagnères, & la plus peuplée de tout le
» pays, en a aussi été endommagée à tel point, & notamment le
» couvent des Capucins de Notre-Dame de Medoux, fondé par la
» maison de Gramont, que les religieux qui en sont échappés, se
» sont vus réduits à se hutter aux environs de ce lieu là ; mais ce qui
» est encore digne de remarque, les bains chauds qui sont en ladite
» ville de Bagnères, devinrent tellement frais, par la sortie des feux
» souterrains, que ceux qui y étoient furent obligés de s'en retirer.
» *Voyez* le recueil des Gazettes de France, N°. 85.

Le pere Kircher fait mention de ce même tremblement de terre. *Hoc loco omittere non possum, quæ dum hæc scribo, mihi referuntur. Anno 1660, mense junio, quo ingens terræ motus infestavit omnem illam galliæ regionem, quæ se à Burdigalensi urbe ad Narbonam extendit ; erat propè Bigornium ingens & præcelsus mons, qui ferocientis naturæ vi ità absorptus dicitur, ut præter lacum ingentem quem post*

B b

se reliquit, nullum ejus amplius vestigium apparuerit ; addunt districtum illum circa Pyræneos montes compluribus thermis fuisse refertissimum ; in quibus, unius post montis ruinam, aquæ priùs fervidissimæ tantum . . . . contraxerunt ut proindè nemo ampliùs illis uti possit. Kircher, ... Meterran. Tome I, pag. 278.

« En Juillet 1678, un tremblement de terre fit enfoncer une des
» plus hautes montagnes des Pyrénées, qui fit sortir de l'eau avec
» violence par plusieurs endroits qui formèrent autant de torrens,
» entraînant rochers & arbres avec eux. L'eau qui avoit le goût des
» minéraux jaillissoit par-tout des flancs de la montagne ; la Garonne
» s'accrut si fort pendant la nuit, que tous les ports & les moulins au-
» dessus de Toulouse furent emportés ; à la même heure, les rivières
» de l'Adour, du Gave, & autres qui sortent des Pyrénées se res-
» sentirent de ce débordement imprévu. Les canaux des jardins de
» M. l'Evêque de Lombès, furent remplis d'un limon puant du dé-
» bordement de la Save ; pendant huit jours les chevaux & autres
» bestiaux n'en voulurent point boire. Trois mois après, l'Ariège,
» par une semblable raison, déborda. » *Voyez* la Bibliothèque des
Philosophes par M. Gauthier. *Tome II, pag. 402.*

Le tremblement de terre qui se fit sentir à Saint-Macaire en
Guienne, la nuit du 24 au 25 de Mai 1750, se fit aussi sentir à Bordeaux le 24 à 10 heures du soir ; la secousse fut assez forte, mais dura
trop peu pour causer du dommage, il en fut à peu près de même, à
différentes heures à 12 lieues de Bordeaux, vers l'Ouest, au Nord-
Ouest dans le Medoc, à Pons en Saintonge à 15 lieues de Bordeaux,
& beaucoup plus loin, à Toulouse, à Narbonne, à Montpellier, à
Rodez ; mais ce phénomène, d'autant plus surprenant qu'il est rare
en France, n'a nulle part été aussi redoutable que vers les Pyrénées ;
voici ce que l'on en apprend par des lettres de Pau du 6 Juin. Le
24 Mai, vers les 10 heures du soir, on entendit dans la vallée
de Lavedan, un grand bruit comme d'un tonnerre sourd ; il fut
suivi d'une secousse violente de la terre. A cette première secousse,
il en succéda plusieurs autres jusqu'au lendemain 10 heures du ma-

tin ; il y en eut encore quelques-unes , dans le même lieu , les jours
fuivans ; ce qui donne lieu de croire que le foyer de ces tremblemens de terre étoit entre Saint-Savin & Argèles , où les ébranlemens
furent plus forts que par-tout ailleurs ; une pièce de roc enfevelie
dans la terre , & dont il ne paroiffoit qu'une petite partie , fut déra-
cinée & tranfportée à quelques pas de là : l'efpace qu'elle occupoit
fut à l'inftant rempli par la terre , qui s'éleva de deffous. Un hermite,
habitant d'une montagne du voifinage, a rapporté qu'il avoit entendu
des froiffemens de roches , qui s'entrechoquoient avec tant de bruit ,
qu'il avoit cru que la terre *fe déboitoit* entiérement & que les montagnes alloient être englouties. L'alarme fut fi grande dans ce canton , que les habitans allèrent loger fous des tentes en rafe campagne. Ce fut fur-tout aux environs de Lourde que l'on fut le plus
alarmé. Il y a dans le château de cette ville une tour dont les murs
font d'une épaiffeur immenfe , & qui fut lezardée d'un bout à l'autre ,
la chapelle du même château s'écroula prefque entiérement. Dans
le village de Gonçales qui n'eft pas loin de là , plufieurs maifons furent renverfées & quelques perfonnes périrent fous les ruines. Les
voûtes du Monaftère & de l'Eglife de l'Abbaye de Saint-Pé , de
l'ordre de Saint-Benoît , furent entr'ouvertes ; à Tarbes depuis 10
heures du foir du 24 jufqu'au lendemain 10 heures du matin , il y
eut quatre fecouffes toujours précédées de mugiffemens fouterrains,
& la voûte de la cathédrale fe fendit en divers endroits. Le 26 vers
une heure après minuit , on fentit dans la même ville une cinquième
fecouffe , qui renverfa la moitié du mur d'une ancienne tour placée
au coin de la place de Maubourguet ; il y en eut encore deux autres
le même jour , entre quatre & cinq heures du matin. *Gazette de
France du 10 Juillet 1750 , N°. 28.*

Le tremblement de terre qui en 1755 renverfa la ville de Lif-
bonne , fe fit fentir dans les Pyrénées.

Dans le mois d'Octobre 1772 , on reffentit dans les montagnes
de Béarn , un tremblement de terre , qui fut très-violent à Arudy ,
où il endommagea les murs de l'Eglife.

Au commencement du mois de Septembre 1773, il y eut dans la vallée d'Offau une fecouffe violente de tremblement de terre.

Le 18 Août 1777, vers les dix heures du foir, on fentit au village de Béon, vallée d'Offau, dans les Pyrénées, une violente fecouffe de tremblement de terre; fa direction fuivant l'obfervation de M. Flamichon, étoit du Sud quart Eft, au Nord quart Oueft.

Le 7 Juin 1778, à 7 heures 55 minutes du matin, on reffentit à Pau & aux environs de cette ville, une fecouffe affez violente de tremblement de terre, qui s'étendit depuis la côte maritime, jufqu'aux extrémités du Comminges & du pays de Foix, des cheminées furent renverfées à Saint-Pé. Le lendemain on reffentit deux autres fecouffes à Nay, vers les trois heures du matin.

Le 18 Juin 1778 à 11 heures du matin, M. Flamichon reffentit à Béon, dans la vallée d'Offau, une fecouffe de tremblement de terre, qui fe fit pareillement fentir dans plufieurs endroits de cette partie des Pyrénées.

Le 21 Septembre 1778, à une heure du matin, le tems étant très-calme, il y eut à Peyrenère dans la vallée d'Afpe aux Pyrénées une fecouffe affez violente de tremblement de terre, qui la veille avoit été précédée vers les neuf heures du foir, de deux fecouffes affez confidérables; une autre fecouffe s'étoit déjà fait fentir le 18 de Septembre.

Le 20 du mois d'Octobre 1779 à neuf heures du matin, on entendit dans la ville de Saint-Girons, en Conferans, & aux environs, un bruit fouterrain & fourd, qu'on prit d'abord pour l'effet d'un coup de tonnerre éloigné; mais quelques perfonnes ayant affuré qu'elles avoient fenti au même inftant un léger tremblement de terre, on fut plus inquiet fans être abfolument plus convaincu; trois quarts d'heures après, un plus grand bruit fe fit entendre, & la fecouffe du tremblement de terre dont la direction étoit du N. O. au S. E. ne put être équivoque pour perfonne; cette fecouffe, qui n'a duré qu'une feconde, n'a caufé d'autre dommage que la chûte de quelques groffes pierres qui fe font détachées du haut des murs de la ville. *Gazette de France du 26 Novembre 1779.*

Le 22 Décembre 1779 , vers les six heures du soir, on ressentit dans la vallée d'Ossau , une secousse de tremblement de terre ; le 28 à dix heures du soir , il y en eut une autre plus violente ; sa direction étoit du Sud-Ouest au Nord-Est. La secousse fut très-sensible à Nay , qui se trouve dans cette direction. *Voyez la Circulaire des Pyrénées , du mardi 5 Janvier 1779. N°. 27.*

Le 15 Septembre 1782 , on ressentit à Oléron , ville située au pied des Pyrénées , une secousse de tremblement de terre assez violente ; sa direction parut à M. Flamichon , la même que celle de la chaîne des Pyrénées.

Lorsqu'on réfléchit à la prodigieuse quantité d'eaux chaudes qui jaillissent du sein des Pyrénées , & à l'abondance des pyrites qu'on y trouve , on doit être étonné qu'il n'arrive pas des accidens plus funestes que ceux dont on vient de lire le récit ; que sont ces ravages en comparaison de ceux qui ont eu lieu dans l'Auvergne , où les montagnes présentent presque par-tout des matières fondues , calcinées & vitrifiées par les feux souterrains ? Si nous jettons les yeux sur l'Italie , nous la voyons anciennement bouleversée par les volcans , & désolée encore de nos jours par des éruptions nouvelles. La chaîne des Pyrénées n'a presque point éprouvé de ces horribles convulsions du globe ; personne n'avoit fait mention des matières volcaniques trouvées dans ces montagnes , à moins de supposer , comme M. Barral , que le granit est une production des feux souterrains , hypothèse que nous différerons d'adopter jusqu'à ce que l'on ait interrogé la nature par un plus grand nombre d'observations. M. Bowles est le premier qui ait remarqué , en Catalogne , entre Gironne & Figueras , assez près de la mer , deux montagnes pyramidales d'égale hauteur , qui se touchent par la base , & qui prouvent , par les indices les moins équivoques , avoir été anciennement des volcans. *Voyez Histoire Naturelle de l'Espagne.*

On n'a point encore trouvé dans la chaîne des Pyrénées d'autres vestiges d'un pareil bouleversement ; elle contient cependant toutes les matières qui , selon les Physiciens , sont propres à la formation des

volcans , & touche par fes extrémités à la mer, dont la communication (1) eft jugée néceffaire pour produire ces terribles effets, qui, de
tout temps , ont imprimé l'effroi. Indépendamment des matières in-
flammables , & difpofées à fermenter, toutes les fois qu'elles font expofées à l'air ou à l'humidité, je penfe qu'il exifte déjà, dans le fein des
Pyrénées , un foyer immenfe , qui échauffe continuellement les eaux
minérales dont ces montagnes abondent ; capables de parvenir jufqu'au degré de l'eau bouillante, puifqu'elles font monter, dans
quelques fources , le thermomètre de Réaumur à foixante - dix
degrés , les eaux doivent fe réduire en vapeurs; l'air fe trouve en
même temps raréfié par les feux fouterrains ; dans ces circonftances,
l'air & les vapeurs fouleveroient avec fracas le terrain où fe fait cette
dilatation , fans les iffues qui doivent s'y rencontrer. Il eft naturel de
penfer qu'à mefure que les vapeurs (2) fe forment, elles fe dégagent
particuliérement entre les bancs, dont les montagnes font compofées ; leurs effets fe bornent à produire de légères , mais fréquentes
fecouffes de tremblement de terre, qui ne s'étendent qu'à de petites
diftances, & communément dans la direction des bancs. Les endroits
où cette difpofition régulière n'exifte pas , font ébranlés avec plus
de violence , comme on affure que cela arrive aux environs de
Lourde , où l'on remarque plufieurs affaiffemens ; il en eft de même

---

(1) Les Anciens penfoient également que les eaux de la mer étoient néceffaires pour
la production des volcans : *Accedunt vicini & perpetui Ætnæ montis ignes & infularum
Ælidum veluti ipfis undis (maris) alatur incendium , neque enim , in tam anguftis terminis,
aliter durare tot feculis tantus ignis potuiffet , nifi humoris nutrimentis aleretur.* Juft. Lib. IV.
Cap. 1.

(2) Ce fentiment eft conforme à celui de Pline, qui dit que les conduits fouterrains
font des préfervatifs contre les fecouffes de tremblement de terre. On a la même opinion
que ce Naturalifte dans le Pérou , qui eft l'endroit du monde qui fournit le plus de faits
fur les tremblemens. Quito y eft moins fujet que Latacunga, qui n'eft que quatorze ou
quinze lieues plus Sud, & on attribue cet avantage au grand nombre de ravines profondes
qui coupent le terrain des environs de la première de ces villes , & qui même la traverfent en différens fens. Ces coupures, à ce qu'on croit, permettent aux feux fouterrains de fe diffiper fans produire d'effet. *Voyez les Remarques fur le fecond Livre de Pline* ,
par feu M. Bouguer.

près d'Arudy, dans la vallée d'Ossau, petite ville entourée de bancs calcaires, qui ont éprouvé quelques dérangemens. Le tremblement de terre qu'on ressentit au mois d'Octobre 1772, dans les montagnes de Béarn, fut très-violent à Arudy, où il fit crevasser les murs de l'Eglise; j'ignore qu'il ait produit ailleurs un semblable effet. Au commencement du mois de Septembre 1773, vers les dix heures du soir, on ressentit dans la vallée d'Ossau un tremblement de terre; j'étois alors au château d'Espalungue, situé dans cette vallée, qui, construit sur des bancs calcaires, n'éprouva qu'une légère secousse, tandis que les maisons des eaux chaudes, bâties sur des masses de granit, furent violemment ébranlées. Il semble, après ce que je viens de rapporter, que l'arrangement des matières qui composent les Pyrénées, met ces montagnes à l'abri des crises violentes qu'ont déjà subies une infinité de contrées; il seroit possible aussi que les bouches des volcans d'Italie, situés à-peu-près sur la direction des Pyrénées, contribuassent à donner passage aux principes capables de les bouleverser; cette communication souterraine ne devroit pas nous étonner, puisqu'on a des exemples de tremblemens de terre, qui se font fait sentir en même temps en Angleterre, en France, en Allemagne, & jusqu'en Hongrie. Celui que l'on ressentit au Canada en 1663, s'étendit à plus de deux cens lieues de longueur. En 742, il y eut un tremblement de terre universel en Egypte & dans tout l'Orient; en une même nuit six cens villes furent renversées.

« Le même jour, qui a été si funeste au Portugal, on entendit à
» une lieue d'Angoulême, un bruit souterrain; peu après la terre
» s'entr'ouvrit, & il en sortit un torrent chargé de sable de couleur
» rouge; plusieurs fontaines des environs de cette ville se trou-
» blèrent, & leurs eaux baissèrent à tel point, qu'on les crut prêtes
» à se tarir; la Charente, ce même jour, en un très-court intervalle,
» a baissé considérablement, puis est montée à une hauteur extraor-
» dinaire ». *Voyez la Gazette de France du 13 Décembre 1755, n°. 50.*

« Le même jour (1 Novembre 1755) on sentit dans la Dalé-
» carlie, & dans quelques autres provinces, une secousse pen-

» dant laquelle les eaux de plufieurs rivières & de différens lacs ont
» été extrêmement agitées ». *Voyez la Gazette de France du 3 Janvier 1756, n°. 1.*

En confidérant le grand nombre de volcans qui brûlent dans certaines parties du globe, & ceux qui fe font éteints dans d'autres, il
femble qu'ils parcourent fucceffivement la furface de la terre. Selon
M. le Chevalier Hamilton, « des opérations de la nature auffi admi-
» rables, n'ont été établies par la Providence, dont la fageffe eft
» infinie, que pour quelque grand deffein; elles ne font pas déter-
» minées à tel ou tel point du globe, puifqu'il y a des volcans exif-
» tans dans les quatre parties du monde; nous fommes témoins de
» la grande fertilité du fol, produit par explofion dans la terre de
» Labour, ce qui la fit appeller, par les Anciens, *Campania felix.*
» La Sicile, qui eft dans le même cas, paffe avec raifon pour un
» des lieux les plus fertiles de l'univers, & a reçu le nom de *grenier*
» *de l'Italie* (1). Les feux fouterrains ne pourroient-ils pas être con-
» fidérés (fi l'on me permet cette expreffion), comme la grande
» charrue dont la nature fait ufage pour labourer les entrailles de la
» terre, & préfenter à nos travaux des campagnes nouvelles, lorfque
» de trop fréquentes moiffons ont épuifé celles que nous cultivions » ?
*Obfervations fur les volcans des Deux-Siciles, par M. le Chevalier
Hamilton.*

Le vulgaire ne confidère dans les effets des volcans, que la défolation de tout ce qui environne ces bouches à feu, comme le renverfement des montagnes, la deftruction des villes, &c. &c.; mais
l'homme éclairé entrevoit à travers ces affreux ravages, une autre

---

(1) Les campagnes de Pefenas, la Limagne d'Auvergne, le vallon de Quito, dans
le Pérou, contrées dont on connoît la grande fertilité, font couvertes par les matières
rejettées des volcans. Le Capitaine Cook rapporte, dans fon voyage de l'hémifphère
auftral, que les ifles de la Société, les Marquifes, & quelques-unes des ifles des Amis,
où l'on a apperçu des reftes de volcans, ainfi qu'à Ambrym, où l'on voit des montagnes brûlantes, ont un fol fertile, où la nature déploie la magnificence du règne
végétal.

fin

fin que celle de bouleverfer notre globe. M. le Chevalier Hamilton
penfe que les volcans ne déchirent le fein de la terre que pour la
préparer à la fécondité ; l'opinion de M. de Sauffure n'eft pas moins
curieufe : je vais la rapporter telle qu'on la trouve dans les obfervations fur les volcans des Deux-Siciles , par M. le Chevalier
Hamilton.

« Il fe fait une confommation continuelle & confidérable d'eau
» & d'air qui abandonnent leur forme fluide pour fe changer en
» folide, car la matière des coraux & coquillages eft une terre cal-
» caire ,& l'on fait que les Chymiftes modernes ont démontré que
» les terres & les pierres calcaires contiennent plus que la moitié de
» leur poids de ces deux élémens ; cet air & cette eau, ainfi
» combinés, ne peuvent fe dégager que par la décompofition des
» corps dans lefquels ils font entrés : or, la pierre calcaire ne fe
» décompofe point d'elle-même, les injures de l'air peuvent bien
» la divifer, les eaux peuvent l'entraîner, la diffoudre, la mêler
» avec d'autres corps, & lui faire ainfi revêtir mille & mille formes
» différentes; mais elles ne peuvent point la décompofer. Les
» acides peuvent à la vérité dégager l'air fixe que contient la terre
» calcaire, mais ils ne peuvent point en féparer l'eau qui lui eft
» unie; le feu feul eft capable d'opérer cette décompofition, &
» de dégager à la fois l'eau & l'air emprifonnés dans cette
» terre; il faut même un feu très-violent, & qui aille juf-
» qu'à la vitrification; car s'il ne faifoit que la réduire en chaux,
» elle repomperoit peu-à-peu dans l'atmofphère, les élémens
» dont elle auroit été privée. Seroit-ce là un des ufages des
» feux fouterrains ? feroient-ils deftinés à rompre l'union trop
» forte que les animaux marins établiffent entre la terre & les élé-
» mens de l'eau & de l'air, & à rendre ainfi à la nature ces
» deux fluides, fans lefquels notre globe deviendroit ftérile &
» défert ? Eft-ce pour cette grande fin que les volcans ont été
» fi fort multipliés, & qu'ils femblent parcourir fucceffivement
» toute la furface du globe » ? Laiffons ces crifes violentes de la

C c

nature, & tout ce qui repréſente ſon cercueil ; occupons-nous des beautés qu'elle a répandues dans la vallée de Campan.

La vallée de Campan ne s'étend que depuis le bourg de ce nom juſqu'au pic d'Eſpade, ſitué dans la région moyenne des Pyrénées ; elle eſt par conſéquent moins étendue que les vallées voiſines d'Aure & de Lavedan, qui ne ſe terminent qu'aux limites des deux royaumes ; ſa plus grande largeur n'eſt pas d'un demi-quart de lieue, mais l'induſtrie des habitans a ſuppléé au défaut d'un terrain ſi reſſerré ; ils ſe ſont étendus ſur les flancs des montagnes qu'ils ont mis en valeur, & couverts d'une infinité d'habitations ; on voit les forêts reculées preſque ſur la cime, céder les lieux inférieurs au travail des cultivateurs ; on admire ſur-tout la rive gauche de l'Adour : elle préſente une continuité de prairies, dont la verdure n'eſt pas moins agréablement diverſifiée par l'éclat des fleurs, que par un grand nombre de bergeries éparſes, & de bouquets de bois. Ce délicieux payſage que ſurmonte une magnifique futaie de ſapins, s'offre aux yeux du voyageur depuis le bourg de Campan juſqu'au village de Sainte-Marie. Le côté de la rive droite eſt remarquable par ſon aridité : on n'y voit que des roches nues, qui contraſtent merveilleuſement avec l'étonnante variété que préſente le penchant de la montagne oppoſée.

A meſure que l'on remonte le cours de l'Adour, les montagnes deviennent plus eſcarpées, mais la vallée conſerve juſqu'à Grip, preſque toute ſa fertilité ; vous continuez à découvrir des habitations, entourées de riches prairies, d'un vert qui pourroit le diſputer au gazon ſi vanté d'Angleterre. L'Adour, diviſée en pluſieurs rameaux, va par des routes ſouvent ſecrètes, abreuver des plantes que l'abondance des eaux ne raſſaſie jamais ; cette rivière ſeconde admirablement les ſoins continuels d'un peuple Berger, qui ne paroît occupé que des moyens de nourrir & de multiplier les troupeaux.

Il faut renoncer, après Grip, aux objets raviſſans par leur variété; l'œil ne promène plus ſes regards que ſur d'épaiſſes forêts, & ſur des montagnes qui préſentent l'image d'une affreuſe deſtruction : on eſt ſur-tout frappé des débris que l'on remarque du côté du pic d'Eſpade, ce ſont des entaſſemens prodigieux de granit, roche que les ſiècles & les ſaiſons ont détachée des cimes qui le dominent au Sud. Au pied de toutes ces ruines, dans des pâturages qui ſoulagent foiblement la vue de cette hideuſe confuſion, eſt une des ſources princi-pales de l'Adour (1), dont le volume d'eau ſe trouve bientôt

---

(1) L'Adour, *Aturrus*, nom que Bullet fait dériver de la Langue Celtique *Ar*, *a*, pierre ; *Tor*, *tur*, tournante. *Atuur*, rivière qui fait tourner les pierres qui ſont dans ſon lit.

Inſanumque ruens per ſaxa rotantia latè,
In mare purpureum tarbellicus ibit Aturrus.

L'embouchure de cette rivière eſt diſtante de Bayonne de 3000 toiſes. « Louis de » Foix, natif de Paris, mais originaire du Comté de Foix, d'où il tiroit le nom qu'il » portoit, entreprit de creuſer le port de cette ville qui mène droit à la mer; il étoit » devenu inutile à la navigation & aux habitans, parce que l'Adour & les autres rivières » qui ſe joignent en cet endroit, ſe recourbant ſur la droite, entraînoient du côté du » Cap Breton, les eaux néceſſaires à ce pont, qui, par ce moyen, ſe remplit de ſable. » Pour l'empêcher, de Foix boucha ce canal oblique, par une double rangée de gros » pieux dont il remplit l'intervalle de pierres & de ſables qu'il affermit le mieux qu'il put, » comptant que les eaux étant forcées de couler tout droit, entraîneroient avec elles les » ſables qui bouchoient le canal du port; mais les deux premières tentatives qu'il fit » ne produiſirent pas l'effet qu'il en attendoit, parce que la violence des eaux qui avoient » leur pente du côté de l'ancien canal, y entraîna toujours ſon pilotage. Il en avoit fait » un troiſième, lorſqu'il tomba tout d'un coup des Pyrénées, qui ſont dans le voiſi-» nage, une ſi affreuſe quantité d'eau, que la ville penſa d'être ſubmergée; & cette eau » en s'écoulant vers la mer avec beaucoup de violence, jetta les ſables à droite & à » gauche, ouvrit le port, & boucha le canal ſur la droite, qui, depuis ce temps-là, » s'eſt rempli de ſables. Cette chûte d'eau arriva le 28 d'Octobre 1579; & tous les ans » on fait ce jour-là une proceſſion ſolemnelle à Bayonne, pour un événement ſi heu-» reux, qui a donné à la ville un port très-commode, qu'elle tient du haſard, bien plus » que de l'induſtrie de Louis de Foix ». *Voyez l'Hiſtoire de Jacques-Auguſte de Thou*, Tome IX, page 204.

confidérablement augmenté ; cette rivière reçoit plufieurs ruiffeaux, à mefure qu'elle fe précipite de rocher en rocher ; à
juger par la rapidité de fon cours, il femble qu'elle ne foit pas
moins empreffée de quitter ces horribles lieux, que d'aller arro-
fer des contrées délicieufes dans la province de Bigorre.

DESCRIPTION MINÉRALOGIQUE,

DEPUIS SAINTE-MARIE,

DANS LA VALLÉE DE CAMPAN,

Jusqu'au village de Bielſa, ſitué au-delà des montagnes qui terminent la vallée d'Aure du côté du Midi.

Direction des Bancs.	Inclinaiſon des Bancs.	
		LE village de Sainte-Marie, éloigné de Bagnères d'environ cinq mille toiſes, ſe trouve près du confluent de deux branches de l'Adour, qui deſcendent du Tourmalet & de la Hourquette d'Arreau ; nous avons déjà examiné les montagnes qui bordent le premier torrent, nous allons nous occuper actuellement de celles qui dominent l'autre branche de l'Adour ; nous la remonterons juſqu'à ſa ſource, pour deſcendre enſuite dans la vallée d'Aure, que nous ſuivrons depuis Arreau, qui en eſt le chef-lieu ; nos recherches ne ſe termineront pas aux crêtes des montagnes qui la ſéparent du territoire d'Eſpagne, nous les continuerons juſqu'aux environs de Bielſa, riches en précieux métaux.
De l'O.N.O. à l'E. S. E.	Du S. S. O. au N. N. E.	A une petite diſtance Sud de Sainte-Marie, on rencontre des bancs preſque perpendiculaires de ſchiſte dur, argileux, ils ſont couverts ſur la rive gauche de l'Adour de blocs énormes de granit roulé.
De l'O.N.O. à l'E. S. E.	Du S. S. O. au N. N. E.	Vous trouvez immédiatement après, des bancs de marbre gris.
		Au Nord de la marbrière de Campan, ſituée ſur la rive droite de l'Adour, à trois mille toiſes

Direction des Bancs.	Inclinaison des Bancs.
De l'O. N. O. à l'E. S. E.	Du S. S. O. au N. N. E.

ou environ Sud de Sainte-Marie, on découvre des bancs de fchifte argileux, qui fe prolongent deffous des blocs de granit.

La marbrière de Campan préfente des maffes de marbre communément mêlé de vert & de rouge: on y remarque des efpèces de couches qui fuivent la direction ordinaire des matières des Pyrénées. Le marbre de Campan contient une fubftance argileufe, il a des bancs de fchifte pour bafe.

M. Bayen ayant foumis à l'action de l'acide nitreux, deux onces de vert Campan, fans mêlange d'autre couleur, a obtenu différens produits; 1°. cinq gros & douze grains d'une terre, fur laquelle l'acide n'avoit pas agi, & que ce Chymifte a reconnu être de la nature du fchifte argileux; 2°. l'alkali fixe a précipité de la liqueur, qui tenoit la terre calcaire en diffolution, trente-un grains de terre martiale, mêlée de terre alumineufe, & une once quarante grains de terre calcaire.

Deux onces de marbre rouge de Campan, expofées à l'action du même acide, ont donné, 1°. foixante grains de fafran de mars, rouge-brun, qui s'eft féparé de lui-même pendant la diffolution; 2°. un gros, foixante-trois grains de fchifte; 3°. vingt-cinq grains de terre martiale & alumineufe, précipitée par l'alkali; 4°. une once, trois gros, cinquante-trois grains de terre calcaire.

M. Bayen a auffi procédé à l'analyfe de ces deux efpèces de marbre, par l'acide vitriolique, deux onces de vert Campan ont fourni, par la vitriolifation, une quantité de terre calcaire fuffifante pour former une once fix gros foixante grains de félénite. Il s'eft trouvé, dans ces deux onces de marbre, cinq gros trente-trois grains de fchifte; ce dernier a donné douze ou treize grains de vitriol martial, & environ cinq grains de terre ocreufe, qui s'eft féparée d'elle-même pendant l'évaporation; il s'y eft également trouvé une quantité suffisante de terre alumineuse, pour former au moins cinquante-quatre grains d'alun.

M. Bayen ayant pareillement traité, par l'acide vitriolique, deux onces de marbre de Campan rouge, a obtenu une once sept gros quarante-deux grains de sélénite, de couleur blanche, tirant sur le rouge, il est resté dans la capsule où se faisoit l'opération, deux gros & demi de schiste absolument décoloré, qui a donné trente-sept grains d'alun, & quarante-cinq grains de vitriol vert ; il s'est séparé, pendant l'évaporation, sept grains de terre martiale.

Il résulte des expériences de M. Bayen, que le marbre vert de Campan, est une pierre mixte, un composé enfin de terre calcaire & de schiste ; que les parties calcaires sont les dominantes ; que le schiste contient, ainsi que toutes les pierres de ce genre qu'il a examinées, une quantité remarquable de terre alumineuse & de fer ; que c'est au fer minéralisé avec le schiste, qu'est due la couleur verte de ce marbre.

Quant aux portions de marbre rouge qui se rencontrent dans le marbre vert, M. Bayen s'étant assuré qu'elles devoient leur couleur à un safran de mars, dispersé sous la forme d'une poudre fine, entre toutes les parties de la terre calcaire, a conclu que le fer qui est uni au marbre de Campan, s'y trouve dans deux états différens ; dans le marbre vert, il est minéralisé avec le schiste, de manière qu'il a conservé la propriété d'être entièrement diffous par les acides, sans en excepter même celui de nitre, qui, comme on sait, n'a pas d'action sur le fer déphlogistiqué ; dans le marbre rouge au contraire, ce métal est dans un état de safran de mars, ou de chaux martiale, qui, dispersée entre toutes les parties de la terre calcaire, lui communique sa couleur, en y adhérant fortement, mais sans avoir subi avec elle de combinaison intime ; ce safran de mars n'est point soluble dans l'acide nitreux, & par-là le

Direction des Bancs.	*Inclinaison des Bancs.*

Chymiste trouve un moyen sûr & facile de le séparer entièrement de la terre calcaire, sous la forme pulvérulente, & sans altérer sa couleur.

M. Bayen termine l'examen chymique du marbre de Campan, en observant que cette pierre, composée de schiste argileux & de parties calcaires, est trop tendre pour résister long-tems aux injures de l'air ; aussi voyons-nous, ajoute-t-il, qu'en moins d'un siècle, le marbre de Campan qui a été employé dans les jardins de Marly, est entièrement dégradé.

A vingt pas ou environ au Sud de la carrière de Campan, surmontée par des forêts majestueuses qui couvrent les montagnes d'une sombre verdure, on rencontre des couches de schiste gris, argileux ; plus loin, on trouve les mêmes matières & des blocs considérables de granit roulé. Les atterrissemens immenses de cette espèce de roche forment une partie des montagnes situées entre le torrent qui descend du Tourmalet & celui qui se précipite du col qu'on appelle la *Hourquette d'Arreau.* Près de ce passage, par lequel on pénètre dans la vallée d'Aure, on trouve des bancs de schiste dur, argileux, & des couches d'ardoise de la même nature.

A la Hourquette d'Arreau, lieu situé au milieu de gras pâturages, on rencontre des bancs verticaux de pierre calcaire friable.

En descendant vers Arreau, vous suivez des bancs de schiste argileux qui se prolongent dans la direction générale ; mais si vous les observez près d'un village situé à une petite distance d'Arreau, vous trouverez qu'ils déclinent un peu moins vers le Sud.

Nous voici dans la vallée d'Aure, où une nombreuse population & des campagnes agréablement diversifiées par des grains de différente nature, s'offrent aux yeux du voyageur ; les montagnes qui l'environnent se refusent en général aux productions nécessaires pour la nourriture des hommes ;

mais

Marginal notes (left column, *Direction des Bancs.*):
De l'O.N.O. à l'E. S. E.
De l'O.N.O. à l'E. S. E.
De l'O.N.O. à l'E. S. E.
De l'O.N.O. à l'E. S. E.

Marginal notes (right column, *Inclinaison des Bancs.*):
Du N. N. E. au S. S. O.

Direction des Bancs. | *Inclinaison des Bancs.*

mais la nature a couvert cette ingrate région de hêtres & de fapins. Nous commencerons d'examiner les minéraux de la vallée d'Aure, entre la ville d'Arreau & Cadiac, lieux féparés par un intervalle d'environ mille toifes; on y rencontre des pierres calcaires, de l'efpèce du marbre gris.

Plus loin, on trouve des bancs de fchifte argileux, qui ne fe divife point par lames minces. On a découvert dans cette partie de la vallée d'Aure, des eaux minérales; mais j'ignore leurs propriétés, & les fubftances qu'elles contiennent.

De l'O.N.O. à l'E.S.E. — A une petite diftance Sud de Cadiac, font des bancs de marbre gris.

De l'O.N.O. à l'E.S.E. | Du S.S.O. au N.N.E. — Depuis ce lieu jufqu'à Tramefaigues, les montagnes font compofées de bandes de marbre gris, féparées par d'autres bandes d'ardoife argileufe ou de fchifte dur; on peut compter dans cet intervalle qui eft de près de fix mille toifes, environ fix bandes alternatives de chaque efpèce de pierre. Ces matières fe prolongent en général de l'O. N. O. à l'E. S. E. j'ai cru remarquer auffi des bancs dont la direction eft de l'Oueft à l'Eft.

De l'O.N.O. à l'E.S.E. | Du S.S.O. au N.N.E. — Sous le château de Tramefaigues, dominé par les montagnes de la région fupérieure, on trouve des bancs de marbre gris; ils fervent pareillement de bafe au village de Get, fitué fur les flancs efcarpés d'une partie des montagnes qui s'élèvent fur la rive gauche de la Nefte.

De l'O.N.O. à l'E.S.E. | Du S.S.O au N.N.E. — A une petite diftance Nord de la chapelle de Meyabat, font des bancs de fchifte dur argileux.

De l'O.N.O. à l'E.S.E. | Du S.S.O. au N.N.E. — Si vous portez les regards à vingt-cinq pas ou environ au-deffus de ce lieu, vous y découvrirez des couches de pierre calcaire feuilletée.

De l'O.N.O. à l'E.S.E. | Du S.S.O. au N.N.E. — Plus loin on côtoie des montagnes qui retentiffent du bruit des torrens. Elles font compofées de bancs de fchifte dur, argileux & de couches d'ardoife.

Arrivé à une petite diftance d'Aragnouet, il

D d

Direction des Bancs.	Inclinaison des Bancs.
De l'O. N. O. à l'E. S. E.	Du S. S. O. au N. N. E.

y a des pierres calcaires que je n'ai point été à portée d'obſerver ; mais il m'a été aſſuré qu'on y faiſoit de la chaux.

A l'hôpital de Chaubert, ainſi qu'au Plan, territoire d'Aragnouet, les montagnes préſentent des bancs de ſchiſte dur, argileux : ici ſe trouvent les dernières habitations de la vallée d'Aure, les montagnes ſituées au-delà ſont entiérement déſertes.

Elles ſont compoſées au Sud du plan d'Aragnouet, de bancs de marbre gris.

Si nous montons au port de Bielſa, ſitué au ſommet des montagnes qui ſéparent la France & l'Eſpagne, & d'où partent les ſources multipliées de la Neſte & de la Cinca, nous trouverons dans ce paſſage des couches de ſchiſte argileux.

Les torrens qui deſcendent de la région ſupérieure de cette partie des Pyrénées, roulent des blocs de granit ; mais comme nous n'avons pas découvert cette roche en maſſes, dans les montagnes dont on vient de lire la deſcription, il eſt vraiſemblable qu'on la trouveroit vers les cimes qui verſent à la fois leurs eaux en Eſpagne, dans la vallée d'Aure & du côté de Gavarnie ; les bords & le lit de la Neſte doivent recevoir auſſi les débris des vaſtes & terribles montagnes de granit qui s'élèvent du côté de Barèges.

Après avoir ſuivi la vallée d'Aure, juſqu'à ſon extrémité méridionale, je franchis le ſommet des Pyrénées pour aller voir les forges de Bielſa ; pendant ce voyage, les obſervations minéralogiques ne furent point ſuſpendues ; mais ayant perdu, depuis cette époque, le papier dans lequel elles étoient inſérées, je ſuis contraint à me borner à un petit nombre d'objets, dont ma mémoire a conſervé le ſouvenir.

En deſcendant le port de Bielſa, d'où la vue découvre les montagnes les plus affreuſes, & les cavités les plus profondes, on trouve des bancs de ſchiſte, argileux, qui ne ſe diviſe point par feuilles minces.

Près de l'hôpital de Bielfa, première habitation que le voyageur rencontre fur le territoire
d'Efpagne , les montagnes font compofées de
maffes de granit & de pierre calcaire.

Plus loin , fur la rive gauche de la rivière de
la Cinca , s'élève une montagne qui contient de
la mine de fer fpathique jaune ; il s'y en trouve
auffi de noirâtre , on la caffe en petits morceaux ,
& on la jette par un canal de bois de deux cens
quatre-vingts toifes de longueur ; on la tranfporte
enfuite dans un autre canal de fix cens toifes. La
mine tombe au pied de la montagne , où l'on a
établi trois fourneaux pour la calciner , elle eft
convertie en fer dans les bas fourneaux des forges
de Bielfa & de Salinas , elle rend environ vingt-
deux livres de fer par quintal.

Avant d'arriver à Bielfa , on remarque fur la
rive droite de la Cinca une montagne , compofée
de bancs calcaires & de bancs de fchifte argileux ,
& qui renferme une mine de plomb que l'on exploite , elle eft à petits grains , & à petites lames.

Une once de mine de plomb , que les ouvriers
appellent *noire* , foumife à l'effai , a perdu , à la
calcination , trente grains. On en a employé cinq
quintaux , qui mêlés avec fix quintaux de flux ,
ont rendu cent quatre-vingt-dix livres de plomb.
Cent trente grains de plomb , tiré de la mine
noire , paffés à la coupelle , ont donné un fei-
zième de grain d'argent.

Une once de mine de plomb , qu'on nomme
graffe , n'a rien perdu à la calcination , quoiqu'elle
ait donné beaucoup d'acide fulfureux ; cinq
quintaux de cette mine , foumis à l'effai , ont produit deux cens quatre-vingts livres de plomb.
Cent trente grains de plomb , tirés de la mine
graffe , n'ont rendu à la coupelle que le quart
d'argent qu'on obtient de la mine noire.

Il réfulte de ces expériences , que la mine de
plomb de Bielfa contient deux efpèces de mine ,
l'une plus riche en argent qu'en plomb , l'autre au

contraire eſt plus riche en plomb qu'en argent.

Entre Bielſa & Salinas, les montagnes préſentent des pierres calcaires, & ſont couronnées de ſuperbes forêts.

OBSERVATIONS.

Comme les vallées deviennent plus conſidérables, à proportion de leur plus grande diſtance de la mer, celle d'Aure ſe trouve une des plus étendues des Pyrénées, elle varie beaucoup dans ſa largeur; la partie la moins étroite eſt la plaine de Vielle, où ſe réuniſſent pluſieurs ruiſſeaux, ils arroſent un grand nombre de prairies, qui font une agréable perſpective. Le terrain produit auſſi du blé, mais en petite quantité; la vallée d'Aure ſe retrécit enſuite conſidérablement, vous ne trouvez plus qu'une gorge étroite juſqu'à ſon extrémité; elle eſt de même à ſon entrée près de Sarrancolin.

La vallée d'Aure eſt arroſée, dans toute ſa longueur, par la Neſte, qui prend ſa ſource vers les frontières d'Eſpagne; au lieu de continuer ſon cours vers le Nord, en ſortant des Pyrénées, cette rivière ſe détourne près du village de Labarthe, où la nature lui oppoſe une colline qui l'oblige de couler de l'Oueſt à l'Eſt juſqu'auprès de Monrejeau, où elle groſſit la Garonne de ſes eaux.

On voit, avec peine, que la Neſte ne ſe décharge pas dans la mer, en conſervant ſon lit, comme preſque toutes les grandes rivières des Mont-Pyrénées; ſi elle eût été ſéparée des eaux de la Garonne, il en auroit réſulté des avantages qui manquent aux contrées par où elle ſembloit devoir naturellement prendre ſon cours. Le diocèſe d'Auch offriroit un terrain moins montueux, ſi la Neſte avoit pu ſurmonter les obſtacles qui l'ont empêchée d'y pénétrer; elle auroit ouvert, à travers ſes collines, des plaines vaſtes & fertiles, ſemblables à celles que les Gaves & l'Adour ont formées dans le Béarn & le Bigorre. Forcée enſuite de traverſer les landes de Bordeaux, la Neſte auroit charrié, dans l'Océan, une partie du ſable qu'il a dépoſé dans ces déſerts; des atterriſſemens favorables à la végétation, formés par la deſtruction continuelle des montagnes, en euſſent écarté la ſtérilité. C'eſt par de tels moyens que les lieux voiſins de la Garonne ſont devenus des plus fertiles du royaume ; ce fleuve, dont le caprice dirige le cours, a couvert ſucceſſivement d'immenſes contrées, il les a rendues, par ſes dépôts, plus dignes du travail des cultivateurs (1). Une grande partie des landes a ſur-tout profité de ces alluvions ; le terrain ſablonneux du quartier des Graves & de pluſieurs autres pays, paroît devoir la bonne qualité & l'abondance de ſes productions végétales, au limon & au gravier, que les eaux de la Garonne charrient. L'étendue entière des landes auroit également perdu ſon infertilité, ſi les eaux qui deſcendent des Pyrénées avoient pu y porter les débris de ces montagnes ; mais perſonne n'ignore que de toutes les rivières qui coulent dans un pays auſſi inculte & preſque inhabité, l'Adour & la Garonne ſont les ſeules qui tirent leurs ſources des Monts-Pyrénées : revenons à la vallée d'Aure.

Les montagnes qui l'entourent, paroiſſent d'une hauteur prodigieuſe, & particuliérement au Sud de l'hôpital de Chaubert, où les rochers ſont à découvert ; mais elles ne préſentent point conſtamment la même perſpective. Vous appercevez ſur pluſieurs montagnes de la vallée d'Aure, des forêts de ſapins & de hêtres, dont on fait grand commerce ; on en tire des mâts de vaiſſeaux, des rames de galères, des bois de conſtruction, que l'on tranſporte à Bordeaux & dans d'autres ports, par le moyen des rivières de Neſté & de Garonne, qui ſe joignent, comme nous l'avons déjà dit, à une petite diſtance de Monrejeau. Les bois qu'on ne peut employer pour la marine, ſe débitent pour la conſtruction des maiſons ; les habitans de cette

---

(1) Les plaines que la Dordogne traverſe, doivent pareillement leur fertilité aux atterriſſemens que cette rivière a formés, en changeant ſouvent de lit. Quand je conſidère, dit Montagne, l'impreſſion que ma rivière de Dordogne fait de mon temps, vers la rive droite de ſa deſcente, & qu'en vingt ans elle a tant gagné & dérobé le fondement à pluſieurs bâtimens, je vois bien que c'eſt une agitation extraordinaire ; car ſi elle fût toujours allée ce train, ou dût aller à l'avenir, la figure du monde ſeroit renverſée. *Eſſais de M.*

vallée commercent aussi avec les Espagnols, auxquels ils fournissent principalement des mulets ; il en passe tous les ans une grande quantité par le port de Bielsa, un des plus élevés des Pyrénées, & que la nature ferme par les neiges pendant six ou sept mois de l'année. La vallée d'Aure, ainsi que les vallées voisines, reçoivent des Espagnols plusieurs denrées, entr'autres du vin, qu'ils transportent à dos de mulet, contenu dans des outres qui lui communiquent un goût très-désagréable ; j'ai cependant remarqué dans les Pyrénées, des personnes qui aiment le goût que le vin prend dans ces peaux, enduites de poix, comme l'histoire nous l'apprend des Romains, & de quelques peuples de la Grèce.

« La vigne, suivant Plutarque, reçoit plusieurs commodités & » plaisirs du pin, attendu qu'il lui fournit les choses propres & né-» cessaires à bonifier & conserver le vin ; car tous universellement » empoissent les vaisseaux où on le met, & encore y en a-t-il qui » mettent de la résine dedans le vin même, comme font ceux » d'Eubœe, en la Grèce ; & en Italie, ceux qui habitent aux envi-» rons du Pô ; & qui plus est, on apporte de la Gaule Viennoise, » du vin empoissé, que les Romains estiment beaucoup, & en font » grand cas, d'autant qu'il semble que cela lui donne non-seulement » une agréable odeur, mais aussi qui le rend plus fort & meilleur, » lui ôtant, en peu d'espace, tout ce qu'il a de nouveau & de » substance éveuse, par le moyen de la chaleur ». Voyez les Œuvres de Plutarque, Tome II, pag. 121, Trad. d'Amiot.

Nous terminerons nos observations sur la vallée d'Aure, par un phénomène singulier, que présente la Neste ; cette rivière reçoit, vers sa source, près du pont de Fabian, un ruisseau qui descend par le vallon de Couplan : on assure qu'il abonde en truites, tandis que les eaux qui viennent des montagnes de l'hôpital de Chaubert, n'en produisent pas ; il est vraisemblable que les lacs situés à l'extrémité du vallon de Couplan, attirent le poisson dans cette partie de la vallée d'Aure.

DESCRIPTION MINÉRALOGIQUE
D E S   M O N T A G N E S
QUI DOMINENT LES VALLÉES DE NESTE ET DE LOURON.

Direction des Bancs.	*Inclinaison des Bancs.*	

Avant d'entrer dans la vallée qu'arrose la Neſte, qui communique avec celle de Louron, le voyageur traverſe au Nord du village de Labarthe, une grande plaine dont le ſol manque moins de fécondité que de cultivateurs ; les pierres roulées qu'on y trouve, ſont les témoins qui décèlent le ſecret de ſa formation ; ſituée au pied des Pyrénées, elle s'eſt élevée par les matières que les torrens y ont dépoſées. Cette plaine inculte domine les riches campagnes qui bordent la Neſte, rivière que nous allons remonter juſqu'aux lieux d'où elle tire ſa ſource ; ſi nous portons nos regards vers la droite, nous appercevrons d'abord près du village d'Izaux, des collines qui contiennent des terres argileuſes.

Plus loin on entre dans les montagnes de la région inférieure, elles ſont compoſées de marbre gris.

Avant que d'arriver au village de Heches, on trouve des maſſes d'argile.

Les matières argileuſes précédentes ſont interrompues à Heches par des maſſes de marbre gris, l'Egliſe de ce lieu eſt bâtie ſur cette eſpèce de pierre.

De l'O.N.O. à l'E.S.E. Du S.S.O. au N.N.E. Entre Heches & Reboue, qu'un eſpace de mille toiſes ſépare, on découvre des couches de ſchiſte mol, argileux.

Direction des Bancs.	Inclinaison des Bancs.
De l'O.N.O. à l'E.S.E.	Du S.S.O. au N.N.E.
De l'O.N.O. à l'E.S.E.	Du S.S.O. au N.N.E.
De l'O.N.O. à l'E.S.E.	Du N.N.E. au S.S.O.
De l'O.N.O. à l'E.S.E.	Du N.N.E. au S.S.O. Du S.S.O. au N.N.E.

En continuant d'avancer vers le Sud, l'attention du voyageur est fixée à Reboue par des bancs de marbre gris. Cette couleur uniforme domine dans les pierres calcaires des Pyrénées, mais les marbres de Sarrancolin vont bientôt nous offrir une agréable variété.

Au Nord des carrières de Sarrancolin, d'où l'on a tiré des blocs considérables pour servir à l'ornement des plus superbes palais, on voit les ruines d'une fonderie qui attestent le mauvais succès de l'exploitation des mines qu'on a ouvertes dans cette contrée ; autour de ce lieu se trouvent des bancs de schiste argileux plus ou moins feuilleté.

Plus loin s'élèvent des montagnes de marbre gris, au pied desquelles Sarrancolin est situé ; à une petite distance Sud de cette ville, sur la rive droite de la Neste, on trouve des bancs de marbre, qui, par la variété de ses couleurs, récrée un peu la vue, lassée de l'aspect monotone que présentent les pierres calcaires que nous avons observées, & qui communément sont grises. Le marbre, connu sous le nom de Sarrancolin, est d'un rouge de sang, ordinairement mêlé de gris & de jaune ; on y remarque aussi des parties spathiques & transparentes.

Passons au-delà du village de Jumet, qu'une distance de mille toises sépare de Sarrancolin, nous y découvrirons des masses énormes de petites pierres liées par un gluten, elles sont en général calcaires ; c'est une espèce de brèche.

On trouve aussi au Sud de Jumet du schiste argileux, qui ne se lève point par feuilles minces.

A une petite distance Sud de Frechet, village situé à une demi-lieue du précédent, on rencontre des masses de marbre gris.

Après Frechet on côtoie des montagnes, composées de bancs de schiste argileux, qui ne se sépare point par feuilles minces ; vous trouvez la même espèce de pierre, autour d'Arreau, petite ville

Direction des Bancs.	*Inclinaison des Bancs.*

ville située au pied des montagnes de la région moyenne, & au confluent des torrens qui coulent dans les vallées d'Aure & de Louron; nous allons parcourir la dernière jufqu'aux fommets qui la bornent du côté du midi, fans nous écarter de la direction du Nord au Sud, que nous fuivons conftamment dans nos recherches.

De l'O.N.O. à l'E.S.E. | Du N.N.E. au S.S.O.

Arrivé à un quart de lieue ou environ d'Arreau, l'obfervateur découvre quelques bancs de pierre calcaire; c'eft une efpèce de marbre vert & gris, qui paroît contenir une grande quantité de fubftance argileufe.

Plus loin, les montagnes préfentent des maffes de granit : cette roche dont les Naturaliftes n'ont point encore réuffi à découvrir l'origine, finit à un quart de lieue Sud de Bordères, village éloigné d'Arreau, d'environ deux mille toifes.

De l'O.N.O. à l'E.S.E. | Du N.N.E. au S.S.O.

Derrière ces maffes graniteufes n'efpérez pas trouver quelque fubftance nouvelle, c'eft la répétition perpétuelle de ce que nous avons déjà décrit; ce font des matières calcaires & argileufes difpofées par bandes alternatives comme les obfervations vont nous l'apprendre. Examinons d'abord les pierres qui font au-delà de Bordères, nous trouverons des bancs de fchifte argileux, groffier, auxquels le granit fert de bafe.

De l'O.N.O. à l'E.S.E. | Du N.N.E. au S.S.O.

Si nous continuons d'avancer vers le Sud, nous découvrirons près du village d'Avejan, des bancs de marbre gris, leur plan d'inclinaifon fuit celui des fchiftes précédens qui font appuyés fur des maffes de granit. Nous trouverons d'autres bancs inclinés de la même manière jufqu'au village Génos.

De l'O.N.O. à l'E.S.E. | Du N.N.E. au S.S.O.

Les environs de Vielle préfentent des bancs de fchifte dur argileux. Dans toutes ces matières difpofées par bancs & faciles à fe détruire, les eaux ont creufé plufieurs ravins, dont la direction eft en général d'Orient en Occident : que l'on jette

E e

Direction des Bancs.	*Inclinaison des Bancs.*

les yeux fur la carte géographique de cette partie des Pyrénées, & l'on fe convaincra de la vérité de ce que j'avance, l'on y verra auffi que les montagnes de granit qui réfiftent mieux aux injures du temps, n'ouvrent pas de même leur fein pour donner paffage, comme les pierres calcaires & argileufes, à une prodigieufe quantité de fources qui offrent au voyageur altéré une onde claire & limpide.

Après Vielle, l'arrangement général des matières des Pyrénées indique des bancs calcaires qui devroient fe trouver près de Pouchergues; ils ont échappé à mon attention, mais les morceaux de marbre gris que j'ai remarqués dans ce village, font préfumer que les montagnes voifines font compofées de cette efpèce de pierre.

Entre Pouchergues & Adervielle le Naturalifte

De l'O.N.O. à l'E. S. E. — *Du N. N. E. au S. S. O.*

découvre des couches d'ardoife argileufe, qui ne demeurent point inutiles dans le fein de la terre, on a ouvert près d'Adervielle des ardoifières; on trouve pareillement à Génos, qu'une petite diftance fépare de ce lieu, des carrières d'ardoife; la plupart des ardoifes y font verdâtres. La direc-

De l'O.N.O à l'E. S. E. — *Du S. S. O. au N. N. E.*

tion de ces couches eft celle qu'on voit en marge.

À une petite diftance Sud de Génos, on dé-

De l'O.N.O. à l'E. S. E. — *Du S. S. O. au N. N. E.*

couvre quelques bancs de marbre gris.

Si nous montons vers le village de Londervielle, éloigné de Génos d'environ neuf

De l'O.N.O. à l'E. S. E. — *Du S. S. O. au N. N. E.*

cens toifes, nous y trouverons des couches d'ardoife argileufe; avant que d'arriver à Artiguelongue, les montagnes préfentent les mê-

De l'O.N.O. à l'E. S. E. — *Du S. S. O. au N. N. E.*

mes matières; on y découvre des carrières d'ardoife.

Près d'Artiguelongue, qui eft au-delà de Saint-Pé, que l'ordre des Templiers poffédoit ancien-

De l'O.N.O. à l'E. S. E. — *Du S. S. O. au N. N. E.*

nement, on trouve des bancs de marbre gris; on a établi des fours à chaux à portée de ces bancs calcaires.

Direction des Bancs. | *Inclinaison des Bancs.*

A mesure qu'on avance vers le midi, la nature devient plus avare en productions végétales, après Artiguelongue le voyageur erre sur des roches stériles de granit, disposées par masses; on y remarque aussi quelques bancs graniteux, mêlés avec des substances argileuses. L'intervalle qui se trouve depuis Artiguelongue jusqu'à un quart de lieüe Nord de l'hôpital de la Pès, est occupé par des montagnes de granit. Les torrens qui ont leurs sources dans celles de Clarabid ne roulent que des morceaux de cette roche & de schiste micacé, ce qui doit faire présumer que les sommets de cette région supérieure qui n'offre que des déserts ensevelis dans la neige, sont composés de ces deux espèces de pierre.

Nous voici parvenu à l'hôpital de la Pès, qui de même que toutes les habitations de ce nom, qu'on trouve dans les parties les plus sauvages des Pyrénées, est une retraite destinée pour le voyageur, & non un asile où la charité secoure l'humanité souffrante, ainsi que sa dénomination pourroit le faire croire ; près de ce lieu solitaire sont des

De l'O.N.O. à l'E.S.E. | Du N.N.E. au S.S.O.

montagnes qui présentent des bancs de schiste micacé, appuyés sur des masses de granit. Comme ces montagnes ne souffrent presque point de végétaux, on n'est pas étonné de ne pas rencontrer des animaux dans une région qui ne peut pas les nourrir.

Les bancs que je viens de décrire sont ainsi qu'on l'a vu, dans la direction de l'O. N. O. à l'E. S. E. quand à leur inclinaison elle est du N. N. E. au S. S. O. depuis les environs d'Arreau jusqu'à Genos & du S. S. O. au N. N. E. de Génos à Artiguelongue ; elle approche au reste, presque toujours, de la perpendiculaire ; tel est l'arrangement des matières que nous avons trouvées dans les montagnes de cette partie des Pyrénées. On doit observer que les bancs de schiste argileux y dominent, & que les pierres calcaires sont en moindre quantité.

E e 2

Direction des Bancs.	Inclinaison des Bancs.

On trouve au pic de Fourcade, de la mine de plomb, à petits grains ; comme cette mine est la seule que j'aie vue dans ces montagnes, j'ai cru devoir la rapporter ici sans en faire un article particulier (1).

---

(1) La vallée de Louron est séparée par de hautes montagnes de celle de Giftau, dans laquelle je n'ai point pénétré ; mais M. Bowles en ayant fait la description, j'espère qu'on me saura gré de donner un extrait de ses observations.

On voit dans la vallée de Giftau beaucoup de roches calcaires, du gypse blanc comme la neige, & du granit gris en blocs énormes, qui roulent dans la Cinca : on y trouve aussi de la pierre à aiguiser, du grain & de la couleur de celle de la montagne d'Elizonde, dans la Basse-Navarre.

Il y a trois mines de plomb & une de cuivre, dans les environs du Plan, lieu principal de la vallée de Giftau.

M. Bowles ayant exposé à l'action du feu, un morceau de mine de plomb, qu'il avoit apporté d'une montagne ardoisée, nommée *Sahun*, trouva qu'il étoit si abondant en métal, qu'il rendoit cinquante livres de plomb par quintal.

La vallée de Giftau fournit de la mine de cobalt arsenicale, d'un gris cendré, ayant pour gangue une espèce d'ardoise dure & luisante.

« Au commencement du siècle, dit M. Bowles, un paysan de cette vallée trouva que » les pierres d'un endroit de la montagne élevée, qui est en face & au Nord-Est de Plan, » étoient plus pesantes que des pierres ordinaires ; il soupçonna que c'étoit une mine » d'argent. Il en prit une, & la porta à Saragosse, à un particulier qu'il croyoit connoisseur » en mines. Ce particulier fit tous les essais imaginables pour y découvrir l'argent qu'il » espéroit y trouver ; mais à la fin il fut désabusé, & reconnut que c'étoit une mine » de cobalt. Il en envoya quelques morceaux à la fabrique de bleu d'Allemagne, où l'on » en fit l'épreuve. Les Allemands le trouvant parfait, cherchèrent à profiter de la richesse » de la mine, sans rien découvrir aux Espagnols, ni de sa valeur, ni de leur secret ; » pour cet effet, ils envoyèrent un Commissaire Allemand, chargé de traiter avec les » Aragonois, pour la concession des mines de la vallée de Giftau, en se soumettant à » donner tous les ans au Roi, une certaine quantité de plomb, à bon prix. La Cour lui » accorda sa demande, sans soupçonner qu'il y eût aucun autre métal dans cette mine. » L'Allemand & l'Espagnol firent ensuite un traité secret, par lequel le second s'enga- » geoit à livrer au premier, tout le cobalt qu'on tireroit de la mine, à raison de trente- » cinq livres du quintal brut.

» Comme les gens du pays entendoient très-peu l'exploitation des mines, on fit venir » de l'Allemagne quelques gens au fait pour les instruire, & on commença à tirer le cobalt, » qui étoit vers le milieu de la montagne, sur le sommet de laquelle on trouve une autre » mine comblée, qu'on appelle *la Mine de Philippe IV*, parce qu'elle fut exploitée sous » son règne. J'ignore quel en est le métal, je soupçonne que c'est du même cobalt, dont » on abandonna l'exploitation dès qu'on n'y trouva point d'argent ; alors on ne connoissoit » pas bien ce métal, ni le parti qu'on en pouvoit tirer ; ce que je ne conçois pas, » c'est qu'on l'ait comblée, tandis qu'on a laissé ouvertes les mines de plomb, de cuivre, » qui sont dans le même endroit.

» Les Allemands tirèrent pendant long-temps cinq à six cens quintaux de cobalt par » année. On envoyoit ce cobalt par le port de Plan à Toulouse ; où on l'embarquoit » sur le canal de Languedoc, & du Languedoc on le faisoit passer à la fabrique par Lyon » & par Strasbourg. Lorsque ces mêmes Allemands eurent écrémé, pour ainsi dire, notre » mine, dont ils tirèrent le plus aisé, son exploitation ne pouvant plus leur tourner à » profit, ils l'abandonnèrent, & s'en furent en 1753, peu de temps avant que j'y arri- » vasse ». *Voyez Introduction à l'Histoire Naturelle de l'Espagne.*

OBSERVATIONS.

La petite vallée de Louron, dont je viens de faire la defcription minéralogique, fe trouve à l'Eft de la vallée d'Aure ; elle commence à la ville d'Arreau, & s'étend jufqu'au port de la Pès : elle eft très-peuplée, vous y remarquez plufieurs villages, & il eft vraifemblable que les habitations auroient été portées plus loin, fi la communication avec l'Efpagne eût été ouverte, comme dans la vallée d'Aure. Les peuplades fe multiplient vers les frontières des deux royaumes, à proportion des rapports que les pays limitrophes ont entr'eux ; vérité que prouvent les ports de la Pès & d'Oo, qui comparés avec ceux de Bielfa, de Gavarnie, &c. &c., font moins pratiquables que ces derniers, & ne font acceffibles qu'aux gens de pied. Il feroit aifé d'ouvrir une communication de la vallée de Louron à celle de Giftau, en finiffant de percer, vers le milieu de fa pente, la montagne du port de la Pès, qui fépare les deux vallées ; cet ouvrage a été commencé il y a fept ou huit ans, pour faire paffer en France des mâts, qu'on devoit tirer d'une forêt, fituée fur le penchant des Pyrénées, du côté d'Efpagne. J'ignore le motif qui empêche l'exécution d'un fi beau projet ; s'il eût été fuivi, le port de la Pès feroit aujourd'hui un des paffages les plus courts & les plus fréquentés des Pyrénées. On n'auroit point à redouter ces tourbillons de vents & de neiges, qui offufquant la vue du voyageur, l'arrêtent au fommet des montagnes, où il eft expofé à la cruelle alternative de périr par la rigueur du froid, ou de tomber dans des abymes effroyables ; ce paffage mettroit à l'abri de pareils dangers, & l'on y parviendroit fans être expofé à franchir des obftacles auffi grands que ceux qui fe rencontrent dans d'autres vallées. On ne feroit

---

La mine de cobalt, de la vallée de Giftau, réduite en faffre, rapporte, fuivant M. Sage, quinze cens pour cent : le quintal de mine fe vend quarante-cinq livres ; après avoir été calciné il produit moitié de chaux, laquelle mêlée avec trois fois fon poids de fable, eft vendue dans le commerce, fous le nom de faffre, quatre francs la livre. Deux quintaux de mine fervent à faire quatre quintaux de faffre, & produifent feize cens francs.

étonné que de la hauteur prodigieuse des montagnes qui dominent le port de la Pès & ses environs ; jusqu'ici la chaîne des Pyrénées ne présente rien de plus majestueux. A l'aspect de ces masses énormes, qui s'élèvent brusquement jusqu'au-delà des nues, & dont les cimes couvertes de neige, n'offrent à l'œil que le spectacle d'un hiver éternel, l'esprit demeure anéanti ; on perd non-seulement le courage de gravir sur des endroits aussi escarpés, mais encore celui de les décrire : la plume tombe de la main lorsqu'on n'a que des sujets d'étonnement & d'horreur à dépeindre.

DESCRIPTION MINÉRALOGIQUE,

DEPUIS BAGNÈRES DE LUCHON,

JUSQU'AU LAC DE CULEGO,

Situé vers l'extrémité de la vallée de Larbouſt.

L'ORDRE que nous ſuivons dans nos recherches nous mène dans la vallée de Larbouſt , qui eſt une branche de la vallée de Luchon, que nous n'avons point encore parcourue. Là , le Naturaliſte doit redoubler de courage, il faut toute l'ardeur que l'amour de la minéralogie eſt capable d'inſpirer, pour pénétrer dans une contrée qu'environnent des montagnes ſtériles , & dont les flancs ſont creuſés en précipices. Ceux qui ſe livrent à cette partie de l'hiſtoire naturelle trouvent qu'elle ne demande pas des travaux moins pénibles que la botanique, qui, ſuivant Fontenelle , n'eſt pas une ſcience ſédentaire & pareſſeuſe qui ſe puiſſe acquérir dans le repos & dans l'ombre du cabinet , elle veut que l'on coure les montagnes ; que l'on graviſſe contre les rochers, que l'on s'expoſe aux bords des précipices. L'étude des ſubſtances minérales exige non-ſeulement de pareils efforts , mais il faut une ardeur d'autant plus conſtante au contemplateur du regne minéral qu'il eſt preſque toujours environné d'objets, qui par leur uniformité & l'aſpect affreux qu'ils préſentent ſont capables de porter dans ſon ame la triſteſſe & le découragement. L'attention des botaniſtes n'eſt pas auſſi aiſée à laſſer , elle eſt

Direction des Bancs.	Inclinaison des Bancs.

continuellement réveillée par la variété des plantes qui parent la furface de la terre, chaque faifon fait naître un grand nombre de fleurs nouvelles que l'œil fe plaît à contempler. Quoique le fujet dont nous nous occupons n'ait pas les mêmes attraits, le defir de faire connoître l'organifation intérieure des Pyrénées, nous engage à continuer la defcription des matières qui conftituent cette chaîne de monts ; nous allons reprendre nos recherches, à Bagnères de Luchon, pour les continuer jufqu'à l'extrémité méridionale de la vallée de Larbouft, défendue de ce côté par des déferts impraticables & fans productions.

On trouve près de Bagnères de Luchon, fur la rive gauche du ruiffeau qui defcend de la vallée de Larbouft, des bancs de fchifte dur argileux ; ils paroiffent couverts, à leur fommet, de bancs de marbre gris.

De l'O. à l'E. déclinant un peu de l'Eft versleNord. — *Du Sud au Nord.*

En remontant le ruiffeau dont je viens de faire mention, on ne tarde point à découvrir des bancs d'une efpèce de marbre gris.

De l'O.N.O. à l'E.S.E. — *Du N.N.E. au S.S.O.*

On voit fur les bords du même torrent, des bancs de marbre gris, féparés par quelques couches de fchifte argileux.

De l'O. à l'E. déclinant de l'Eft vers le Nord. — *Du Sud au Nord.*

Plus loin, vous trouvez des blocs énormes de granit, ce font les débris de quelques montagnes formées par le prolongement des maffes de granit qu'on trouve vers l'entrée de la vallée de Louron, & qu'un tremblement de terre aura peutêtre renverfées. Ce bouleverfement n'a pu arriver qu'après la formation des bancs calcaires & argileux qui traverfent cette vallée, puifque ces bancs font couverts par les blocs de granit. On voit régner ce défordre dans une grande partie du terrain, qui fe trouve entre le village de Saint-Paul & celui d'Oo.

A une petite diftance Nord du lieu d'Oo, où la vallée quitte la direction de l'Oueft à l'Eft, que nous fuivons depuis Bagnères & où elle prend
celle

Direction des Bancs.	*Inclinaison des Bancs.*
De l'O.N.O. à l'E.S.E.	Du S.S.O. au N.N.E.

celle du Nord au Sud, on trouve des bancs de marbre gris, mêlés avec quelques couches de schiste.

| De l'O.N.O. à l'E.S.E. | Du S.S.O. au N.N.E. |

A ce même village, le sol est composé de bancs de schiste argileux, qui m'a paru presque aussi feuilleté que l'ardoise.

A un quart de lieue Sud d'Oo, situé à quatre mille toises ou environ de Bagnères, on trouve

| De l'O.N.O. à l'E.S.E. | Du N.N.E. au S.S.O. |

des bancs de marbre gris.

| De l'O.N.O. à l'E.S.E. | Du N.N.E. au S.S.O. |

Vous découvrez au-delà des bancs de schiste argileux. On apperçoit à Gouaux, une ardoisière, il est vraisemblable qu'on pourroit ouvrir aussi des carrières d'ardoise parmi les bancs de schiste des environs du village d'Oo.

En avançant vers le Sud on trouve près la chapelle Sainte-Catherine, où la terre ne produit pas

| De l'O.N.O. à l'E.S.E. | Du S.S.O. au N.N.E. |

de moissons, des montagnes composées de bancs de marbre gris.

| De l'O.N.O. à l'E.S.E. | Du S.S.O. au N.N.E. |

Les matières calcaires précédentes sont appuyées sur des bancs de schiste quartzeux, micacé, qui se dirigent pareillement de l'O.N.O. à l'E.S.E., elles sont suivies de masses de granit, au-delà desquelles les sommets des montagnes continuent à s'éloigner des vallées pour se perdre dans les nues.

Le granit des montagnes qu'on voit après Sainte-Catherine, s'étend sans interruption jusqu'auprès du lac de Culego : on remarque seulement dans cet intervalle, quelques bancs de marbre gris, qui couvrent le sommet des montagnes de granit.

Les masses de granit disparoissent avant le lac

| De l'O.N.O. à l'E.S.E. | Du N.N.E. au S.S.O. |

de Culego ; elles sont suivies de bancs de schiste micacé, qui s'étendent en largeur jusqu'à ce lac, sans changer de direction ni de plan d'inclinaison. Il paroît, d'après cet arrangement, que ces masses de granit servent de base aux bancs de schiste quartzeux, micacé, ainsi qu'aux matières calcaires.

F f

Direction des Bancs.	*Inclinaison des Bancs.*
De l'O.N.O. à l'E.S.E.	Du N.N.E. au S.S.O.

Si nous continuons à remonter le cours d'une rivière que nous côtoyons depuis Bagnères de Luchon, & dont la chûte rapide effraie & charme en même temps la vue par de hautes cafcades, nous trouverons au-delà des montagnes graniteufes fur la droite, & à côté du lac, des bancs de marbre gris, mêlés avec des matières de la nature de l'argile ; ces bancs de marbre fe trouvent appuyés fur les bancs de fchifte quartzeux micacé. Nous ne pénétrerons pas plus loin dans cette partie prefque inconnue des Pyrénées qu'environnent de toutes parts des rochers inacceffibles, ombragés de quelques pins fauvages. Nous nous bornerons à rappeller au lecteur que les bancs qui traverfent la vallée de Larbouft, fuivent la direction de l'Oueft-Nord-Oueft à l'Eft-Sud-Eft ; que les matières calcaires & argileufes y font difpofées alternativement & que les maffes de granit leur fervent d'appui, arrangement pareil à celui que nous avons en général obfervé dans cette longue fuite de rochers, qui fe prolongent depuis l'Océan jufqu'à la mer Méditerranée.

La montagne du village d'Oo, appellée *Squiery*, fournit, fuivant M. Campmartin, de la mine de plomb, qui ne rend pas affez pour payer les travaux. Nous ignorons fi les montagnes qui dominent la vallée de Larbouft, renferment des mines plus riches.

OBSERVATIONS.

Vous pénétrez dans la vallée de Larbouft, par une gorge qui fe prolonge jufqu'aux environs de Saint-Aventin : ici les montagnes fe rapprochent beaucoup moins, & préfentent, dans le penchant qui regarde le Sud, plufieurs villages dont quelques-uns font traverfés par le chemin de la vallée de Louron ; cette communication eft l'unique iffue par laquelle le voyageur puiffe fortir de la vallée de Larbouft. Le fentier qui mène en Efpagne, n'eft pra-

tiquable que pour les gens de pied : on eſt forcé de s'arrêter au lac de Culego, qui reçoit les eaux d'une caſcade, tombant d'environ deux cens pieds des rochers, dont les cimes ſont
éternellement couvertes de neige, & où les montures ne peuvent
gravir.

C'eſt dans ces lieux ſauvages que les bêtes à corne ont trouvé un
refuge aſſuré contre l'épizootie, qui pendant l'eſpace de trois ans a
dévaſté les provinces méridionales ; ce fléau terrible, que l'on vit
naître dans les environs de Bayonne, ſemblable à la peſte, ne
s'eſt communiqué que par le contact. Si l'air avoit eu la funeſte propriété de porter le germe de la mort, le bétail de
la vallée de Larbouſt, ainſi que celui de pluſieurs endroits iſolés des landes de Bordeaux, n'auroit pu échapper, malgré
toutes les reſſources de l'art, aux ravages de cette cruelle maladie.

Les moyens propres à arrêter l'eſpèce de contagion qui a déployé
ſa fureur dans une partie des Pyrénées, & dans les pays ſitués le
long de cette chaîne de montagnes, ſont auſſi peu connus aujour-
d'hui qu'ils l'étoient il y a dix-huit cens ans.

Virgile nous apprend, dans ſes Géorgiques, que la peſte fit périr
les animaux des Alpes, qui ſéparent la Germanie de l'Italie, ceux
de la Japidie & des contrées des Noriques ; qu'elle ſurmonta la ſcience
des plus habiles Médecins : « on voyoit, dit le Prince des Poëtes
» Latins, un taureau fumant ſous le joug qu'il traînoit, tomber tout-
» à-coup, vomir le ſang & l'écume, & pouſſer les derniers ſan-
» glots. Le triſte laboureur laiſſant ſa charrue au milieu des champs,
» & ſon travail interrompu, s'en retournoit, emmenant l'autre tau-
» reau, qui paroiſſoit affligé de la perte de ſon compagnon. Ni
» l'ombrage délicieux des forêts, ni la fraîcheur des ruiſſeaux, dont
» l'onde, plus pure que le criſtal ſer, pente au milieu des campagnes,
» ne pouvoient charmer leurs douleurs. Leurs flancs s'abaiſſoient,
» leurs yeux étoient mornes & éteints : leur tête devenue peſante,
» ſuccomboit ſous ſon propre poids. Le laboureur ſe vit réduit à

» remuer fon champ avec le rateau, & à faire avec la main fes fil-
» lons pour enfouir fes grains ».

L'épizootie de 1774 a, dans fes fymptômes & dans fes effets,
des rapports fi frappans avec la maladie contagieufe, dont ce paffage fait mention, qu'il femble qu'on en life la déplorable hiftoire.

DESCRIPTION MINÉRALOGIQUE,

DEPUIS MONREJEAU,

JUSQU'AU PORT DE VENASQUE.

Direction des Bancs. | *Inclinaison des Bancs.*

LES régions montagneuses que nous allons parcourir font partie du comté de Comminges, leur situation est à une égale distance de l'Océan & de la mer Méditerranée. Là, font les sources principales de la fertilité de l'Aquitaine ; la Garonne & un grand nombre de torrens qu'elle recueille se précipitent de ces lieux élevés & charrient de riches débris dans les campagnes inférieures ; si l'on remonte le cours de ce fleuve, depuis son embouchure jusqu'aux sommets glacés des Pyrénées où l'hiver exerce un éternel empire, on ne trouve presque nulle part ses bords composés d'un terrain stérile ; le sol que ses eaux arrosent est au contraire couvert de moissons & prodigue de fruits, qui charment l'œil & le goût ; on admire même l'abondance & la variété des productions sur les flancs des montagnes ; mais avant que de nous occuper des richesses qui embellissent leur surface, examinons les minéraux qu'elles renferment, & commençons nos recherches à Monrejeau, situé au pied des Pyrénées, à une petite distance de l'entrée de la vallée que nous allons suivre en côtoyant la Garonne. Cette ville présente fous ses murs des couches de schiste gris argileux, qui se sépare facilement par lames ; ces couches font couvertes de pierres roulées

De l'Oüest à l'Est. | Du Sud au Nord.

Direction des Bancs.	*Inclinaison des Bancs.*

de marbre, de granit, &c.; débris que les eaux ont transportés en même temps qu'elles creusoient de profonds ravins dans les Pyrénées; la plaine qui se trouve au Sud de cette ville, est pareillement formée des débris des montagnes.

Les collines situées à une petite distance Sud de Monrejeau, sont composées de masses de marbre gris; elles présentent aussi quelques bancs calcaires verticaux.

Margin (Direction des Bancs) : De l'O.N.O. à l'E.S.E.

A un quart de lieue ou environ Nord de Saint-Bertrand de Comminges, on voit des terres argileuses, & des blocs isolés de pierre verdâtre, qui m'a paru une espèce d'ophite.

Depuis Saint-Bertrand jusqu'au village de Bertren, les montagnes inférieures offrent du marbre gris, dont les bancs, ainsi qu'on peut le remarquer vis-à-vis du château de Luscan, sont dans la direction ordinaire; leur plan d'inclinaison varie.

Margin (Direction des Bancs) : De l'O.N.O. à l'E.S.E. — (Inclinaison des Bancs) : Du S.S.O. au N.N.E. Du N.N.E. au S.S.O.

Plus loin, sur la rive gauche de la Garonne, vis-à-vis du village de Galier, vous appercevez des bancs de marbre gris; leur inclinaison est communément du S. S. O. au N. N. E. J'ai vu aussi quelques bancs inclinés du N. N. E. au S. S. O.; cet arrangement se fait sur-tout remarquer vis-à-vis de Galier, lieu situé à trois mille cinq cens toises Sud de Saint-Bertrand, dans une plaine remarquable par sa fertilité & par la variété des fruits.

Margin (Direction des Bancs) : De l'O.N.O. à l'E.S.E. — (Inclinaison des Bancs) : Du S.S.O. au N.N.E. Du N.N.E. au S.S.O.

En continuant d'avancer vers le midi, on découvre sous l'Eglise de Salechan & avant d'arriver à Esténos, des bancs de schiste dur argileux. A mesure que l'on avance dans ces schistes, ils paroissent avoir plus de solidité; leur disposition n'est pas constamment la même; les bancs se prolongent de l'O. à l'E., en déclinant plus ou moins vers le Nord ou le Sud.

Margin (Direction des Bancs) : De l'O.N.O. à l'E.S.E. — (Inclinaison des Bancs) : Du S.S.O. au N.N.E.

Vous trouvez, après Esténos, des masses de granit, qui se terminent au Nord de Cierp, vil-

Direction des Bancs.	*Inclinaison des Bancs.*	

lage fitué à l'entrée des montagnes de la région moyenne, & au-deffus de la jonction de la Garonne & de la Pique.

N'oublions pas de rapporter qu'à une petite diftance Sud de la tour ruinée, qui domine le

| De l'O.N.O. à l'E.S.E. | Du S.S.O. au N.N.E. |

confluent de ces rivières, on remarque des bancs de granit, mêlé de fchifte.

En remontant le cours de la Pique, on décou-

| De l'O.N.O. à l'E.S.E. | Du N.N.E. au S.S.O. |

vre au-delà de ces matières graniteufes des bancs de marbre gris, inclinés du N. N. E. au S. S. O. Il eft aifé de comprendre, par cette difpofition, que les matières calcaires font appuyées contre les bancs de granit. On voit auffi, à une petite diftance Sud de Cierp, des bancs calcaires, dont la furface eft ondulée. *Voyez la Planche XII.* Près de ce village, la vallée que nous fuivons fe refferre. Cette gorge conduit à Bagnères de Luchon, célèbre par fes eaux minérales.

En continuant de côtoyer la Pique, dont les bords font ornés de prairies & de vergers, qui s'abreuvent de fes eaux, on trouve avant d'arri-

| De l'O. à l'E. déclinant de l'Eft vers le Nord. | Du Nord au Sud. |

ver à Bachos, des couches de fchifte gris, argileux, qui fe divife par feuilles mince

| De l'O. à l'E. déclinant de l'Eft vers le Nord. | Du Sud au Nord. |

Autour du village de Lège, les montagnes font compofées de bancs de marbre gris.

Plus loin, elles préfentent des bancs de fchifte dur, argileux. Le bouleverfement qu'on obferve dans ces bancs, ne permet pas de déterminer leur direction.

| De l'O. à l'E. déclinant de l'Eft vers le Nord. | |

Au village d'Antignac, fitué à une lieue ou environ Sud de celui de Lège, font des bancs calcaires prefque verticaux.

Si nous examinons les matières qui fe trouvent

| De l'O.N.O. à l'E.S.E. | Du S.S.O. au N.N.E. |

à Bagnères de Luchon, nous y découvrirons des bancs de fchifte groffier, argileux, d'où jailliffent des fources minérales près defquelles on remarque des blocs de granit, que les torrens y ont tranfportés.

M. Bayen ayant fourni à la vitriolifation artificielle, plufieurs morceaux de fchifte de Bagnères, en a tiré, par ce procédé, de la félénite, de l'alun, du vitriol, & de l'eau mere du vitriol; mais il n'a point obtenu de fel de fedlits, comme d'une autre pierre fciffile, à travers laquelle fortent les fources, dites *la froide* & *la blanche.* Cette dernière efpèce de fchifte, dit M. Bayen, eft très-fingulière; fes feuillets font épais & ne fe lèvent pas facilement, quand on en prend dans l'intérieur de la couche; ceux qui font à l'extérieur fe féparent, au contraire, très-aifément, effet qu'on doit attribuer à l'action de l'air. On trouve entre les deux furfaces de ceux qui fe divifent facilement, une légère couche d'une matière ocreufe, ou martiale.

Cette pierre, jugée à la vue, eft un amas confus de quartz, de mica jaune & blanc, & de quelques portions de fchifte, le tout uni par une forte de gluten, qui lui donne une couleur grife, & affez de reffemblance avec le grès. La poudre ocreufe qui fe trouve dans les fciffures, ne permet pas de douter que le fer n'entre auffi dans fa compofition.

Quand on la frappe avec le briquet, elle donne des étincelles; fi l'acier rencontre des morceaux de quartz; fi au contraire on touche le fchifte, le mica, ou le gluten, on ne tire point de feu, ce qui arrive affez fréquemment.

Elle ne fe réduit pas facilement en poudre; mais fi on l'expofe au feu, jufqu'à la faire rougir, & qu'on l'éteigne enfuite dans l'eau froide, elle fe pulvérife plus aifément: cette opération lui fait perdre fa couleur grife, & lui en donne une, tirant fur le rouge.

Lorfqu'elle a été pulvérifée, foit avant, foit après fa calcination & fon extinction dans l'eau, elle eft attaquable par les acides qui fe chargent tous d'une portion de fer, qui fe manifefte par la couleur des diffolutions, & par la teinture noire qu'elles prennent avec la noix de galle.

Cette

Nord

Coupe d'une Montagne située à un quart de Lieue Sud du Village de Borderes dans la Vallée de Louron, A. *Roux Schisteux* B. *Masses de Granit.*

Ouest

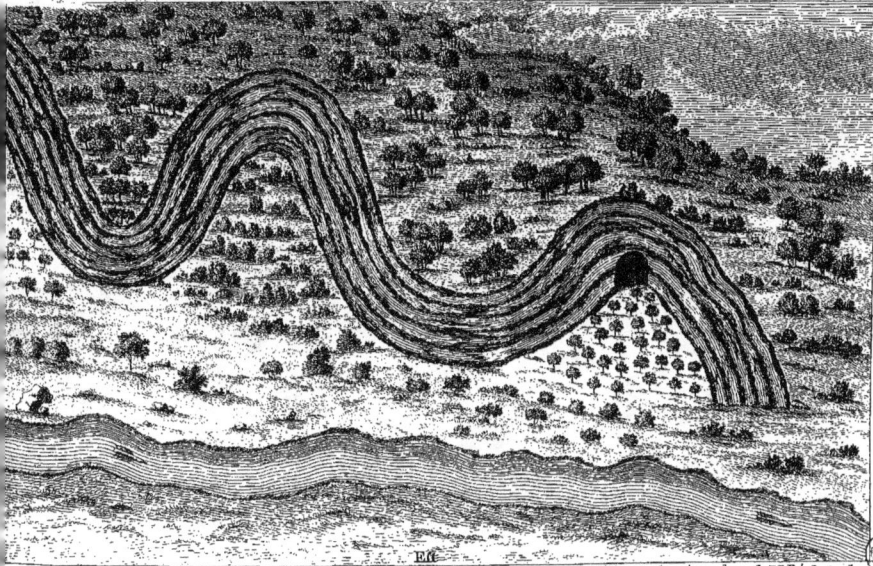

Nord

Est

Vue et Coupe d'une Montagne Calcaire qui se trouve à une petite distance Sud du Village de Cierp dans la Vallée de Luchon

Direction des Bancs.	*Inclinaison des Bancs.*

Cette pierre expofée pendant trois mois à l'action de l'eau, rendue aigrelette par l'acide vitriolique, a donné de l'alun affez abondamment, peu de vitriol martial, quelques criftaux de fel de fedlits, mais point de félénite.

A un demi-quart de lieue ou environ Sud des eaux de Bagnères, vous trouvez des fours à chaux, au pied d'une montagne, couronnée de forêts & d'où l'on tire des pierres calcaires.

Non loin de-là, ainfi qu'à Caftel-Viel, qui, dans la langue du pays où il eft fitué, fignifie *château vieux*, on découvre des montagnes de granit.

De l'O.N.O. à l'E. S. E.   Du N. N. E. au S. S. O.   Au Sud des ruines de ce château, on trouve des bancs de fchifte argileux, appuyés fur des maffes de granit. Près de cette fortereffe antique, la terre ceffe d'avoir des cultivateurs ; au-delà l'homme ne la force point à produire du grain, l'œil n'y rencontre que des bois ou des pâturages pour les beftiaux.

De l'O.N.O. à l'E. S. E.   Du S. S. O. au N. N. E.   Arrivé au quartier de Labaig de Bagnères, le Naturalifte découvre des bancs de marbre gris.

De l'O.N.O. à l'E. S. E.   A la jonction des ruiffeaux qui defcendent des ports de la Glère & de Vénafque, font des bancs verticaux de fchifte argileux, qui ne fe fépare point par feuillets minces. Les montagnes fituées au Nord de ce confluent font couvertes de bois ; elles prendront peut-être un jour une forme pareille à celles que l'on côtoie dans la vallée de Luchon, où les bois abattus ont fait place aux pâturages, aux champs & aux hameaux.

Si nous pénétrons jufqu'à l'hôpital de Bagnères, nous y trouverons des couches d'ardoife argileufe. Les habitans de cette ville ont ouvert, près de ce lieu, une ardoifière.

De l'O.N.O. à l'E. S. E.   Du S. S. O. au N. N. E.   Les montagnes qui s'élèvent au Sud de l'hôpital de Bagnères, paroiffent compofées, jufqu'aux plus hauts fommets de la région fupérieure, de bancs de marbre gris.

G g

Direction des Bancs.   *Inclinaison des Bancs.*

Les torrens que l'on voit se précipiter du port de Vénafque & des autres montagnes qui dominent l'hôpital de Bagnères, ne roulent pas des roches de granit ; mais il s'en trouve dans celui qui vient du côté du port de la Glère.

DESCRIPTION MINÉRALOGIQUE,

Depuis Saint-Béat, jusqu'au port de Vielle.

Direction des Bancs.	*Inclinaison des Bancs.*	
		Nous avons quitté dans les environs de Cierp, les bords de la Garonne pour suivre ceux de la Pique, qui arrose la vallée de Luchon, nous allons revenir au confluent de ces deux rivières d'où nous remonterons la Garonne par la vallée d'Aran, qui est parallèle à celle de Luchon, que nous venons de parcourir. Le Lecteur voudra bien se rappeller que les montagnes qui dominent ce confluent du côté de l'Ouest, renferment des matières graniteuses : cette roche traverse le lit de la Garonne, mais elle ne pénètre point visi-
De l'O.N.O. à l'E.S.E.	Du S.S.O. au N.N.E.	blement au-delà des montagnes situées sur la rive droite. Elles sont composées de marbre gris, dont les bancs se dirigent de l'O.N.O. à l'E.S.E., & ont pour base des masses de granit, qu'on n'appercevroit point, si les eaux n'avoient détruit la croûte calcaire qui couvroit cette espèce de roche.
De l'O.N.O. à l'E.S.E.	Du N.N.E. au S.S.O.	Vous voyez derrière le granit, des montagnes de marbre gris, où se trouvent les carrières de Saint-Béat. Le marbre y paroît communément en masse, on y distingue aussi quelques bancs ; le marbre de Saint-Béat est gris, comme je l'ai déjà dit. Ces mêmes montagnes contiennent du marbre gris, mêlé de blanc. La disposition des bancs calcaires prouve que le granit leur sert de base.
De l'O.N.O. à l'E.S.E.	Du S.S.O. au N.N.E.	A une petite distance Sud de Saint-Béat, ville située dans une gorge étroite, entre des monta-
De l'O.N.O. à l'E.S.E.	Du S.S.O. au N.N.E.	gnes arides, le Naturaliste découvre des bancs de marbre gris.
		On trouve au-delà des couches d'ardoise argi-

ESSAI SUR LA MINÉRALOGIE

Direction des Bancs.	*Inclinaison des Bancs.*
De l'O.N.O. à l'E.S.E.	Du S.S.O. au N.N.E.
De l'O. à l'E. déclinant un peu de l'Est vers le Nord.	Du Sud au Nord.
De l'O. à l'E, déclinant de l'Est vers le Sud.	
De l'O.N.O. à l'E. S. E. parmi ces bancs il s'en rencontre quelques-uns qui se dirigent de l'O. à l'E. déclinant de l'E. au Nord.	Du S.S.O. au N.N.E.
De l'O.N.O. à l'E.S.E.	Du N.N.E. au S.S.O.
De l'O.N.O. à l'E.S.E.	Du N.N.E. au S.S.O.

leuse, & des ardoisières à une petite distance Ouest du village d'Argut.

Au Sud de Fos, lieu situé à la distance d'environ trois mille toises de Saint-Béat, les montagnes présentent des bancs de schiste dur, argileux.

Plus loin, on rencontre des bancs quartzeux micacés, dont le plan d'inclinaison & la direction varient.

Au Nord de Bososte, on trouve des masses de granit, les montagnes au Sud de ce village, sont composées de la même espèce de roche. On y remarque aussi des bancs de schiste quartzeux micacé, qui deviennent plus distincts, à mesure que l'on s'éloigne des masses de granit. Ces matières se font remarquer avec les mêmes nuances au Portillon; ce passage est situé au Nord-Ouest des ruines de Castelléon, château que le Marquis de Bonas prit sur les Espagnols, le 11 Juin 1719.

On quitte, avant d'arriver à la paroisse d'Arrout, les bancs quartzeux micacés; ils sont suivis de bancs de schiste dur, qui à mesure qu'ils s'éloignent des masses de granit, ne participent plus de la nature de cette roche. L'inclinaison du N. N. E. au S. S. O., est celle que nous observerons jusqu'aux environs de Vielle.

En continuant d'avancer vers le Sud, on découvre à Arrout des bancs de schiste grossier argileux, mêlé avec des matières calcaires. Les montagnes dont ce village est environné, ainsi que la plupart de celles qui dominent la vallée que nous suivons, sont couvertes de forêts depuis Bososte. Elles fournissent des bois pour la construction des édifices & des vaisseaux; on y trouve abondamment des sapins, arbres vainqueurs des frimats, & qui, suivant l'expression de Pline, croissent sur les plus hautes montagnes, comme s'ils cherchoient à éviter leur destination, qui est d'aller éprouver les dangers de la mer.

Direction des Bancs.	Inclinaison des Bancs.
De l'O.N.O. à l'E. S. E.	Du N. N. E. au S. S. O.
De l'O.N.O. à l'E. S. E.	Du S. S. O. au N. N. E.
De l'O.N.O. à l'E. S. E.	Du S. S. O. au N. N. E.
De l'O.N.O. à l'E. S. E.	Du S. S. O. au N. N. E.
De l'O.N.O. à l'E. S. E.	Du S. S. O. au N. N. E.

Après la paroiffe d'Arrouft, on rencontre des couches d'ardoife argileufe, dans lefquelles on a ouvert une ardoifière.

A une petite diftance N. de Vielle, chef-lieu de la vallée d'Aran, les montagnes préfentent des bancs de marbre gris, pierre employée dans des fours à chaux, fitués fur la rive gauche de la Garonne.

On trouve à Vielle des bancs de fchifte argileux, qui ne fe fépare point par feuillets minces ; vous y remarquez auffi des couches d'ardoife verte, comme celle de Génos, dans la vallée de Louron.

Un peu au Sud de Vielle, il y a des bancs de marbre gris.

Vous découvrez immédiatement après, des bancs de fchifte dur argileux.

On pourroit compter encore une bande cal-caire, & une autre de fchifte, avant les bancs énormes de marbre gris, qu'on apperçoit vers le fommet du port de Vielle, à l'Eft de ce paf-fage.

Le ruiffeau qui defcend du port de Vielle, roule des blocs de granit ; il paroît que cette roche a formé de hautes montagnes, puifqu'on en ren-contre les débris à une fi grande élévation.

Les obfervations que nous venons de faire dans les montagnes du Comminges, fervent à confir-mer ce que nous favions déjà fur la conftruction des Pyrénées ; nous y avons trouvé, comme dans les autres parties de cette chaîne de monts, des bancs calcaires & des bancs argileux, dans la direction de l'O. N. O. à l'E. S. E. appuyés alter-nativement les uns contre les autres, & des maffes de granit qui leur fervent de bafe.

DESCRIPTION DES MINES
que fourniſſent les montagnes qui entourent la vallée de Luchon.

ON trouve dans le territoire de Marignac, de la mine de plomb à petites facettes.

Aux environs de Montauban & de Saint-Mamet, on découvre des pyrites martiales.

Près de Saint-Mamet, ſont des mines de plomb à petites facettes.

La montagne de Lys renferme la même eſpèce de mine de plomb, avec gangue calcaire.

On prétend qu'il y a une mine de plomb tenant argent, près du village d'Argut, dans la vallée d'Aran.

M. Campmartin rapporte qu'on trouve au ſommet de la montagne de Crabère, dans une fente de ſchiſte, beaucoup de criſtal, & qu'il y a dans la même montagne des mines d'argent, qui ont été exploitées par les Romains.

DESCRIPTION DES EAUX MINÉRALES
de Bagnères de Luchon, extraite de l'excellent Mémoire que MM. Richard & Bayen ont publié ſur la nature de ces ſources.

LA ville de Bagnères tire ſon nom de ſes eaux chaudes (1), qui jouiſſoient de quelque célébrité du temps des Romains, ainſi qu'il paroît par un aſſez grand nombre de monumens, ſur leſquels on lit des inſcriptions latines. Ces conquérans de l'univers étoient trop amateurs des bains chauds, pour croire qu'ils aient pu négliger ceux-ci, dans le temps qu'ils étoient les maîtres des Gaules & des Eſpagnes; ils étoient trop grands pour ne pas les avoir embellis. Tous les pays qu'ils ont conquis ou habités, portent l'empreinte de leur génie, de leur magnificence, & de leur bon goût. Les deſtructeurs de l'Empire Romain, & après eux les Sarraſins, peut-être le

(1) *Aquæ Balneariæ Luxonienſes, aquæ Convenarum.*

temps feul, ont tout détruit , & les éboulemens de pierre & de terre ont tout englouti. Les fources cependant fe faifoient paffage à travers les décombres, & on peut conjecturer qu'on n'a jamais ceffé d'en faire ufage , non plus que de beaucoup d'autres fontaines thermales , fréquentées par les Romains , dont peu de perfonnes avoient parlé depuis la chûte de leur Empire.

Les eaux de Luchon parurent alors abandonnées à la nature , & on ne fit rien pour en réparer les réfervoirs.

Sous le règne de François I , les eaux chaudes de Cauterès en Bigorre , attiroient dans les Monts - Pyrénées , une grande foule d'étrangers de diftinction ; du moins , c'eft l'idée que nous en donne la princeffe fa fœur, l'illuftre Reine Marguerite , Auteur de l'Eptaméron.

La mère du grand Henri fit ufage des eaux chaudes , dont les fources font dans une vallée Béarnoife ; les rochers que cette Princeffe franchit, les précipices à travers lefquels elle paffa , exiftent encore dans leur entier ; la main des hommes n'a rien fait pour en adoucir l'horreur.

Mais, tandis que les eaux de Bigorre & de Béarn étoient fréquentées par les perfonnes du premier rang , de toutes les parties de la France , tandis qu'une foule de peuples des environs , & beaucoup d'étrangers s'y raffembloient , celles de Luchon étoient à peine connues. Elles fembloient réfervées aux feuls habitans des vallées voifines, qui fouvent les abandonnoient pour celles de Bigorre ; ainfi la mode & la célébrité exercent leur empire fur tous les hommes ; elles n'épargnèrent pas même les habitans des montagnes des Pyrénées. Cependant les eaux de Luchon opéroient des guérifons, ce qui augmenta infenfiblement le nombre des malades qui les fréquentèrent ; & ce furent ceux-là qui n'alloient aux eaux que pour y chercher du foulagement à leurs maux, qui concoururent à tirer ces eaux de l'oubli où elles paroiffoient condamnées ; alors on fe les confeilla les uns aux autres, on les vanta beaucoup; & les Médecins de la France les entendirent nommer peut-être pour la première fois.

Les habitans de Bagnères de Luchon , que le voifinage de l'Efpagne expofoit aux malheurs de la guerre , avant qu'un Prince du Sang de nos Rois régnât fur cette vafte monarchie, ont été plufieurs fois réduits à la dernière mifère. Leur patrie a été fouvent la proie des flammes ; alors le mauvais état de cette ville, la pauvreté de fes habitans ne fuppofoient pas des logemens bien commodes, ni des reffources bien grandes ; ce qui, joint au délabrement des bains , concouroit à éloigner les malades ; mais infenfiblement cette ville a été rebâtie , & on y a élevé des maifons propres à recevoir des perfonnes de tout état ; les bains ont été auffi réparés , & il eft aifé d'y aborder par le beau chemin qu'a fait pratiquer M. d'Etigni.

Dans ce même temps on commença une fouille à côté des bains anciens , dans la vue de découvrir une fource qui fe manifeftoit par un petit fuintement ; & ce fut alors qu'on trouva plufieurs marbres , dont quelques-uns furent dépofés à l'hôtel-de-ville , & d'autres enlevés par des curieux. Ces marbres font de différentes grandeurs , mais leur forme eft conftamment la même , ce qui fait croire que ce font autant de petits autels votifs , dont les moulures & les bas-reliefs qui les décorent , annoncent le bon goût. L'infcription eft fur la face antérieure , & les bas-reliefs occupent les côtés ; les caractères font , pour la plupart , d'une belle forme , quelques-uns néanmoins paroiffent très-mal figurés.

Sur un de ces marbres , qui fert de piédeftal à une croix de bois , plantée devant les bains , on lit :

> *NYMPHIS*
> *AUG*
> *SACRUM.*

On peut juger qu'il y avoit encore une ligne écrite , par les afpérités qui fe font remarquer fous le mot *facrum*. Sur le côté droit de ce marbre , il y a un vafe en bas-relief , qui eft de la forme la plus élégante ; fur le côté gauche il y a un plat , ou un baffin également beau & bien confervé.

Sur un autre marbre on lit ces mots :

> *NYMPHIS*
> *Tc LAUDIUS*
> *RUFUS*
> *VSLM.*

On apperçoit fur un des côtés , un vafe très-défiguré , mais de la même forme que la précédente.

Dans le temps que l'on faifoit travailler à découvrir la nouvelle fource , on en trouva un beaucoup plus petit que ceux dont nous venons

venons de parler, mais il étoit de la même forme, on y lisoit cette inscription :

I X O N I
D E O
F A B E S T A
V. S. L. M.

La symmétrie des mots semble annoncer que la première lettre du premier mot a été détruite ; cette opinion est d'autant plus probable, qu'il y a avant le premier mot quelques aspérités qui ont assez la figure d'une L, ce qui feroit *Lixoni Deo* ; dans ce cas, ne feroit-il pas possible qu'on eût voulu désigner par-là le Dieu de la vallée dont elle portoit, & dont elle porte encore le nom?

Aux inscriptions rapportées ci-dessus, par MM. Richard & Bayen, j'en joins plusieurs autres, qui m'ont été communiquées par M. Campardon, Chirurgien-Major des eaux de Bagnères.

On voit à Bagnères de Luchon une pierre de marbre blanc, de deux pieds de hauteur, sur environ treize pouces de largeur, & neuf pouces d'épaisseur, avec l'inscription suivante :

N Y M P H I S
C R U F O N I..
Œ E X I E U...
V. S. L. M.

Les points prouvent que cette inscription n'est pas entière.
Un autre marbre porte l'inscription qui suit :

N Y M P H I S
A U G
V A L E R I A
H E L L A S.

On lit sur une autre pierre :

N Y M P H I S
C A S S I A
T O U T A
S E C U S I A U
V. S. L. M.

On voyoit au mois d'Octobre 1761, une autre pierre, qui est

H h

actuellement dans le Cabinet de M. le Préfident de l'Académie des Sciences , Infcriptions & Belles-Lettres de Touloufe ; elle porte cette infcription :

NUMIN..
MANU
SACRA
RUTA..
V. S. L.....

On remarquoit dans le même temps , à Bagnères de Luchon , une pierre, avec l'infcription qui fuit ; elle eft actuellement à Touloufe , dans le Cabinet de M. le Préfident d'Orbeffan :

MONTI
BUS Q. G
AMORIS
US.....

Il y a dans le même Cabinet une pierre de marbre , trouvée à Bagnères de Luchon , on y lit :

NYMPHIS
LUCANUS
ETEROTIS
V. S. L. M.

Les eaux de Bagnères de Luchon font monter le thermomètre de Réaumur , depuis le vingt-quatrième jufqu'au cinquante-deuxième degré.

Le degré de chaleur de la plupart de ces fources n'eft pas conftamment le même ; il diminue fur-tout dans le printemps : c'eft aux eaux qui proviennent de la fonte des neiges , & qui fe mêlent avec les eaux minérales , qu'il faut fans doute attribuer ce changement ; la chaleur de la fource de la grotte ne varie jamais.

Les eaux de Bagnères de Luchon contiennent du foie de foufre, du fel de Glauber , du fel marin , du natrum , ou alkali minéral , une matière infoluble , & une matière combuftible , d'une nature bitumineufe.

OBSERVATIONS.

Nous voici enfin arrivés à la partie la plus haute des Pyrénées : on a vu ces montagnes s'élever à mefure qu'elles s'éloignoient des bords de l'Océan : les rivières fe font reffenties de cette progreffion, leur volume d'eau a augmenté à proportion de la hauteur des montagnes d'où elles tirent leurs fources ; le terrain des vallées a dû pareillement s'agrandir, puifqu'elles font l'ouvrage des torrens. La Garonne, fans contredit la plus grande rivière des Pyrénées, fert à confirmer ces principes inconteftables, de même que la belle & large vallée qu'elle a formée. Pour que l'on puiffe mieux fe con-vaincre de la vérité de ce que j'avance, remontons le cours du fleuve, depuis Saint-Gaudens, & nous ne verrons point de ces gorges longues, étroites, que les rayons du foleil éclairent à peine.

Saint-Gaudens, ville qui pourroit tirer fon nom de la beauté de fa pofition, eft fitué à l'extrémité d'une plaine qui en domine une autre, auffi fpacieufe que fertile. La Garonne coule dans la plaine inférieure, après avoir reçu la Nefte à une petite diftance de Mon-rejeau ; ces rivières ne fuivent pas, en fortant des Pyrénées, la di-rection ordinaire de l'Eft à l'Oueft : il femble qu'elles aient pris un cours oppofé, à deffein d'entretenir la fertilité par des dépôts fuc-ceffifs, dans une des plus belles contrées qu'il foit poffible à l'œil de parcourir. Ici, l'heureux cultivateur ne craint point d'épuifer le fein fécond de la terre par l'abondance des fruits qu'il recueille ; le même champ offre à la fois des épis de blé, & des vignes qui étendent leurs branches jufqu'à la cime des arbres deftinés à les foutenir. Ces riches campagnes, bornées au Nord par d'agréables côteaux, con-tinuent vers Monrejeau, le long de la chaîne des Pyrénées, qui, s'élevant par degrés du côté du Sud, forme le plus magnifique fpec-tacle : chaque gradation de ce vafte amphithéâtre eft un fujet d'é-tonnement ; il offre fucceffivement à la vue des collines enrichies de moiffons, des montagnes que d'épaiffes forêts couvrent de leur fombre verdure, enfin des roches arides, dont les pointes blanchies par les neiges, fendent les nues.

Un des objets les plus remarquables de ce raviffant tableau, eft le Pic du Midi de Bagnères, qu'on regarde comme la plus haute mon-tagne des Pyrénées ; erreur produite par les loix de l'optique ; placé dans la région inférieure de la chaîne, il ne paroît dominer les mon-

tagnes qui le furpaſſent véritablement en hauteur , que parce que
l'angle optique , ſous lequel ces dernières font vues , eſt plus petit ;
quoi qu'il en ſoit , l'afpeȼt du Pic du Midi eſt grand & majeſtueux,
on ne ſe laſſe pas de le conſidérer. Mais quittons les plaines déli-
cieuſes que ſa tête altière ombrage , & pénétrons dans le ſein des
montagnes où ſe trouvent des objets non moins intéreſſans.

Au Nord de Saint-Bertrand (ville habitée du temps de César par
les *Convenæ*, qui étoient un amas de pluſieurs nations, chaſſées
d'Eſpagne par Pompée , après la défaite de Sertorius), la vallée
où coule la Garonne a peu de largeur : elle devient plus conſidérable près de ce lieu , agrandiſſement qu'ont produit les eaux de la
vallée de Barouſſe , & la Garonne qui les reçoit à une petite diftance de Saint-Bertrand. Les montagnes ſe rapprochent près du
château de Luſcan , & forment une eſpèce de gorge qui s'ouvre de
nouveau au Nord d'Eſténos ; elle devient une plaine riante que la
nature a enrichie de pluſieurs eſpèces de produȼtions végétales ; celle
de Cierp ne fixe pas moins agréablement les regards du voyageur ;
il y voit , comme dans les climats tempérés , des vergers abondans
en fruits , des champs fertiles , des vignobles dont les cèps ſont
chargés de raiſin , & de riches prairies arroſées par les eaux les plus
limpides. Cette plaine , qui charme par ſa variété , eſt la plus large
qu'on trouve dans le ſein des Pyrénées ; ſituée au confluent de pluſieurs torrens , qui contribuent chaque jour à en reculer les bornes,
elle s'eſt élargie à proportion de la grande quantité d'eau qu'ils y
portent.

A l'extrémité méridionale de ce baſſin , la vallée ſe partage en
deux branches , pour former les vallées de Luchon & d'Aran ; nous
allons ſuivre la première , dont le terrain eſt plus cultivé qu'il ne
paroît ſuſceptible de l'être. Quoique cette vallée ſoit aſſez étroite,
on y remarque pluſieurs villages entourés de champs & de prairies ;
c'eſt au voiſinage des ruiſſeaux que ces dernières ſe trouvent ordinairement. La Pique fertiliſe une infinité de vergers & de prés ; elle
diffère des autres torrens des Pyrénées , qui portent le ravage & la

défolation dans prefque toutes les campagnes qu'ils arrofent, en les enfeveliffant fous des amas de pierres & de fable; funeftes effets qu'on doit fur-tout attribuer à la grande rapidité avec laquelle les eaux fe précipitent des montagnes. Le cours de la Pique étant plus tranquille, ne fait qu'enrichir fes bords; il fe trouve ralenti par un grand nombre de digues, qu'on a élevées fur cette rivière, pour la conftruction des moulins à fcie.

La vallée de Luchon commence à s'ouvrir à la diftance d'une demi-lieue au Nord de Bagnères; vous la voyez dans fa plus grande largeur près de cette ville, où fe fait la jonction de deux rivières; les yeux y réncontrent un grand nombre de villages épars, des champs hériffés d'épis, & des prairies abreuvées d'une infinité de ruiffeaux. L'afpect des montagnes n'eft pas moins varié que celui de la plaine; elles offrent des habitations & des terres cultivées dans des endroits qu'on auroit jugés inacceffibles; d'autres font couronnées de fombres forêts. Au Sud, vers le port de Venafque, des monts fourcilleux, éternellement couverts de glaces & de neiges, repréfentent l'hiver au milieu de l'été. On ne trouve pas, depuis Bayonne, d'eaux minérales dont la fituation foit plus agréable que celles de Bagnères de Luchon; motif qui avoit fans doute déterminé les Romains, indépendamment des propriétés qu'ils avoient pu découvrir dans ces fources, à y former des établiffemens, & à négliger plufieurs autres endroits des Pyrénées, abondans en eaux minérales, mais dont le féjour ne peut être comparé à celui de Bagnères.

Si l'Obfervateur a lieu d'être fatisfait des points de vue que préfentent Bagnères & fes environs, le plaifir qu'il éprouve cède bien vîte au fentiment de compaffion que les habitans infpirent; c'eft un fpectacle affligeant pour une ame fenfible de voir la plupart de ces malheureux fujets aux goîtres: cette maladie donne à ceux qui en font attaqués un air de ftupidité, d'autant plus remarquable, qu'à cette difformité fe joint une articulation peu diftincte; ils prononcent difficilement les mots. La couleur de leur peau livide & bafanée, fait encore préfumer que la nature a été avare pour eux du bien précieux de la fanté, qu'elle prodigue ordinairement aux montagnards; leur complexion paroît foible, quand on la compare avec la fanté robufte des autres peuples des Pyrénées. Ils font foiblement animés au travail, & paroiffent n'avoir d'aptitude que pour le repos. Bagnères renferme une infinité de mendians, tandis qu'il n'en paroît qu'un très-petit nombre dans les autres vallées, & fur-tout dans celles du Béarn, de la Soule & de la Navarre, où l'on n'en rencontre pas de nationaux : vous y appercevez au contraire beaucoup d'activité. Dans les endroits les moins fertiles, au milieu des roches arides, les hommes paroiffent jouir d'un fort heureux, & leur bonheur n'eft pas troublé par l'image affligeante de la mendicité; cette différence eft très-fingulière; ne proviendroit-elle point du climat ? Montaigne a penfé que la forme de notre être dépend de l'air, du climat & du terroir où nous naiffons; non-feulement le teint, la taille, la complexion, mais encore les facultés de l'ame. Ce n'eft qu'en adoptant cette opinion qu'on peut hafarder d'expliquer les différentes nuances qui fe font remarquer parmi les peuples des Pyrénées. On obferve que l'efpèce humaine femble tomber dans l'engourdiffement, à proportion que le pays qu'elle habite fe trouve fitué à une plus grande diftance de la mer, & par conféquent dans les endroits les plus élevés. Voici des exemples qui fervent à le prouver.

On ne fauroit difconvenir que les Bafques ne foient le peuple le plus lefte & le plus agile qui fe trouve depuis Saint-Jean de Luz, jufqu'aux fources de la Garonne. La vivacité de leur caractère eft une chofe étonnante.

Viennent enfuite les habitans des vallées du Béarn, qui font moins leftes que les Bafques.

En paffant dans les vallées du Bigorre, on apperçoit que le peuple commence à s'appefantir; & enfin l'extrémité de la vallée de Luchon offre des êtres tout-à-fait engourdis, relativement aux peuples précédens; il femble qu'ils fe reffentent de l'antiquité de

leur fol, qui, plus élevé que celui des autres montagnes des Pyrénées, a dû fortir plutôt du fein des eaux.

« M. Bourguer a obfervé que les Indiens qui vivent en haut,
» dans la Cordelière, ont autant de mauvaifes qualités que ceux
» qui vivent au pied en ont de bonnes, fi on les confidère
» comme citoyens, ou comme faifant partie de la fociété; car
» d'ailleurs ils ne font pas capables de faire de mal; ils font tous
» d'une pareffe extrême, ils font ftupides; ils pafferont des jour-
» nées entières dans la même place, affis fur leurs talons, fans re-
» muer & fans rien dire.... Ils aiment un peu trop à boire d'une
» efpèce de bière qu'ils font avec le maïs ». *Voyez les Mémoires
de l'Académie des Sciences*, 1744.

Les habitans d'une partie de la vallée d'Aran, & fur-tout du village de Bofofte, ont une grande reffemblance avec ceux des environs de Bagnères; mais, contre la règle générale que je viens d'établir, à mefure que l'on remonte la Garonne, cette efpèce d'abru-
tiffement difparoît, quoique le terrain s'élève de plus en plus. Je
penfe qu'il faut attribuer un pareil changement aux peuplades Efpa-
gnoles qui fe font établies dans la vallée d'Aran, depuis qu'elle a
paffé fous l'empire de cette nation; les mariages contractés entre
les naturels du pays & les Colons, ont dû corriger le vice des
premiers.

La vallée d'Aran, dont nous allons commencer à nous entretenir, avoit toujours fait partie du Comté de Comminges jufqu'en 1192. Alphonfe II, Roi d'Aragon, fe l'appropria en ma-
riant au Comte de Bigorre, Béatrix, fa coufine, héritière du
Haut-Comminges; depuis ce temps, la vallée d'Aran, fans avoir
ceffé d'être fous la jurifdiction de l'Evêque de Comminges, eft ref-
tée aux Efpagnols. On a lieu de s'étonner que le fommet des Pyrénées, ne foit point, comme dans prefque toute l'étendue de la
chaîne, la borne naturelle de la France & de l'Efpagne; & qu'une
nation étrangère s'étende jufqu'en deçà de ces monts.

La vallée d'Aran commence après Saint-Béat, petite ville trèsrefferrée entre des rochers de marbre ; fa largeur n'eft point proportionnée au grand volume d'eau qu'elle reçoit ; la Garonne n'a miné que foiblement les maffes de granit, dont une partie des montagnes eft compofée ; cette efpèce de roche brave les injures du temps, & l'action continuelle des eaux. Ce n'eft que dans les matières argileufes & calcaires, faciles à fe détruire, & avec le concours des ruiffeaux, que fe forment communément, dans le fein des montagnes, les petites plaines que la nature femble avoir deftinées pour foulager la vue du trifte afpect des rochers. Ces circonftances réunies paroiffent avoir contribué à élargir l'endroit où eft fitué le village de Vielle, à l'extrémité de la vallée d'Aran, la plus profonde des Pyrénées.

Les montagnes du pays d'Aran s'élèvent infenfiblement, depuis Saint-Béat jufqu'aux fources de la Garonne, fleuve qui, dans fon cours majeftueux, a formé les plus belles, les plus fertiles contrées de la France, & à qui une infinité de villes, qu'on voit fur fes bords, doivent la richeffe de leur commerce. Une des plus hautes montagnes eft celle de Maladette, qu'on dit inacceffible, elle eft toujours couronnée de neiges ; ces maffes énormes ne préfentent guère, dans leur grande élévation, que des roches arides ; mais de vaftes forêts de hêtres & de fapins couvrent la furface des lieux inférieurs ; on en tire continuellement des bois de conftruction, que la Garonne porte dans divers endroits. Le penchant feptentrional qui borde la rive gauche de ce fleuve, eft le plus abondant en bois ; les montagnes de la rive droite, plus expofées aux rayons du foleil, rempliffent une autre deftination ; leurs flancs font en partie cultivés & couverts de plufieurs villages très-bien bâtis. Il ne faut pas être étonné que les habitans induftrieux de la vallée d'Aran n'aient point également rendu fufceptible de culture, l'autre côté de la rivière ; fon expofition au Nord y perpétue, pour ainfi dire, les rigueurs des hivers, qui mettent un obftacle invincible à leurs travaux.

DESCRIPTION

DESCRIPTION MINÉRALOGIQUE,

DEPUIS SAINT-MARTORY,

JUSQU'AU PORT ROUGE;

Situé à l'extrémité méridionale de la vallée de Biros, dans le Conserans.

Direction des Bancs.   *Inclinaison des Bancs.*

LE Conserans est un petit pays de France, en Gascogne, avec titre de Vicomté, borné au Nord & à l'Ouest par le comté de Comminges, au Sud par la Catalogne, & à l'Est par le comté de Foix ; il a pris son nom des anciens *Consorani*, peuples de l'Aquitaine, qui, du temps des Empereurs romains, avoient déjà été séparés des *Convenæ*. Ce pays est bordé du Nord au Sud, de hautes montagnes que nous traverserons dans cette direction, comme nous l'avons observé dans la description des autres parties de la chaîne des Pyrénées.

Avant de pénétrer dans le Conserans, nous allons examiner les environs de Saint-Martory, que l'on croit être l'ancienne Calagoris, patrie de l'Hérésiarque Vigilance ; cette ville est dominée par des côteaux composés de pierres calcaires.

A un quart de lieue Sud de Saint-Martory, on trouve des masses de terre argileuse & de pierre, de la nature de l'ophite : on les apperçoit dans un côteau, après avoir traversé la plaine de Saint-Martory, qui est formée des débris que la Garonne y a transportés des montagnes.

Direction des Bancs.	*Inclinaison des Bancs.*
De l'O. à l'E. déclinant de l'Eft vers le Nord.	Du Sud au Nord.

A une petite diftance Sud de Mane, on trouve des couches de fchifte argileux ; cette pierre fe divife par feuillets minces, eft affez friable, & de la couleur grife de l'ardoife : on remarque dans le même endroit, des bancs de fchifte grenu, jaunâtre. On paffe à ce village un ruiffeau qui defcend des fommets, que l'on voit s'élever au Sud-Oueft, du côté du bourg d'Afpet, il ne roule pas de pierres de granit ; celles qu'il charrie font calcaires, ou fchifteufes ; circonftance qui fait préfumer que les montagnes que l'on remarque audeffus d'Afpet, font compofées de marbre & de fchifte.

De l'O. à l'E. déclinant de l'Eft vers le Nord.	Du Nord au Sud.

Au Nord de Prat, château éloigné d'environ huit mille toifes de Saint-Martory, on découvre des bancs de marbre gris, traverfé de veines fpathiques.

Si nous traverfons le Salat, nous trouverons fur la rive droite de cette rivière & à l'Eft de ce lieu, du plâtre grenu.

Le château de Prat eft bâti fur une éminence compofée de maffes d'ophite.

Aux environs de Prat, la vallée que nous fuivons forme un coude, & fe prolonge de l'Oueft à l'Eft, jufqu'auprès de Saint-Lizier. Comme elle s'écarte de la direction qui nous a paru la plus convenable pour nos recherches, nous allons franchir le fommet des montagnes fituées au Sud de Prat, pour paffer dans la vallée de Biros ; par ce moyen notre marche continuera d'avoir lieu du Nord au Sud, ainfi que dans les autres parties des Pyrénées que nous avons parcourues : les montagnes dont nous venons de faire mention, font compofées de marbre gris.

De l'O. à l'E. déclinant de l'Eft vers le Sud.	

Si nous defcendons dans la vallée de Biros, nous découvrirons, à une petite diftance Sud de Luzenac, des couches verticales d'ardoife argileufe. Portez vos regards au-deffus d'Arrout, vous appercevrez une ardoifière, dont les couches fe dirigent ainfi que les précédentes.

A la petite ville de Castillon, commencent des montagnes considérables de granit, elles s'étendent jusqu'à la jonction des vallées de Bordes & de Biros.

Après la jonction des vallées de Bordes & de Biros, les montagnes font composées de couches d'ardoise argileuse. Vous trouvez immédiatement après, des bancs de schiste argileux, qui ne se sépare point par feuilles minces ; dans cette partie des Pyrénées, comme dans presque toute l'étendue de cette chaîne de montagnes, on profite des bienfaits qu'offrent une infinité de ruisseaux, mais il faut veiller avec soin aux ravages qu'ils peuvent causer.

De l'O. à l'E. déclinant un peu de l'Est vers le Nord. | Du Sud au Nord.

Depuis la jonction des vallées d'Orle & de Biros, le sommet des montagnes schisteuses, situées sur la rive gauche du torrent de la vallée de Biros, est couvert de bancs de marbre gris, parmi lesquels on trouve des morceaux de brèche violette : *Marmor particulis argillosis, œtitis crystallinis sparsis violaceum. Lin.* Et de la brèche grise : *Marmor particulis argillosis, œtitis crystallinis sparsis cinereum. Lin.*

De l'Ouest à l'Est.

Continuons de suivre la vallée de Biros, que des montagnes ceignent de toutes parts & où la nature variée a renfermé tout ce qui peut flatter la vue. On trouve à Bonac, des couches d'ardoise argileuse.

De l'O. à l'E. déclinant un peu de l'Est vers le Nord. | Du Sud au Nord.

Les montagnes, situées au Nord de Sentem, fournissent du marbre vert & rouge.

On apperçoit, à ce village, des couches d'ardoise argileuse ; au Sud on a ouvert des ardoisières.

De l'O. à l'E. déclinant un peu de l'Est vers le Nord. | Du Sud au Nord.

A Aylie, lieu situé au Sud, & à la distance d'environ trois mille toises de Sentem, les montagnes font composées de bancs de marbre gris.

De l'O. à l'E. déclinant de l'Est vers le Nord. | Du Sud au Nord.

Les bancs qu'on trouve entre Saint-Martory & le Port rouge, se dirigent communément de

Direction des Bancs. | *Inclinaison des Bancs.* l'Ouest à l'Est, déclinant de l'Est vers le Nord, & font inclinés du Sud au Nord. Il faut obferver que leur inclinaifon approche toujours de la perpendiculaire.

OBSERVATIONS.

Les vallées du Conferans s'étendent beaucoup moins vers le Sud, que celles dont nous nous fommes entretenus jufqu'à préfent; elles font bornées par la cime des Pyrénées, qui fe replie des extrémités du val d'Aran vers le Nord; cette chaîne reprend enfuite la direction de l'Oueft à l'Eft, mais les montagnes fupérieures ne font plus qu'un prolongement des montagnes moyennes fituées à l'Oueft du Conferans.

Une des principales vallées de ce pays, eft celle où coule le Lez, petite rivière qui prend fa fource dans les montagnes de Biros; cette vallée eft généralement étroite. La ville de Caftillon, fituée près du confluent de plufieurs ruiffeaux, domine l'endroit le plus fpacieux. Vous ne trouvez enfuite, jufqu'à la jonction des vallées d'Orle & de Biros, qu'une gorge fort étroite dans des montagnes de granit. Malgré une fituation fi peu favorable, vous remarquez plufieurs villages fur les rives du Lez.

La vallée s'élargit avant Bonac; ce n'eft, jufqu'après Sentem, qu'une fuite de prairies, bordées de montagnes, qui font une preuve de la merveilleufe induftrie des habitans; elles offrent à la vue des terres cultivées, & une infinité d'habitations, qu'on ne voit qu'avec étonnement dans des endroits auffi reculés.

Des brouillards qui enveloppoient les montagnes, fituées à l'extrémité de cette vallée, ne m'ont pas permis de juger de leur élévation; mais la petite quantité d'eau qui en defcend, & la largeur peu confidérable des vallées, toujours proportionnée à la groffeur des ruiffeaux qui les forment, me font préfumer que le fommet de cette partie des Pyrénées, ne parvient que jufqu'à la hauteur ordinaire des montagnes moyennes.

DESCRIPTION MINÉRALOGIQUE,

DEPUIS SAINT-LIZIER,

JUSQU'AU PORT DE SALAU,

Dans les montagnes du Conferans.

Direction des Bancs.	*Inclinaifon des Bancs.*
De l'O. à l'E. déclinant de l'Eft vers le Nord.	Du Sud au Nord.
Du N. N. O. au S. S. E.	De l'E. N. E. à l'O. S. O.

Nous venons de parcourir la partie occidentale du Conferans ; pour ne point changer l'ordre que nous fuivons dans nos recherches, nous allons actuellement nous attacher à l'examen des montagnes qui bordent la rivière du Salat, & la remonter depuis Saint-Lizier jufqu'à fa fource ; la colline fur laquelle cette ville capitale du Conferans eft bâtie, préfente, ainfi que les environs, des bancs de marbre gris. Vous trouvez des bancs de la même efpèce de pierre, près du pont qui traverfe le Lez, à Saint-Girons, ville fituée à une lieue Sud de Saint-Lizier, c'eft du marbre gris compofé en partie de petits corps, ayant une forme circulaire, & qui reffemblent parfaitement à ceux que l'on remarque dans les marbres de Bielle, d'Efcot, de Suharre, &c. La nature n'a pas voulu nous laiffer dans l'ignorance fur la formation de ces pierres calcaires, les corps marins qu'on y trouve & que le tems n'a point encore entiérement altérés, atteftent qu'elles (1) ont été formées dans le fein des mers dont les Pyrénées fe font dégagées avec le cours des fiècles.

---

(1) J'ai vu chez M. Bayen une table de marbre qui vient à l'appui de cette opinion ; elle eft compofée en partie de petits corps analogues à ceux des marbres ci-deffus, & fi bien confervés qu'on ne peut les méconnoître pour des corps marins.

Direction des Bancs.	Inclinaison des Bancs.
De l'O.N.O. à l'E.S.E.	Du N.N.E. au S.S.O.
De l'O.N.O. à l'E.S.E.	Du N.N.E. au S.S.O.
De l'O. à l'E. déclinant un peu de l'Est vers le Nord.	Du Sud au Nord.
De l'O.N.O. à l'E.S.E.	Du S.S.O. au N.N.E.
De l'O.N.O. à l'E.S.E.	Du S.S.O. au N.N.E.
De l'O.N.O. à l'E.S.E.	Du N.N.E. au S.S.O.
De l'O.N.O. à l'E.S.E.	Du N.N.E. au S.S.O.
De l'O.N.O. à l'E.S.E.	
De l'O.N.O. à l'E.S.E.	
De l'O.N.O. à l'E.S.E.	Près de Seix, du N.N.E. au S.S.O.; mais à une plus grande distance du S.S.O. au N.N.E.
De l'O.N.O. à l'E.S.E.	Du S.S.O. au N.N.E.

Au Sud de Saint-Girons, on découvre des blocs énormes de quartz.

Plus loin, on trouve des bancs de marbre gris.

Vous remarquez à quelque distance de-là, des couches de schiste argileux, qui se divise par feuilles minces, & dont le plan d'inclinaison varie de même que la direction.

Près d'Echeil, les montagnes présentent des bancs de marbre gris.

Vous rencontrez au-delà des bancs de schiste dur, argileux.

À une portée de fusil Nord de la Court, village distant d'environ deux mille cinq cens toises de Saint-Girons, on trouve des bancs de marbre gris.

Depuis la Court jusqu'à Saint-Sernin, les montagnes sont composées de masses de granit; dans cet intervalle la vallée que nous suivons est fort étroite, & n'offre qu'un terrain stérile.

Arrivé au village de Saint-Sernin l'Observateur trouve des bancs de schiste argileux, placés immédiatement sur le granit.

Les matières schisteuses précédentes sont suivies de bancs de marbre gris à un quart de lieue Nord de Seix, ville entourée de montagnes qui font partie de la région moyenne.

Vous trouvez au-delà, des couches d'ardoise argileuse.

On voit sous la ville de Seix, des masses de granit, d'où l'on tire des pierres de moulin. Au Sud-Sud-Ouest de ce lieu, la pique Montvalier, une des plus hautes montagnes des Pyrénées, se montre sur les confins du Conserans.

Au Sud de Seix, s'élèvent des montagnes composées de bancs de marbre gris, qui s'étendent en largeur jusqu'au confluent des rivières d'Aleth & du Salat.

Sur les bords de l'Aleth, on trouve des bancs de schiste dur : on y remarque aussi des couches d'ardoise argileuse.

Plus loin, après avoir passé cette rivière, les

Direction des Bancs. | *Inclinaison des Bancs.*
De l'O.N.O. à l'E. S. E. | Du S. S. O. au N. N. E.

montagnes préfentent des bancs de marbre de plufieurs efpèces ; il y en a de vert & blanc : *Marmor particulis fubimpalpabilibus opacum , compactum, poliendum, viride & album. Lin.* On en trouve auffi de violet & blanc , & de rouge & blanc ; ces marbres font unis à une fubftance argileufe , comme celui de Campan ; ils ont été anciennement exploités.

A une petite diftance Sud de la carrière ci-deffus qu'on appelle la *marbrière de la Taule* , font des bancs de fchifte argileux , qui ne fe lève point par feuilles minces.

De l'O.N.O. à l'E. S. E. | Du S. S. O. au N. N. E.

De l'O.N.O. à l'E. S. E. | Du S. S. O. au N. N. E.

On trouve , immédiatement après , des bancs de marbre gris , qu'on découvre facilement malgré les bois qui ombragent cette partie du Conferans , qui bientôt en fera dépouillée , pour les convertir en charbon à l'ufage des forges ; il feroit bien à defirer que les habitans des Pyrénées qui ont prefque entiérement détruit toutes les forêts de cette chaîne de montagnes effayaffent de les repeupler ; mais ce n'eft point ici le lieu de former des fouhaits dont l'accompliffement feroit fi avantageux pour la poftérité. Continuons à nous occuper de la ftructure des montagnes.

Avant d'arriver à Conflens fitué dans la région fupérieure vers l'extrémité méridionale de la vallée que parcourt le Salat , & qui dans fes finuofités montre les angles rentrans oppofés aux angles faillans , on découvre des bancs de fchifte argileux mêlé de matières calcaires.

A une petite diftance Nord de Conflens , font des bancs verticaux de fchifte ferrugineux.

Le port d'Ornorière , paffage par lequel on traverfe de la France en Efpagne , eft , fuivant ce qu'on m'en a rapporté , ouvert dans les bancs de fchifte.

Les bancs des montagnes qui dominent la vallée qu'arrofe le Salat , fe dirigent communément de l'O. N. O. à l'E. S. E. , & font inclinés du S. S. O. au N. N. E. ; l'inclinaifon de ces bancs approche prefque toujours de la perpendiculaire.

DESCRIPTION DES MINES
obſervées dans le Conſerans.

LES précieux métaux que les mines du Conſerans contiennent, doivent faire regarder cette partie, comme une des plus riches des Pyrénées.

On trouve dans les montagnes d'Argentère, de la mine de plomb, à petites facettes, dont la gangue eſt calcaire ; on aſſure que cette mine abonde en argent.

Les montagnes d'Aulus renferment de la mine de cuivre jaune, qu'on dit aurifère.

OBSERVATIONS.

La vallée que le Salat parcourt, ſe prolonge depuis les environs de Saint-Martory juſqu'au port de Salau ; elle préſente, avant Saint-Lizier, des plaines agréables & fertiles, bordées de côteaux, qui m'ont paru bien cultivés. Au Sud de la ville, l'on trouve des montagnes médiocrement élevées, à travers leſquelles le Salat n'a pu s'ouvrir que le paſſage néceſſaire à ſon cours ; le granit, roche très-dure, dont elles ſont compoſées, a réſiſté à l'action continuelle des eaux de cette rivière, au point que depuis le village de la Court, où commence le granit, juſqu'à Saint-Sernin, où des pierres ſchiſteuſes lui ſuccèdent, vous ne trouvez qu'une gorge étroite ; mais dès qu'on entre dans les bancs de ces dernières matières, faciles à ſe détruire, le voyageur découvre une plaine aſſez étendue, produite par la réunion de pluſieurs rivières qui, ſe joignant aux environs de Seix, enrichiſſent le Salat du tribut de leurs eaux. Après ce lieu, la vallée eſt généralement étroite ; ſi dans certains endroits elle l'eſt moins, il faut attribuer à la jonction de quelques ruiſſeaux, la cauſe de cet agrandiſſement.

On trouve juſqu'aux limites de la France & de l'Eſpagne pluſieurs villages, bâtis ſur les bords du Salat ; les montagnes qui bordent

cette

cette rivière font en partie habitées & couvertes de bois, journellement exploités pour la forge établie à Conflens, & pour celles de Vic-Deſſos.

Les habitans du Comté de Foix ayant détruit leurs forêts pour l'uſage des forges, ſont obligés d'aller chercher actuellement le charbon à de grandes diſtances; l'ancienne exploitation des mines de ce pays & du Conſerans, avoit dû contribuer déjà à la rareté du bois. Les ouvrages conſidérables que l'on voit dans les montagnes d'Aulus, atteſtent que cette partie des Pyrénées, riche en métaux, a tenté la cupidité des Romains, & peut-être des Comtes de Foix, dont quelques-uns ſurpaſſoient, par leur dépenſe, celle des plus grands Souverains de leur temps. Comme la monnoie avoit alors plus de valeur extrinſeque que de nos jours, & qu'une petite quantité de métal repréſentoit une ſomme conſidérable, il étoit poſſible alors de trouver de grandes richeſſes dans des minières où ceux qui entreprendroient de les exploiter aujourd'hui ne trouveroient aucun profit.

On a repris, depuis quelques années, les travaux des mines d'Aulus; il faut eſpérer que cette entrepriſe n'aura pas le mauvais ſuccès (1) qui ſemble attaché à l'exploitation des mines que renferment les Pyrénées, ſi l'on en excepte les mines de fer. Des exemples, malheureuſement trop fréquens, nous ont appris que l'avidité des hommes n'a pu dérober encore à la nature, les métaux, qui, ſelon l'opinion

---

(1) Quoiqu'il y ait en France un nombre prodigieux de mines de toute eſpèce, il s'en faut de beaucoup qu'elles méritent toutes les frais d'une exploitation; parmi celles qui ont la plus belle apparence, il ſe trouve quantité de filons qui ne ſont que ſuperficiels, & qui ſe coupent à la moindre profondeur. Un homme intelligent & expérimenté s'y trompera rarement : cependant il en eſt qui ſont capables de mettre en défaut la ſagacité la plus conſommée. On doit ſur-tout s'en méfier dans les Pyrénées; ces montagnes paroiſſent parſemées de mines, on y rencontre à chaque pas du minéral; malgré tout cela, je puis dire que tous les maîtres filons, c'eſt-à-dire, les mines ſolides & profitables, y ſont preſque auſſi rares que dans bien d'autres endroits du royaume. *Voyez la Préface du Traité de la fonte des mines par le feu du charbon de terre, par M. de Genſſane,* page xlj.

générale , demeurent cachés dans ces montagnes : on ne connoît jufqu'à préfent que les minières de Baygorry qui aient été fouillées fruétueufement ; toutes les autres tentatives ont englouti la fortune des entrepreneurs , dans les abymes d'où ils efpéroient tirer des tréfors. Pour épargner à la poftérité les malheurs que la reprife des anciennes mines eft capable d'occafionner , il faudroit placer des monumens qui indiquaffent tous ces écueils de la cupidité ; c'eft ainfi qu'on vient de le pratiquer en Italie : « La Cour de Rome , con-
» vaincue de l'inutilité des épreuves qu'elle a faites à grands frais ,
» relativement à l'exploitation de la minière de plomb , fituée à
» trois lieues de Civita-Vecchia , vient de renvoyer les ouvriers &
» le Directeur Piémontois qui avoit la conduite de l'ouvrage ; &
» l'on doit , à ce que l'on dit , placer au fommet de la montagne
» une colonne , fur laquelle une infcription avertira la poftérité de
» ne plus tenter une entreprife ruineufe & fans fruit , pour laquelle
» la Chambre Apoftolique a dépenfé vainement , en deux fois ,
» cent cinquante mille écus romains ». Voyez la Gazette de France ,
du 8 Octobre 1779.

L'avarice a été fouvent trompée par le fuccès des exploitations faites par les Phéniciens , les Carthaginois & les Romains. Les premiers , au rapport de Diodore de Sicile , trouvèrent tant d'or & d'argent dans les Pyrénées , qu'ils en mirent aux ancres de leurs vaiffeaux ; on tiroit en trois jours un talent euboïque en argent , ce qui montoit à huit cens ducats ; enflammés par ce récit , des particuliers ont tenté des recherches dans la partie feptentrionale des Pyrénées ; ils femblent avoir ignoré que le côté méridional a toujours été regardé comme le plus riche en métaux. Tite-Live parle de l'or & de l'argent que les mines (1) de Huefca fourniffoient aux Romains ; les monts qui s'alongent vers le Nord jufqu'à Pampelune ,

_____

(1) Le Conful M. Caton ayant triomphé de l'Efpagne , mit au tréfor public cinq cens quarante livres d'argent de Huefca. Voyez la Métallurgie d'Alphonfe Barba , Tome I , page 431.

sont fameux , suivant Alphonse Barba , par la quantité d'argent qu'on en a tirée. L'histoire ne fait pas mention des mines que les anciens ont exploitées du côté de France , ce qui prouve qu'elles leur ont paru moins utiles que les mines d'Espagne ; les commentaires de César nous apprennent seulement que lorsque Crassus assiégea la ville des Sotiates , les Aquitains accoutumés à creuser la terre pour en tirer le cuivre, se prévaloient de leur science dans les mines contre les fortifications romaines. Mais je ne connois pas d'anciens Auteurs qui aient expressément parlé des richesses métalliques de la partie septentrionale des Monts-Pyrénées. Aussi avons-nous remarqué que les entreprises qu'on y a tentées ont presque toujours été ruineuses. M. de Montesquieu rapporte que , dans la guerre pour la succession d'Espagne , le Marquis de Rhodes , de qui l'on disoit qu'ils'étoit ruiné dans les mines d'or , & enrichi dans les hôpitaux, proposa à la Cour de France d'ouvrir les mines des Pyrénées ; il cita les Tyriens , les Carthaginois & les Romains ; on lui permit de chercher , il fouilla par-tout & ne trouva rien.

La description des richesses que les anciens tiroient de ces montagnes n'est pas la seule cause des entreprises malheureuses qui ont eu lieu durant ce siècle & celui qui l'a précédé ; on a pu avoir été séduit par des relations publiées avant l'époque où la Minéralogie a commencé à fleurir ; elles représentent les Pyrénées très-abondantes en riches métaux , mais les vaines recherches que l'on a faites autorisent à croire qu'on a mis au nombre des matières les plus précieuses, toutes celles qui , par leur éclat , frappent la vue ; une telle erreur a peut-être été très-dommageable à ceux qui ont fouillé dans le sein des Pyrénées : nous allons voir ce qu'elle coûta aux Anglois, qui, en 1606, abordèrent à la Virginie. L'Auteur de l'histoire philosophique & politique des établissemens & du commerce des Européens dans les deux Indes , rapporte qu'un malheureux hasard leur offrit au voisinage de James-Town un ruisseau d'eau douce , qui , sortant d'un petit banc de sable, en entraînoit du talc, qu'on voyoit briller au fond d'une eau courante & limpide. Dans un siècle qui ne soupiroit qu'après les mines, on prit pour de l'argent cette poussière méprisable. Le premier, l'unique soin des nouveaux Colons fut d'en ramasser. L'illusion fut si complette, que deux navires étant venus porter des secours, on les renvoya chargés de ces richesses imaginaires ; à peine y restoit-il un peu de place pour quelques fourrures. Tant que dura ce rêve, les Colons dédaignèrent de défricher les terres. Une famine cruelle fut la punition d'un si fol orgueil. De cinq cens hommes envoyés d'Europe, il n'en échappa que soixante à ce fléau terrible.

On pourroit attribuer, ce semble, la stérilité des veines métalliques des Pyrénées, à la succession alternative des bancs qui constituent ces montagnes ; il est à présumer que les pierres calcaires & argileuses n'ont pas une égale disposition à recevoir les métaux ; les filons ont dû par conséquent éprouver des variations, lorsqu'ils ont été contraints de traverser ces différentes matières ; cet inconvénient se fait appercevoir beaucoup moins dans les montagnes, où une seule espèce de pierre domine, ainsi qu'on l'observe à Baygorry ; c'est peut-être à une pareille organisation que doivent la richesse de leurs mines plusieurs chaînes de montagnes, où les bancs calcaires & les bancs argileux ne se trouvent, dit-on, jamais confondus. Il ne faut pas être étonné que les Pyrénées contiennent des mines de fer, dont l'exploitation est plus suivie que celle des autres substances métalliques. La nature n'a point resserré le métal le plus utile à l'homme dans les bornes étroites des filons ; elle l'a répandu aussi en grandes masses, pour qu'il s'offrît abondamment à nos besoins.

DESCRIPTION MINÉRALOGIQUE

DES MONTAGNES

Qui bordent la vallée de Maſſat.

Direction des Bancs. *Inclinaiſon des Bancs.*

LA vallée de Maſſat, qui fait partie du Conſerans, eſt une des branches de la vallée que le Salat parcourt dans toute ſa longueur ; nous allons commencer la deſcription des montagnes qui l'entourent, au confluent de cette rivière, & du torrent qui prend naiſſance au port de Lers : cette jonction a lieu à la diſtance de cinq cens toiſes Nord du village de Saint-Sernin.

On trouve au Sud du pont bâti au-deſſus du confluent, dont nous venons de faire mention, des maſſes de granit, de même qu'au premier village que l'on rencontre plus loin, ſur la rive gauche du torrent qui vient des environs de la ville de Maſſat.

Au-delà, les montagnes ſont compoſées, juſqu'à une certaine diſtance de Maſſat, d'une eſpéce de ſchiſte quartzeux micacé.

A une demi-lieue ou environ, avant d'arriver à cette ville, on voit des maſſes de marbre gris.

De l'O.N.O. à l'E. S. E. Du N. N. E. au S. S. O.

Depuis Maſſat juſqu'après la forge ſituée au pied de la montagne de Lers, on trouve des bancs preſque perpendiculaires de ſchiſte dur, & des couches d'ardoiſe ; ces bancs argileux préſentent des ſchiſtes, dont la couleur eſt verdâtre ; il y a une ardoiſière à l'Eſt de la forge.

Plus loin font des montagnes compofées de granit jufqu'au port de Lers ; cette roche fe termine,
à ce paffage, qui eft de marbre gris, ainfi que le
côté méridional.

OBSERVATIONS.

La vallée de Maffat eft arrofée par une petite rivière, qui prend
fa fource au port de Lers : elle eft très-étroite vers fon entrée, & s'y
trouve dominée par des montagnes de granit, dont la hauteur eft
peu confidérable, & qui préfentent un grand nombre d'angles faillans, toujours oppofés aux angles rentrans. Quoique cette efpèce
de fol foit peu propre à être cultivée, le penchant des montagnes
qui regardent le Sud, offre des champs, des prairies & des habitations ; objets agréables, dont le nombre s'accroît & forme une charmante perfpective près de Maffat, ville fituée dans l'endroit le plus
large de la vallée. Le flanc, expofé au Nord, eft, pour ainfi dire,
ftérile.

Après Maffat, vous remontez la rivière par une gorge, bordée
de bois ; vous trouvez enfuite la montagne de Lers couverte de riches
pâturages, & furmontée de maffes de marbre gris, qui contraftent
finguliérement avec ces rians tapis de verdure, d'où le voyageur
ne détourne la vue qu'à regret.

DESCRIPTION MINÉRALOGIQUE
DES MONTAGNES
QUI BORDENT LA VALLÉE DE VIC-DESSOS,

Dans le Comté de Foix.

Direction des Bancs.	*Inclinaison des Bancs.*
De l'O.N.O. à l'E.S.E.	Du S.S.O. au N.N.E.
De l'O.N.O. à l'E.S.E.	Du N.N.E. au S.S.O.

LA vallée de Vic-Deſſos ſe prolonge, depuis Taraſcon juſqu'aux ſommets des montagnes qui ſéparent la France de l'Eſpagne ; bornes naturelles de preſque toutes les grandes cavités, dont la chaîne des Pyrénées eſt coupée du Nord au Sud ; le torrent qui coule dans la vallée de Vic-Deſſos, ſe joint à l'Ariège, auprès de Taraſcon.

A une petite diſtance Sud de cette ville, on trouve des bancs de marbre gris.

On voit immédiatement après, ſur la rive gauche du torrent de la vallée de Vic-Deſſos, quelques bancs de marbre inclinés du N. N. E. au S. S. O., qui deviennent horizontaux à leur baſe.

Plus loin, les montagnes préſentent, ſans interruption, juſqu'au ruiſſeau qui deſcend du côté d'Axiat, des maſſes de marbre gris ; on remarque dans cet intervalle pluſieurs cavernes, mais ſurtout un grand arceau de pierre calcaire, qui paroît être le reſte de quelque grotte affaiſſée ; ce rocher percé à jour, eſt ſur les montagnes de la rive droite du torrent qui parcourt la vallée de Vic-Deſſos.

Direction des Bancs.	Inclinaison des Bancs.

Après avoir passé le ruisseau d'Axiat, les montagnes sont composées de masses de granit ; cette roche s'étend jusqu'à la ville de Vic-Dessos, où elle sert d'appui à des matières calcaires.

Dès qu'on est sorti de Vic-Dessos, on

De l'O.N.O. à l'E.S.E. — **Du N.N.E. au S.S.O.** voit au Sud de ce lieu, des bancs de marbre gris, ils se prolongent sous le château, & sous la tour qu'on dit avoir été bâtis par les Romains ; c'est dans ces montagnes calcaires qu'est située la riche mine de fer de Vic-Dessos.

Vous trouvez au-delà, de l'ardoise marneuse : on apperçoit une carrière de cette espèce d'ardoise sur la rive droite du ruisseau qui descend du port d'Aulus, vis-à-vis des bordes de Vinteaux.

Après avoir passé le village d'Aufat, près duquel est une petite plaine qui borne agréablement la vue, les montagnes sont composées de masses de granit, jusqu'aux environs d'Ourre.

On voit, par la description ci-dessus, que les bancs calcaires de Vic-Dessos se trouvent entre des masses de granit ; arrangement qui semble devoir faire présumer que la formation de ces différentes masses a une seule & même époque. On supposera peut-être aussi que l'intervalle qui se trouve entre ces montagnes de granit, étoit un profond ravin, comblé dans la suite des temps de matières calcaires, que les eaux de la mer y ont déposées.

Des environs d'Ourre, jusqu'au port de Tabas-

De l'Ouest à l'Est. — **Du Nord au Sud.** cain, situé dans les montagnes de la région supérieure, on trouve des bancs de schiste dur argileux.

Nous ne finirons pas la description de la vallée de Vic-Dessos, sans observer que l'inclinaison des bancs qui la traversent approche de la perpendiculaire.

DESCRIPTION

DESCRIPTION DES MINES
de fer de Vic-Deffos.

Entre Sem & Lercoul, près de Vic-Deffos, on remarque une minière de fer qui contient plufieurs efpèces de mine.

1º. De la mine de fer fpathique.

2º. De la mine de fer micacée.

3º. De l'hématite mamelonnée : *Ferrum intractabile, glandulofum, fragmentis concentratis. Lin.* Cette dernière efpèce de mine, qui eft la plus abondante, fe forme, fuivant M. de Réaumur, à la manière des Stalactites : ce célèbre Naturalifte prétend que l'hématite n'eft qu'une concrétion ferrugineufe.

M. de la Peyroufe a trouvé dans la mine de fer de Vic-Deffos, plufieurs efpèces de manganèfe.

La mine de fer de Vic-Deffos, qu'on exploite depuis un temps immémorial, fournit du minerai à quarante forges ou environ, fituées dans le pays de Foix, le Languedoc & le Conferans.

Chaque forge rend toutes les vingt-quatre heures, quatre maffets, qui produifent ordinairement quatorze quintaux de fer, pour lefquels on emploie quarante-huit quintaux de mine, d'où il réfulte que dans cet intervalle de temps, ces quarante forges, qui font une confommation de mille neuf cens vingt quintaux de minerai, doivent donner fix cens foixante quintaux de fer. En faifant la déduction du chommage, le produit ci-deffus fe trouve réduit, fuivant quelques-uns, aux deux tiers.

Le minerai fe vend à la fortie de la minière ; il y a un réglement qui en fixe le prix à cinq fols par quintal & demi pour les habitans de Vic-Deffos ; les étrangers paient un fol en fus.

Le minerai que l'on tranfporte dans les forges du Conferans, eft échangé contre du charbon : on donne cent vingt-deux livres de mine pour deux facs de charbon, pefant environ cent vingt livres chacun ; le tranfport de ces matières fe fait aux frais des poffeffeurs de la mine.

Les procédés que l'on emploie pour extraire le fer de la mine de Vic-Deffos, font les mêmes dans prefque toutes les forges des Pyrénées, du côté de France ; elles font connues fous le nom de *forges Catalanes.*

Ll

On grille la mine dans des enceintes de maçonnerie, où l'on arrange un premier lit de bois, fur lequel on élève des couches alternatives de mine & de charbon.

La mine ainfi grillée, on la met, avec une certaine quantité de charbon, dans un bas-fourneau; on la laiffe expofée à l'action du feu pendant fix heures. Les trombes qui fervent de foufflets ne donnent d'abord que peu de vent, on l'augmente lorfque les morceaux de mine font parvenus à un état pâteux; à mefure que les matières fe précipitent au fond du creufet, on y jette de nouvelle mine & du charbon. La quantité de mine grillée qu'on emploie durant l'opération, peut être fixée à fix quintaux, & celle du charbon à dix. Après environ fix heures de feu, ainfi que nous l'avons déjà vu, on enlève du creufet une groffe loupe, qu'on appelle *maffet*, qui rend environ trois quintaux & demi de fer étiré.

Dès qu'on a tiré la loupe du feu, un ouvrier la bat à bras, avec une maffe de bois, opération qui fert à raffembler les parties trop dilatées, que des chocs plus violens pourroient féparer; on l'expofe enfuite aux coups du gros marteau, où elle eft coupée en deux portions, que l'on réduit en barres.

On obtient communément, par cette manière d'extraire le fer de fes mines, trois efpèces de fer; de l'acier, du fer fort, & du fer doux: on obferve que le fer fort & l'acier fe trouvent toujours dans les barres qui proviennent de la partie des maffelottes, formant l'extérieur du maffet; le fer doux eft fourni par l'intérieur du maffet.

« Suivant M. de Coudrai, la furface du maffet & les parties voi-
» fines de cette furface, étant celles qui effuient la plus longue & la
» plus vive action du feu, doivent être celles qui font le plutôt & le
» plus complétement dépouillées des parties hétérogènes, tant fixes
» que volatiles qui entroient dans la compofition de la mine; de-
» meurant enfuite expofée au contact immédiat des charbons, dont
» on garnit fans ceffe le creufet, de façon même à interdire toute
» action à l'air extérieur, elles doivent en recevoir une quantité de
» phlogiftique, furabondante à l'état de fimple fer auquel elles font
» parvenues.

» La qualité de la mine, celle du charbon, la conduite du travail
» en général, forment autant de caufes, dont l'exiftence particu-
» lière, en plus ou en moins, & les combinaifons entre elles doivent
» amener des différences à l'infini, dans la qualité & la quantité
» d'acier & de fer fort qui feront produites; cette qualité & cette

» quantité feront encore néceffairement proportionnées au degré de
» pureté où fe trouvera le fer doux , provenant du centre du
» maffet.

» Toute forge Catalane , enfin , quelles que foient fes propor-
» tions , doit produire du fer fort & de l'acier chaque fois qu'elle
» forme un maffet. L'efpèce de la mine , celle du charbon, les pro-
» portions du creufet , des trombes , influent néceffairement fur
» la quantité de ce produit , comme fur fa qualité ; mais ne
» peuvent l'anéantir , puifqu'il tient à l'effence de cette manière
» d'opérer.

» Il refte à favoir de quelle manière on reconnoît les aciers pro-
» duits dans le travail des forges Catalanes , & comment on les fé-
» pare des barres de fer doux , dans lefquelles ils fe trouvent ; rien
» de plus aifé (dit M. de Coudrai) , l'acier , même très-imparfait,
» étant toujours beaucoup plus dur à forger que le fer , celui qui
» cingle le maffet eft averti par le marteau même, de la quantité
» plus ou moins grande qui s'en eft formée , & cela dès qu'il com-
» mence le cinglage ; il fe règle en conféquence pour le chauffage
» & l'étirage des barres qui doivent en contenir ; & quand ces barres
» font refroidies par la trempe , qui dans ces forges fe donne géné-
» ralement à toutes les barres qu'on finit de forger, il les caffe à telle
» ou telle longueur, felon l'étendue qu'il foupçonne que l'acier doit
» y occuper.

» Il en eft de même pour le fer fort , à la différence que ce pro-
» duit étant bien plus confidérable que celui de l'acier, on en
» fait des barres entières , au bout defquelles fe trouve l'acier ,
» dont la reconnoiffance & la féparation devient par-là plus
» aifée.

» Le paffage de l'acier au fer fort , & du fer fort au fer
» doux , fe faifant par des couches contiguës & fucceffives dans
» le maffet qui le produit , il fuit que ces différentes efpèces
» doivent fe réunir dans les mêmes barres , quelque intelligence ,
» quelque foin qu'on fuppofe aux marteleurs pour les féparer.

» C'eft en effet ce qui arrive ; mais cette réunion dans une
» même barre , d'un fer plus ou moins acéré, avec un fer plus
» ou moins doux , ne feroit un inconvénient , qu'autant que
» ces différentes efpèces feroient mêlées & confondues les unes
» avec les autres , & rendroient par-là le fer inégal , & d'un
» traitement difficile à froid & à chaud , & même d'un très-
» mauvais ufage pour tous les ouvrages de quelque confé-

» quence, qui exigent toujours de l'égalité dans le fer qu'on y
» emploie.

» Mais ce mélange, cette confusion d'espèce n'a point lieu, &
» ne peut avoir lieu, parce que le masset, ou plutôt les masselottes,
» ainsi que les barres qui en proviennent, s'étirant toujours dans
» le même sens, les parties de même espèce restent toujours
» situées de la manière dont elles l'étoient dans le masset, & se
» filent à la suite les unes des autres, en conservant leur ordre
» primitif.

» A la vérité, il suit de-là qu'une barre peut tenir à la fois de
» l'acier, du fer fort & du fer doux, lorsqu'elle a une certaine lon-
» gueur; mais il s'ensuit aussi qu'à chaque partie de la barre où se
» trouveront ces différentes espèces de fer, elles y existeront dans
» toute la pureté, au moins nécessaire, pour ne porter aucun in-
» convénient dans le travail auquel cette barre pourra être
» employée ». *Voyez le Mémoire sur les Forges Catalanes*, par
M. *de Coudrai.*

Suivant M. de Buffon, le fer tiré de la mine, sans le faire couler
en fonte, est le meilleur de tous; on pourroit l'appeller *fer à vingt-
quatre karats*, car au sortir du fourneau il est déjà presque aussi pur
que celui de la fonte qu'on a purifié par deux chaudes au feu de
l'affinerie. Je crois donc, ajoute-t-il, cette pratique excellente; je
suis même persuadé que c'est la seule manière de tirer immédiatement de l'acier de toutes les mines. *Voyez le Supplément de l'Histoire
Naturelle*, Tome II, page 81.

OBSERVATIONS.

La vallée de Vic-Dessos est une des plus peuplées, relativement
à son étendue ; vous trouvez, en remontant jusqu'à Axiat, plusieurs
villages situés dans une plaine assez étroite, mais agréable & fertile. La vallée se retrécit encore davantage après Axiat, où la dureté
des masses de granit s'oppose à l'action destructive des eaux. La nature des pierres venant à changer près de la ville de Vic-Dessos, le
sol de la vallée s'élargit à proportion de la facilité que les matières
qui remplacent le granit ont à se détruire. Le marbre des environs
de Vic-Dessos, moins dur que l'espèce de pierre précédente, se
prête beaucoup mieux aux causes capables de produire cet

agrandiffement auquel contribue auffi la réunion de plufieurs
ruiffeaux.

Après Vic-Deffos & Aufat, dont les environs préfentent des
campagnes & des prairies d'une agréable perfpective, vous rentrez
dans les montagnes de granit, pour ne plus trouver qu'une gorge
étroite, habitée prefque jufqu'à fon extrémité; mais les habitations
étant très-baffes, repréfentent plutôt des huttes que des maifons.
Les montagnes qui bordent la vallée de Vic-Deffos, ont été dépouillées de leurs forêts pour l'ufage des forges.

DESCRIPTION MINÉRALOGIQUE

DES MONTAGNES

QUI DOMINENT LA VALLÉE QU'ARROSE L'ARIÉGE,

Au Sud de Tarafcon.

Direction des Bancs.	*Inclinaifon des Bancs.*
De l'O.N.O. à l'E. S. E.	Du S. S. O. au N. N. E.

LA contrée montagneufe fur laquelle nous allons porter notre attention , fait partie du comté de Foix, qui eft borné au N. E. par le Languedoc, à l'Oueft par le Conférans, au S. E. par le Rouffillon : ce pays eft beaucoup plus connu par l'illuftre maifon à laquelle il a donné fon nom , que par fes merveilles naturelles ; nous avons décrit celles qu'il renferme du côté de l'Occident. Occupons-nous maintenant de la defcription des montagnes qui s'élèvent au midi.

Entre Tarafcon & le premier village, fitué au Nord de Gudanne , elles font compofées de marbre gris ; cette efpèce de pierre eft arrangée par bancs , à une petite diftance Sud de Tarafcon; plus loin , vous ne la trouvez qu'en maffes ; ces montagnes offrent fur les rives efcarpées de l'Ariège plufieurs grottes dont l'accès n'eft pas affez facile pour que le voyageur aille y chercher l'ombre & le frais , après lefquels il foupire , en fuivant une gorge où il eft expofé aux rayons directs que le foleil darde , & à ceux que de ftériles rochers réfléchiffent.

Près de Gudanne , château fitué à quatre mille toifes Sud de Tarafcon, les matières calcaires

Direction des Bancs.	*Inclinaison des Bancs.*
De l'O.N.O. à l'E.S.E.	Du S. S. O. au N. N. E. Du N. N. E. au S. S. O.

continuent le long de la rive droite de l'Ariége ; elles forment une chaîne de montagnes dont la couleur uniforme annonce l'aridité. Le château de Lordat eft bâti fur cette efpèce de pierre.

La rive gauche eft compofée , jufqu'auprès d'Ax, de bancs de fchifte argileux, dont l'inclinaifon varie, ils traverfent la rivière au Nord de cette ville : on trouve parmi ces bancs des couches d'ardoife & du fchifte qui ne fe divife point par lames minces. J'ai remarqué à Unat , & dans les environs , plufieurs carrières d'ardoife. Lorfqu'on arrête fes regards fur les habitans de ce canton, on ne peut voir fans douleur qu'il en eft un grand nombre , fujets aux goîtres ; mais ne nous entretenons point de cette maladie , continuons l'examen du fol des montagnes.

Les bancs de fchifte argileux ne s'étendent point en largeur au-delà d'Ax : ici commencent des maffes de granit ; les montagnes fituées au Sud de cette ville font communément compofées de cette roche.

Ax eft abondant en eaux minérales fulfureufes ; on rapporte qu'elles font monter le thermomètre de Réaumur, depuis le quinzième jufqu'au foixante-quatrième degré ; les plus chaudes , fuivant M. Sicre , fervent pour les ufages domeftiques auxquels on emploie l'eau bouillante. Les bouchers jettent dans le baffin de la fontaine du Roffignol , les cochons qu'ils tuent , & les pèlent avec toute la facilité poffible ; j'y ai vu peler auffi les têtes & les pieds des autres animaux de boucherie. Les pauvres y font la leffive ; les habitans d'Ax emploient encore cette eau pour paîtrir du pain.

Les montagnes qui dominent la ville d'Ax font compofées , ainfi que nous l'avons déjà vu , de maffes de granit ; mais en fuivant la vallée d'Afcou , vous ne tardez pas à trouver les bancs de fchifte argileux , qui fe prolongent depuis le château de

Direction des Bancs.	Inclinaison des Bancs.
De l'O.N.O. à l'E. S. E.	Du S. S. O. au N. N. E.

Gudanne, par la rive gauche de l'Ariége; ils continuent ensuite à l'Est de la ville d'Ax, jusqu'au port de Paillers, d'où l'on découvre une chaîne de montagnes qui portent leurs sommets couverts de neiges dans les nues.

Après ce paffage l'on trouve des maffes de marbre gris, qui s'étendent vers le château d'Uffon, par la rive gauche du ruiffeau qui defcend dans le pays de Donnezan.

Les bancs dont on vient de lire la defcription, font inclinés, & fe prolongent de l'O. N. O. à l'E. S. E.

Les principales mines des montagnes de cette partie du pays de Foix, fe trouvent au Sud du château de Gudanne; elles confiftent en hématites, que l'on convertit en fer, dans des forges fituées au val d'Afton : elles appartiennent à M. le marquis de Gudanne.

OBSERVATIONS.

De Tarafcon jufqu'auprès de Gudanne, la vallée où coule l'Ariége eft étroite, & défendue par des montagnes calcaires, très-efcarpées, où l'on voit plufieurs cavernes; quelques-unes, fuivant Olhagaray, fervoient de refuge à des hommes d'une taille exceffive : voici ce qu'on lit dans l'hiftoire de Foix, écrite par cet Auteur;

Ce roc cambré par art, par nature, & par l'âge,
Ce roc de Tarafcon, hébergea quelquefois,
Les Géans qui couvroient les montagnes de Foix,
Et dont tant d'os exceffifs rendent témoignage.

Le même Hiftorien rapporte ce qui fuit : « on récite qu'au fom-
» met fourcilleux des montagnes de Saint-Barthelemi, on trouve
» de grandes chaînes de fer, & de gros anneaux d'indicible grof-
» feur, comme arrête-nefs ou vaiffeaux; ce que près Tarafcon on
» voit, & plus haut encore près de Tabe avec un cadenat, ce qui

» a

» a donné occasion à quelques-uns d'écrire que la mer couvrant le
» Languedoc , s'étant reculée , avoit chassé sur la hauteur de ces
» monts , la plupart du peuple , ce qu'ils confirment par les figures
» des poissons pétrifiés qu'on voit aujourd'hui ès cavernes de ces
» montagnes ». Voyez *Hist. de Foix, p. 704.*

Olhagaray ne se borne pas à faire mention des ossemens enfouis
dans les montagnes de Tarascon , & des corps marins que les eaux
peuvent y avoir déposés, il raconte aussi les effets extraordinaires
qu'on attribue aux lacs de Tabe, que l'Auteur appelle *nourrissiers de
flammes, feu & tonnerre*, où l'on tient, dit-il , pour assuré, « que
» si l'on y jette quelque chose, aussi-tôt on voit un tel tintamarre
» en l'air , que ceux qui sont spectateurs d'une telle furie , la plupart
» sont consumés par le feu , & brisés par les foudres ordinaires &
» originaires des étangs ». Voyez *Hist. de Foix*, pag. 704.

La province de Chiapa , dans la nouvelle Espagne , présente ,
suivant Moréri, à-peu près le même phénomène ; cet Auteur rapporte qu'on trouve , non loin de S. Bartholomé , dans le territoire
des Quelènes , un trou profond comme un puits , dans lequel si on
jette une pierre, ou quelque chose de semblable , il se fait aussi-tôt
un grand bruit , & il s'élève un orage , avec tonnerre , que l'on entend de tous les environs. Lisez le mot *Chiapa* , dans le *Dictionnaire de Moréry.*

On sent que les choses merveilleuses , attribuées aux lacs de Tabe
& au puits de Saint-Bartholomé, doivent être reléguées parmi cette
multitude de fables que le vulgaire adopta dans tous les temps.

La vallée de Tarascon s'élargit considérablement sous le château
de Gudanne , situé sur une petite éminence , au confluent de l'A-
riége & du ruisseau du val d'Aston ; cette habitation , la plus remarquable des Pyrénées , domine sur une plaine qui charme par la variété de ses productions ; on y voit des champs semés de blé , d'a-
gréables prairies & des vignobles , qu'une exposition favorable ga-
rantit des injures du Nord ; ce dernier genre de productions est le
plus abondant au pied d'une montagne calcaire qui regarde le Sud ,

& fituée fur la rive droite de l'Ariége. La partie fupérieure, dont la pente eft très-rapide, offre un afpect différent ; vous n'appercevez que des roches nues & ftériles.

L'Ariége continue, après Gudanne, à recevoir plufieurs ruiffeaux qui contribuent à l'agrandiffement des vallées, auffi celle où ferpente cette rivière, conferve-t-elle encore, avant la ville d'Ax, une grande partie de fa largeur : c'eft par une raifon contraire, qu'entre Tarafcon & Gudanne, la vallée eft plus étroite ; je n'ai obfervé prefque aucun ruiffeau, dans cet intervalle, outre l'Ariége.

Comme la largeur plus ou moins grande des vallées, paroît toujours proportionnée à la quantité d'eau qu'elles reçoivent, l'on fera peut-être étonné que l'endroit où la ville d'Ax eft fituée, & où plufieurs ruiffeaux fe réuniffent, foit beaucoup moins large que les environs de Gudanne ; je réponds que le degré de folidité des matières expofées à l'action des eaux, met des exceptions à la règle établie ci-deffus. Les montagnes qui entourent Ax, compofées de granit, ont éprouvé une deftruction moindre que celles de Gudanne, où vous remarquez des pierres calcaires & fchifteufes, qui font prefque toujours plus faciles à fe détruire que le granit ; comme cette dernière efpèce de pierre forme en général les montagnes qui dominent Ax du côté du Sud ; vous ne trouvez après ce lieu qu'une gorge étroite.

Paffons à la petite vallée d'Afcou, qui s'étend depuis la ville d'Ax jufqu'au port de Palliers, par lequel on eft obligé de paffer, quoiqu'il foit fort élevé, pour aller du comté de Foix dans le Donnezán. J'y ai vu des tas de neige au commencement de Juillet, malgré les grandes chaleurs qu'on avoit déjà éprouvées. Les montagnes fituées fur la rive droite du ruiffeau qui coule dans cette vallée, font en partie cultivées avant d'arriver à la forge d'Afcou ; les défrichemens n'ont guere été portés plus loin ; celles que j'ai remarquées après cet endroit, & fur-tout fur la rive gauche, font couvertes de bois de fapins. Lorfqu'on eft à une certaine diftance du port de Palliers, l'œil fe promène agréablement fur de beaux pâturages, où paiffent, durant la belle faifon, une prodigieufe quantité de beftiaux ; ces prairies naturelles, le principal ornement des montagnes, font toute la richeffe des peuples des Pyrénées, qui, ne poffédant que peu de terres fufceptibles d'être cultivées, s'adonnent aux foins des troupeaux.

Au Sud du port de Palliers, il exifte entre les cimes des montagnes qui font fur la rive droite de l'Ariége, d'autres paffages, tels que celui d'Orlu & de Puimorens, &c. Le premier aboutit au Capfir, & l'autre dans la Cerdagne ; la fituation de ces ports me paroît une des principales caufes d'un fait furprenant, obfervé à Rieux, dans le temps que le Maréchal de Noailles affiégoit Rofes & Gironne, villes de Catalogne.

« Nous entendions fi diftinctement, écrivoit-on de Rieux, le 29 » Juin 1694, le canon du fiége de Rofes, que nous en devinâmes » la prife, au moment que nous ceffâmes d'entendre le bruit ; à » préfent nous entendons de même le canon qui bat Gironne, d'où » nous fommes à quarante lieues ». Voyez la Collect. Acad. des Mémoires étrangers). En jettant les yeux fur la carte des Pyrénées, il eft aifé de fe convaincre que les ports nommés ci-deffus, entourés de hautes montagnes, ont dû faciliter la propagation du fon, & que la vallée de l'Ariége à laquelle ils aboutiffent, l'a tranfmis à Rieux, par le vallon qu'a formé la petite rivière de Rize. Tous ces paffages font à peu près fur la direction de Rofes, ou de Gironne à Rieux.

Le bruit du canon qu'on entendoit, lors du fiége de Gironne, néceffairement redoublé par les échos des vallées, pour qu'il ait pu fe continuer durant l'efpace de quarante lieues, a dû employer environ neuf minutes pour parvenir à Rieux. MM. Turi, Maraldi & la Caille ont déterminé que le fon parcourt cent foixante-treize toifes de Paris dans une feconde.

Il nous refte à faire mention des paillettes d'or qu'on trouve dans l'Ariége : cette rivière mérite d'être comptée au nombre des rivières aurifères qui font en France ; l'or qu'elle roule étoit employé à divers ufages par les anciens habitans de ce Royaume. Diodore de

Sicile nous apprend que les Gaulois favoient féparer ce précieux
métal des fables avec lefquels il fe trouvoit mêlé ; ils avoient auffi
l'art de le fondre & de le travailler : *Galliam omnem fine argento,*
fed aurum ei à naturâ datum, fine arte & fine labore, propter arenas
mixtas auro, quas flumina extra ripas diffluentia ejiciunt in
finitimos agros, quas fciunt lavare & fundere, unde homines & fœ-
minæ folent fibi annulos, zonas & armillas conficere. Vide Diod. de
Sicile.

On ramaffe auffi de nos jours des paillettes d'or dans les rivières
aurifères de la France ; l'Ariége occupe un certain nombre d'or-
pailleurs ; elle n'eft pas également riche dans l'étendue de fon cours :
on trouve des paillettes d'or dans le pays de Foix ; mais les environs de Pamiers en contiennent davantage ; on en ramaffe auffi
dans plufieurs ruiffeaux qui fe joignent à l'Ariége ; ces paillettes,
dont les bords font arrondis par le frottement, n'ont, fuivant M.
de Réaumur, que deux lignes, dans le fens où elles font les
plus grandes. Le même Auteur rapporte que l'or de l'Ariége eft à
vingt-deux karats & un quart.

Les bords de l'Ariége font aujourd'hui prefque les feuls endroits
de l'Aquitaine où l'on trouve une affez grande quantité de paillettes d'or, pour qu'on s'occupe à les ramaffer. Le pays des Tarbe-
liens, que la plupart des Auteurs placent dans le territoire de Dax,
en produifoit anciennement, s'il faut s'en rapporter au témoignage
de Strabon : *Acquitaniæ folum quod eft ad littus Oceani, majore fui*
parte arenofum eft & tenue, milium alens, reliquarum frugum minus
ferax ; ibi eft etiam finus ifthmum efficiens, qui pertinet ad finum
Gallicum in Narbonenfi ora, idemque cum illo finu hic finus nomen
habet. Tarbelli hunc finum tenent, apud quos optima funt auri me-
talla ; in foffis enim non alte actis inveniuntur auri laminæ manum
implentes, aliquando exiguâ indigentes repurgatione ; reliquum ra-
menta & glebæ funt, ipfæ quoque non multum operis defiderantes.

Les expériences d'un favant Minéralogifte font préfumer que
l'or charrié par l'Ariége, provient des mines de cuivre aurifères

qui fe font décompofées ; il y en a une de cette efpèce à Aulus qui paroît fournir des paillettes d'or à la rivière qu'on nomme le Salat. « La mine de cuivre jaune aurifère d'Aulus , a pour gangue un » quartz blanc ; le fer, le cuivre, l'or & l'argent qu'elle contient y font » minéralifés par le foufre ; cette mine jaune de cuivre perd très- » peu de fon poids par la torréfaction , ce qui refte dans le teft eft » noirâtre & poffède la propriété d'être attiré par l'aimant ; cette » mine ayant été fondue avec trois parties de flux noir , a produit » cinquante livres de cuivre par quintal ; le quintal de ce cuivre a » rendu , à Paris , après avoir été coupellé , avec quinze parties de » plomb , huit marcs deux onces cinq gros , vingt-quatre grains » d'argent , & deux marcs quatre onces deux gros d'or : les pail- » lettes d'or qu'on trouve dans les ruiffeaux du Comté de Confe- » rans , me paroiffent provenir de la décompofition des mines de » cuivre dont je viens de parler ; les vitriols qui en réfultent ayant » été diffous par l'eau , l'or refte fous forme de paillettes , cel- » les-ci entraînées par les pluies qui délaient les terres , font char- » riées avec elles dans les ruiffeaux & les rivières ». Voyez *la page 128 du premier tome des anciens Minéralogiftes du royaume de France.*

DESCRIPTION MINÉRALOGIQUE,

DEPUIS LE CHATEAU D'USSON,

Jusqu'à Mont-Louis.

Direction des Bancs.	Inclinaison des Bancs.	

CET intervalle que nous nous proposons de décrire, du Nord au Sud, ainsi que nous l'avons observé dans les autres vallées des Pyrénées, comprend une partie du Donnezan, & du Capsir dont Puyvaldor est le chef-lieu.

Le village de Roure, situé à une petite distance du château d'Usson, est adossé contre une montagne composée de pierres calcaires.

Après avoir traversé le ruisseau qui passe à Roure, on remarque des masses de granit à gros grains, qui s'étendent par Quérigut, chef-lieu du Donnezan, jusqu'aux environs de Puyvaldor; la distance de Roure à ce lieu, est de près de six mille toises; dans cette partie des Pyrénées la terre présente peu de substances propres pour la nourriture de l'homme, mais elle produit des bois que l'on convertit en charbons pour les forges de Fromiguère & de Meregnes. Ne nous arrêtons point dans un pays qui manque de fécondité; passons dans la plaine du Capsir, qui, arrosée par l'Aude, se ressent de l'abondance que répandent presque par-tout les rivières.

La plaine du Capsir est bordée de montagnes d'une hauteur peu considérable; on assure qu'elles contiennent du côté du col de Sansa, des pierres calcaires, qui servent à faire de la chaux.

Les montagnes qui sont sur la rive gauche de la rivière d'Aude, présentent des schistes, entre

Direction des Bancs.	Inclinaison des Bancs.	

Epesoule & Fromiguère ; on remarque une ardoisière dans cet intervalle.

Plus loin, les montagnes qui bordent le Capsir paroissent composées de granit.

Les environs de Mont-Louis présentent cette espèce de roche, soit en masse, soit par blocs énormes, que les eaux ont roulés des montagnes voisines qui dominent cette ville.

OBSERVATIONS.

Le Donnezan, dont le terrain paroît en général composé de granit, n'offre presque rien d'intéressant ; c'est un pays montueux & peu fertile, la rivière qui le traverse & dont le lit se trouve retréci par des rochers escarpés, n'a point suffisamment miné le pied des montagnes, pour prolonger l'agréable vallon que les eaux ont formé dans le Capsir. Lorsque le voyageur arrive à Puyvaldor, il promène ses regards sur une plaine qui s'étend jusqu'aux environs du village des Angles ; sa largeur est communément d'une demilieue, distance peu ordinaire entre les hautes montagnes des Pyrénées. Le sol du Capsir, que la neige couvre pendant une grande partie de l'année, est très-élevé ; malgré cet inconvénient, les terres ne sont pas tout-à-fait abandonnées à l'horreur des frimats ; les habitans cultivent avec soin la grande étendue de terrain uni, que la nature leur a ménagé, & où ils trouvent le fruit assuré de leurs peines.

Lorsque les neiges fondues par les feux de l'été, cessent de blanchir la cime des montagnes, on voit des plaines couronnées d'épis, des prairies émaillées de fleurs qui répandent dans l'air un agréable parfum ; ces lieux rians & champêtres sont arrosés de plusieurs ruisseaux, d'une onde pure & limpide, qui, par la rapidité de leur cours, semblent se disputer l'avantage de les féconder : l'aspect du Capsir est encore embelli par un grand nombre de villages épars qu'on se plaît à considérer comme autant de paisibles demeures. Au Sud, vers l'extrémité du vallon, s'élèvent des bois impénétrables aux rayons du foleil ; cette folitude où règne un profond filence , laiffe toute entière au voyageur la faculté de retracer dans fa mémoire les beautés de ce raviffant payfage.

Avant que d'arriver à Mont-Louis , on monte fucceffivement fur deux petites plaines enrichies d'excellens pâturages ; le pied des montagnes qui les bordent eft en partie diftribué en guérets.

DESCRIPTION

DESCRIPTION MINÉRALOGIQUE

DES MONTAGNES

QUI BORDENT LA VALLÉE QU'ARROSE LA TET,

Dans le Rouffillon.

Direction des Bancs.	Inclinaifon des Bancs.	

LE Rouffillon eft une province de France dans les Pyrénées, avec titre de Comté ; elle eft bornée à l'Eft par la mer Méditerranée, à l'Oueft par la Cerdagne & par le Bas-Languedoc, & au Sud par la Catalogne. Le fol de cette province eft coupé de plufieurs vallées qui forment autant de rayons ; comme elles prennent naiffance dans les plaines des environs de Perpignan, nous choifirons cette ville pour centre de nos obfervations, d'où nous partirons pour fuivre ces vallées les unes après les autres dans toute leur longueur. Commençons d'examiner les montagnes qui bordent la vallée où coule la Tet ; elle fe prolonge du N. E. au S. O., direction qui nous écarte de celle du Nord au Sud, que nous avons conftamment fuivie dans les autres vallées des Pyrénées.

De Perpignan à Corbère, village fitué au pied des Pyrénées, on traverfe des campagnes formées de matières calcaires, fchifteufes & de granit, que les eaux charrient continuellement des montagnes. La vafte plaine qui fépare le château de Salces de Perpignan, eft pareillement compofée des débris des montagnes qui la dominent, on admire aujourd'hui d'abondantes récoltes dans cette plaine que la négligence de fes habitans laiffoit anciennement fans culture.

En arrivant aux maifons dépendantes de Corbère , on trouve des maffes de marbre gris.

A l'Eft de Vinca , petite ville éloignée de Corbère de fix mille toifes , les montagnes inférieures font compofées de maffes de granit , couvertes en partie de pierres roulées ; les collines qui bordent la rive gauche de la Tet , préfentent le granit entiérement à découvert.

La petite plaine, fituée entre ces montagnes, eft traverfée près du village de Rhodès , & au-deffus de Vinca , par de hautes éminences formées des débris des Pyrénées ; mais elle n'en eft pas entiérement fermée , les eaux de la Tet fe font ouvert le paffage néceffaire pour leur cours.

Les Pyrénées renferment une infinité de fources minérales que la médecine indique pour le foulagement de nos maux , mais aucune partie de cette chaîne de montagnes n'eft plus riche que le Rouffillon de ces bienfaits de la nature ; les premières fources qui fe préfentent font les eaux fulfureufes de Noffa : elles contiennent , felon M. Carrère (1) , un fel neutre , à bafe terreufe ; la chaleur de ces eaux eft au vingtième degré & demi du thermomètre de Réaumur : il y a auffi des fources fulfureufes à Molitz ; celles-ci font monter le même thermomètre au trente-troifième degré.

On remarque , entre Vinca & Prades , fur la rive droite de la Tet , des collines fertiles en vins ; elles font compofées de pierres roulées de fchifte ,

_____

(1) M. Carrère a fait l'analyfe de ces eaux , ainfi que de toutes les autres fources minérales du Rouffillon ; c'eft d'après ce Médecin que nous parlerons des principes qu'elles contiennent , & de leur degré de chaleur.

de marbre & de granit ; matières qui paroissent avoir été entraînées par les eaux des montagnes du Canigou.

La rive gauche présente avec de pareils débris des masses de granit ; vous rencontrez aussi cette espèce de roche sous le village, situé au Nord de Prades, à la distance d'environ trois quarts de lieue.

M. Valmont de Bomare rapporte, dans sa Minéralogie, qu'il y a une veine d'alun dans la Viguerie de Prades, qui a depuis une toise jusqu'à quatre de largeur, dans une longueur de près de quatre lieues. La concession, suivant M. Buc'hoz, en a été accordée, en 1746, au sieur Clara, Médecin de Prades, & Compagnie.

Les montagnes qu'on trouve avant d'arriver à Ville-Franche, fondée en 1092, par un Comte de Cerdagne, & celles qui entourent cette ville, sont composées de marbre communément gris. Indépendamment de l'espèce précédente, on voit, sous le château de Ville-Franche, du marbre varié de blanc, de vert & de rouge. A une petite distance Nord de cette ville, il y en a de couleur uniquement rougeâtre.

Au Sud de Ville-Franche, à la distance d'environ deux mille cinq cens toises, sont les eaux sulfureuses de Vernet, dont la chaleur fait monter jusqu'au cinquante-unième degré, le thermomètre de Réaumur : mais revenons sur les bords cultivés de la Tet.

Le premier village, situé au-delà de Ville-Franche, est bâti sur des bancs de schiste dur, argileux ; ils continuent jusqu'à Olette ; on trouve parmi ces bancs des couches d'ardoise argileuse.

Dans les environs de ce bourg, sont des eaux sulfureuses, qu'on n'envisage qu'avec surprise ; elles font monter au soixante-dixième degré & demi le thermomètre de Réaumur ; il

Direction des Bancs.	*Inclinaison des Bancs.*	

y a d'autres fources fulfureufes à Nyer, leur degré de chaleur n'eft pas comparable à celui des eaux précédentes ; elles ne font monter le thermomètre de Réaumur qu'au dix-neuvième degré.

On trouve, à une petite diftance Sud d'Olette, des bancs de marbre gris ; les terres des environs de ce lieu ne reftent point fans culture, mais les plantes qui ont befoin de la chaleur, telles que la vigne & l'olivier, ne profpèrent pas dans les montagnes fituées au-delà. Le Rouffillon offre deux climats très-oppofés ; dans les contrées voifines de la mer Méditerranée, on éprouve les feux de l'Equateur ; fur le fommet des montagnes qui les dominent, règnent les frimats de la Zone glaciale. Mais continuons de fuivre le chemin du torrent qui fe précipite des montagnes de Mont-Louis, & d'examiner les matières dont elles font compofées.

Immédiatement après Olette, on découvre des bancs de fchifte dur, argileux. Le paffage fcabreux de Graus, eft dans cette efpèce de pierre.

De l'O.N.O. à l'E.S.E. — Du S.S.O. au N.N.E.

A l'extrémité méridionale de ce paffage, on apperçoit, entre les bancs de fchifte, des maffes de marbre gris, qui, fe prolongeant dans la direction ordinaire, doivent fe trouver à une petite diftance d'En, & peut-être fous ce village.

De l'O.N.O. à l'E.S.E. — Du S.S.O. au N.N.E.

Plus loin, des montagnes en général ftériles, & qu'une gorge étroite fépare, préfentent, jufqu'à Mont-Louis, desimaffes de granit, à gros grains, avec de grandes paillettes de mica.

Arrivé à Mont-Louis, dominé du côté du Sud-Eft par des montagnes dont les flancs font en partie couverts de forêts, & la cime de neiges, l'obfervateur découvre des maffes de granit. Au milieu de la citadelle, s'élève une petite éminence, compofée de cette même roche ; les fortifications, les cafernes, la ville entière de Mont-Louis, ou-

vrages du Maréchal de Vauban, en font bâties.
Les montagnes des environs, fituées dans la région fupérieure, préfentent également du granit;
les fours à chaux qui, fuivant le rapport que l'on
m'a fait, fe trouvent vers le col de la Perche,
prouvent qu'elles contiennent auffi des pierres
calcaires.

OBSERVATIONS.

En fortant de Perpignan pour aller à Mont-Louis, on traverfe une
plaine fertile qui s'étend jufqu'à Corbère ; elle eft arrofée par divers
ruiffeaux, qui ne contribuent pas moins à la féconder qu'à la varier
d'une manière agréable : on apperçoit durant ce trajet le Canigou,
dont le front majeftueux s'élève de 1441 toifes au-deffus du niveau
de la mer; vous entrez enfuite dans une vallée affez large & fertile,
que les eaux de la Tet ont formée. Les collines que l'on remarque
fur la rive droite, font généralement cultivées, & en partie couvertes de vignes jufqu'aux environs de Prades, petite ville bâtie
dans une plaine charmante; elle a pour perfpective un des côtés du
Canigou, où l'on apperçoit moins de roches arides que de pâturages
& de bois.

A un quart de lieue après Prades, on commence à pénétrer dans
les hautes montagnes, la vallée fe rétrecit confidérablement, &
devient une gorge étroite, dont les bords font efcarpés ; mais le
voyageur eft moins effrayé par la pente rapide des montagnes, que
ravi de voir une quantité prodigieufe de vignes fur la rive gauche
de la Tet, qui, toute hériffée de rochers, fembloit devoir fe refufer
aux travaux des cultivateurs ; c'eft depuis Prades, un continuel fujet
d'admiration, fentiment qui s'accroît à Ville-Franche. Cette ville,
compofée de deux rues parallèles au cours de la Tet, occupe toute
la largeur du vallon ; elle eft entourée de maffes énormes de marbre,
qui, par leur grande élévation, femblent la priver des rayons du
foleil. Vous admirez de ce fombre lieu la merveilleufe induftrie de
l'homme. Des montagnes que l'on croiroit inacceffibles, fi l'on n'y

voyoit la main qui en a fu écarter l'affreufe ftérilité, font couvertes de vignes. Des ronces arides ont cédé la place à d'abondantes récoltes; il n'a fallu qu'une légère couche de terre, que les angles faillans des rochers, & les murailles fèches, élevées de diftance en diftance, empêchent de s'ébouler, pour déterminer le vigneron à cultiver des lieux que la nature a fi peu favorifés.

C'eft du haut de ces montagnes efcarpées, qu'en 1654, les Miquelets, felon le Comte de Buffi-Rabutin, rouloient des rochers fur les troupes commandées par le Prince de Conti, au fiège de Ville-Franche; cela épouvanta d'abord tout le camp, mais lorfqu'on fe fut un peu accoutumé à ce péril, on reconnut que les rochers fe brifoient en tombant, au point de n'être plus que de la pouffière quand ils étoient en bas, & que lorfqu'ils arrivoient entiers, il étoit aifé de les éviter: fur cela le célèbre Sarrafin qui avoit fuivi le Prince de Conti dans le Rouffillon, difoit qu'il trouvoit la chofe fi plaifante, qu'auffi-tôt que les Miquelets en feroient partis, il y enverroit fon valet pour lui jetter des pierres.

Les vignes continuent d'embellir les bords de la Tet, jufqu'aux environs d'Olette; on ne voit pas, dans toute la chaîne des Pyrénées, de montagnes qui foient auffi-bien cultivées; mais la variété des productions utiles diminue à mefure qu'on approche des endroits élevés. L'olivier qui croît dans le Rouffillon, ne fe trouve pas audeffus de Ville-Franche; cet arbre auroit fans doute à redouter une élévation qui l'expoferoit à la rigueur des frimats; cependant, Tournefort rapporte qu'il vient naturellement affez près de la neige, dans les montagnes fituées au Nord-Oueft de Girapêtra, dans l'ifle de Candie.

Après Olette, la vallée, dont la largeur a augmenté depuis Ville-Franche, fe retrécit de nouveau. Vous arrivez par une gorge étroite à Mont-Louis; le chemin, ou plutôt le fentier que l'on a pratiqué fur les flancs des montagnes nues & efcarpées, qui bordent la rive gauche de la Tet, domine fur des abymes, dont les yeux n'ofent fonder la profondeur; le voyageur n'eft pas moins faifi à la vue des rochers qui femblent prêts à l'écrafer : on ne trouve dans les vallées principales aucun paffage qui infpire autant d'effroi, comme il eft aifé d'en juger, par la réponfe du Prince de Conti au Comte de Buffi-Rabutin, qui demandoit quelques pièces d'artillerie pour affiéger Puicerda. « Enfin, mon pauvre Templier, le canon ne fauroit » paffer, le chemin a été couvert toute la journée d'Officiers-Géné- » raux, pour effayer d'y faire une dernière tentative; mais en vain, » ce n'eft pas ouvrage de mortel : on m'a dit qu'un Dieu, envieux » de la profpérité de Birague (Lieutenant - Général de l'artille- » rie) avoit rendu ces montagnes inacceffibles »; enfin, s'il eft permis de citer Ovide,

Non eft mortale quod optas.

A Ville-Franche, le 21 Juillet 1654.

Les environs de Mont-Louis préfentent un afpeȼt différent; cette ville, fituée dans un pays affez ouvert, eft entourée de champs & de prairies; des objets auffi agréables fe font fur-tout remarquer du côté du col de la Perche, paffage dominé par des montagnes d'une hauteur prodigieufe, elles m'ont paru plus élevées que le Canigou ; c'étoit pareillement l'opinion de M. de Marca : *Clauftra Perticæ quatuor millia paffuum occupant in latum, amœno & ubere pafcuorum viridentium folo ; fed à dextra, & à læva horrentibus, & editis montium jugis hinc inde cinguntur, quæ celfitudine fua fuperant verticem vicini Canigonis.* Vid. Marca, Hifp. Lib. 1, cap. 2.

C'eft dans le penchant méridional des montagnes voifines du col de la Perche, que prend fa fource la Sègre, rivière fameufe, dont le débordement eût changé les deftinées de Rome, en faifant tomber Céfar au pouvoir d'Afranius, fi quelque obftacle eût pu arrêter ce Conquérant. La partie feptentrionale donne naiffance à la Tet, dont le cours n'eft pas dirigé comme celui des autres rivières qui descendent des Pyrénées. La Tet coule à-peu-près du Sud-Ouest au Nord-Est : cette direction est très-favorable à la vallée de Conflans ; les montagnes qui la bordent au Nord, la défendent d'un vent si nuisible à la végétation.

DESCRIPTION

DESCRIPTION MINÉRALOGIQUE,

DEPUIS PERPIGNAN,

Jusqu'à Prats de Mouillou.

Direction des Bancs.	*Inclinaison des Bancs.*

NOUS venons de parcourir les montagnes qui bordent la Tet, nous allons maintenant nous occuper de l'examen des matières que préfentent les rives du Tech, rivière que nous remonterons jufqu'aux environs de Prats de Mouillou. Jettons auparavant un coup-d'œil fur les campagnes qui féparent Perpignan de la ville de Ceret; leur fol eft compofé de terres argileufes & de pierres roulées, qui fe font remarquer principalement dans le voifinage des rivières ; cette contrée, de même que prefque toutes celles qu'on remarque au pied des Pyrénées, eft formée des débris des montagnes.

A un quart de lieue après Ceret, ville à quatorze mille toifes de Perpignan, on trouve des bancs de fchifte dur, argileux, qui s'étendent en largeur du côté du Sud, jufqu'aux environs d'une forge fituée à une petite diftance de Palauda.

De l'O.N.O. à l'E. S. E.   Du S. S. O. au N. N. E.

A quelque diftance de ce lieu, font des montagnes compofées de bancs de marbre gris. On trouve auffi à Palauda des bancs de marbre gris, dans la même difpofition que les précédens, mais plus inclinés.

De l'O.N.O. à l'E. S. E.   Du S. S. O. au N. N. E.
De l'O.N.O. à l'E. S. E.   Du S. S. O. au N. N. E.

Au pont de ce village, fitué fur la rive gauche du Tech, on découvre des bancs de marbre gris,

O o

dont la direction varie ; on y voit aussi du marbre rougeâtre.

Si nous continuons à remonter le Tech, bordé de montagnes qui sont en partie couvertes de vignes & d'oliviers jusqu'aux environs d'Arles, nous trouverons aux bains qui portent le nom de cette ville, des schistes durs, & des masses de granit ; les eaux minérales sortent du pied d'une montagne, composée de ces deux espèces de pierre. Le fort d'Arles, bâti sous le règne de Louis XIV, est sur du schiste grossier, qui approche de la nature du granit. Les eaux d'Arles sont sulfureuses, & font monter le thermomètre de Réaumur jusqu'au cinquante-septième degré & demi. Elles se rendent dans un grand bassin qu'on regarde comme l'ouvrage des Romains.

A un quart de lieue, après avoir passé la ville d'Arles, située dans une plaine fertile, on découvre des masses de marbre gris.

Plus loin, jusqu'à la jonction du Tech & du ruisseau qui descend de Montferrer, les montagnes présentent des schistes grossiers, mêlés avec des masses de granit.

Sous Montferrer, village éloigné d'Arles d'environ trois mille toises, on trouve des masses de marbre gris.

Entre Montferrer & le village de Tech, les montagnes sont de granit ; les grains de quartz dont est composée cette espèce de roche, sont très-gros, cause principale de l'extrême décomposition qu'on remarque dans les masses graniteuses de cette partie des Pyrénées.

Le granit que nous venons d'observer est couvert, sur la rive gauche de la rivière du Tech, par des masses énormes de marbre gris, sur lesquelles la tour de Cos se trouve bâtie. Le village de Tech, situé au-dessous, est sur des masses de granit.

Dès qu'on a passé ce lieu, les montagnes

Direction des Bancs. *Inclinaison des Bancs.* font compofées de fchifte groffier, argileux. Plus loin, on voit des maffes de marbre gris.

Les fchiftes argileux font fuivis de cette dernière efpèce de pierre, avant d'arriver à Prats de Mouillou, & continuent jufqu'à cette ville, dont les habitans, ni ceux de la vallée que nous fuivons, ne font exempts de goîtres.

Au Sud de Prats de Mouillou, dont le château, appellé *le Fort de la Garde*, eft conftruit, fuivant la méthode de M. de Vauban, il y a des bancs de marbre gris.

On trouve, en remontant le Tech, les fources fulfureufes de la Prefte; la plus chaude fait monter le thermomètre de Réaumur au trente-huitième degré & demi.

OBSERVATIONS.

Le pays que l'on traverfe, depuis Perpignan jufqu'à Ceret, mérite d'être remarqué : dans cette fertile contrée, ainfi que dans plufieurs autres parties du Rouffillon, la nature femble avoir tout fait pour le bonheur de l'homme; un vafte payfage offre fucceffivement aux regards du voyageur, une infinité d'objets qui l'enchantent, des bois d'oliviers, des terres plantées de vignes, des campagnes riches en blé, des prairies arrofées par des rivières qui répandent par-tout la fécondité.

Entrons dans la vallée que le Tech a creufée; elle commence près Ceret, ville connue dans l'hiftoire par les conférences que les Commiffaires François & Efpagnols y tinrent en 1660, pour régler les limites des deux royaumes : on y voit un pont magnifique d'une feule arche. La vallée du Tech eft étroite, mais les montagnes qui la bordent ne préfentent communément que des objets agréables; la rive gauche eft plantée de vignes & d'oliviers, jufqu'aux environs d'Arles; la rive droite produit des bois. Vous remarquez dans certains endroits quelques roches entiérement nues, qui font un contrafte fingulier avec la verdure des plantes. Le fol de la vallée eft pareillement fer-

O o 2

tile & bien cultivé, fur-tout à Arles, où fa largeur augmente : on entre, après cette ville, dans une gorge étroite, bordée de montagnes, en partie habitées ; elle aboutit à Prats de Mouillou, petite place fur les frontières, entourée de collines, fur lefquelles s'étendent des prairies, qui forment une perfpective charmante.

A l'Oueft de Prats de Mouillou s'élèvent de hautes montagnes, où le Tech prend fa fource ; cette rivière arrofe une partie du Rouffillon, elle fe jette enfuite dans la Méditerranée, à une lieue d'Elne, ville près de laquelle Annibal campa, après le paffage des Pyrénées, & où Magnence fit mourir l'Empereur Conftant, fon légitime Souverain.

DESCRIPTION MINÉRALOGIQUE

DEPUIS PERPIGNAN,

JUSQU'A LA JONQUÈRE,

En Efpagne.

Direction des Bancs.	Inclinaifon des Bancs.	

DANS l'examen des montagnes qui bordent les vallées du Rouffillon, nous avons été forcés de nous écarter de la direction du Nord au Sud que nous avons prefque toujours fuivie depuis les rives de l'Océan ; mais nous allons la reprendre en portant nos recherches vers les montagnes de Bellegarde ; le fol du pays, fitué au pied de cette partie des Pyrénées, n'eft guère propre aux obfervations minéralogiques ; nous avons vu qu'il eft compofé d'amas de pierres & de terres, que les eaux, par fucceffion de temps, apportent des montagnes.

Au Boulon, bourg fitué à quatre lieues Sud de Perpignan, on trouve des maffes de granit.

Après avoir paffé la rivière du Tech, des fchiftes groffiers, qui ne fuivent aucun ordre, fe préfentent aux yeux de l'Obfervateur. Plus loin, ils fe trouvent mêlés avec du granit, difpofé par bandes & traverfé de veines de quartz.

Si nous montons vers l'Eclufe baffe, nous trouverons des pierres calcaires à une petite diftance Nord de ce lieu.

Non loin de-là, vers le Sud, les montagnes font compofées de fchifte groffier, mêlé de gra-

Direction des Bancs.	Inclinaison des Bancs.
De l'O.N.O. à l'E.S.E.	Du S.S.O. au N.N.E.
De l'Ouest à l'Est.	Du Sud au Nord.

nit, difposé par bandes; ces deux efpèces de pierre renferment, entre l'Eclufe baffe & l'Eclufe haute, quelques bancs de marbre gris qui fe prolongent dans la direction ordinaire. La difpofition de tous ces bancs femble nous autorifer à penfer que leur origine eft de la même époque.

Les bancs compofés de fchifte & de granit, continuent jufqu'auprès de Bellegarde, où le granit eft en maffe & fans mêlange de fchifte. Ce château eft bâti fur du granit, à l'extrémité d'un vallon, où il eft aifé d'obferver la correfpondance des angles rentrans & des angles faillans.

A une demi-lieue ou environ en-deçà de cette place forte, dont les Efpagnols s'emparèrent en 1674, mais que le Maréchal de Schomberg reprit l'année fuivante, les bancs de fchifte, mêlés de granit, prennent une direction conftante; leur inclinaifon approche de la perpendiculaire.

Depuis Bellegarde jufqu'à la Jonquère, ville de Catalogne, les montagnes font compofées de maffes de granit.

OBSERVATIONS.

Nous avons vu, entre la rivière de la Tet & celle du Tech, un terrain abondant en plufieurs efpèces de productions; les plaines immenfes du Val-Spir, qui s'étendent depuis Ceret jufqu'à la Méditerranée, font beaucoup moins riches; il eft facile d'expliquer cette différence, elle dépend de celle que l'on remarque entre les matières dont eft formé le fol de ces deux contrées. Le pays, fitué au Sud de Perpignan, eft couvert jufqu'au Tech de débris calcaires & argileux, que les eaux charrient des montagnes du Conflans, & des autres parties qui avoifinent le Canigou; il réfulte de ce mêlange une efpèce de marne propre à fertilifer les terres, ainfi que vous l'obfervez dans prefque toutes les vallées. Les plaines du Val-Spir font pareillement formées d'atterriffemens, mais d'une nature peu favorable à la végétation; elles ne reçoivent, en général, que des matières quartzeufes

& micacées, que les eaux entraînent des montagnes de granit qui bornent le Val-Spir du côté du Sud : il n'eft pas étonnant que des terres compofées de ces débris foient peu fertiles, elles font trop fèches & trop légères pour être cultivées avec autant de fuccès qu'un terrain qui doit fa formation à des amas calcaires & argileux. Le Val-Spir n'eft pas la feule contrée qui prouve la ftérilité du granit ; le fol de la province du Limoufin, prefque entiérement compofé de cette roche, & toute la partie graniteufe de la Bourgogne, que l'on traverfe depuis Sauvigny jufqu'aux environs de Gueugnon, en paffant par Autun, ne préfentent que des terres rebelles à la culture ; il en eft de même entre la Palice & Lyon, intervalle où l'on trouve abondamment l'ancienne roche du globe : ce n'eft communément que dans les campagnes voifines des grandes villes, telles que Lyon, par exemple, où le fol eft de granit, que le cultivateur peut efpérer de riches productions dans des terres graniteufes ; les engrais qu'un lieu auffi confidérable fournit, fuffifent pour changer la nature du terrain à fa fuperficie ; les dépôts des rivières font capables de produire le même effet, comme il eft facile de l'obferver dans les plaines que le Rhône a formées fur des maffes de granit, depuis Lyon jufqu'auprès de Valence.

Les montagnes du Val-Spir font peu élevées, & en partie garnies de bois de liège : on voit une grande quantité de ces arbres en montant à la forterefle de Bellegarde, qui domine le col de Pertus, paffage fameux où le voyageur contemploit autrefois les monumens des victoires remportées en Efpagne par Pompée & Céfar. En vain pour tranfmettre leur gloire à la poftérité, ces grands Généraux avoient pris foin de les ériger fur des montagnes éternelles de granit, la main de l'homme, ou les ravages du temps en ont détruit jufqu'aux moindres veftiges ; mais l'hiftoire, que Cicéron nomme *la vie des chofes paffées*, les a fauvés de l'oubli. Voici ce qu'elle nous apprend : « Pompée étant rappellé à » Rome après la guerre contre Sertorius, voulut à fon paffage » dans les Pyrénées, laiffer un monument public de fes victoires ;

» il fit ériger pour cela un trophée , qui porte encore fon nom ,
» fur le fommet d'une de ces montagnes qui fépare la Gaule de
» l'Efpagne au col de Pertus , & fituée entre le Rouffillon & la
» Catalogne ; l'infcription qu'il y fit graver portoit , que depuis
» les Alpes jufqu'à l'extrémité de l'Efpagne ultérieure , il avoit
» réduit fous fon obéiffance & celle de la République , huit cens
» foixante-feize villes : on admira dans cette occafion la gran-
» deur d'ame & la modération de Pompée , de n'avoir pas fouf-
» fert que dans cette infcription on fît mention de ce Général
» . (Sertorius) , dont le nom & la valeur relevoient beaucoup
» l'éclat de fa victoire ; mais on lui reprocha la vanité d'avoir fait
» placer fa ftatue fur ce trophée ». *Hiftoire générale de Langue-*
doc , pag. 79 , tom. 1. Le même Auteur rapporte les faits fuivans, page 90 , tome 1 : « Céfar , après avoir conquis toute l'Ef-
» pagne fur les Lieutenans de Pompée , revint par Narbonne à
» Marfeille ; lorfqu'il fut à l'endroit des Pyrénées qui fépare la
» Gaule de l'Efpagne , où Pompée avoit fait ériger auparavant
» un trophée , il voulut , à l'exemple de ce Général, laiffer un mo-
» nument des victoires qu'il venoit de remporter en Efpagne ; mais
» pour éviter le blâme que celui-ci s'étoit attiré par cette marque de
» vanité , & mieux cacher la fienne fous une apparence de religion
» & de fimplicité , il fe contenta de faire dreffer un autel de pierre
» fort grand fur le fommet de ces montagnes , & auprès du tro-
» phée de fon compétiteur ».

Ces monumens ont été remplacés par deux pierres de marbre
gris-blanc ; on a gravé fur l'une l'infcription qui fuit : *Anno*
M. DCC. LXIV. regnante dileɥiffimo Ludovico XV , Galliarum Rege
Chriftianiffimo , lapidiceum gallo meta ; calcans Pompeiana trophœa
Galliarum Hifpaniarumque latitudinis ligamen fuper erectum D ....
co-mandato utriufque imperii , & per reges ex co-juffu illuftriffimi ac po-
tentiffimi D. D. Comitis de Mailli , regiorum exercituum legati , Ruf-
cinonis Comitatus Præfecti eminentiffimi ; fimul ac illuftriffimi atque
potentiffimi D. D. Marchionis de la Mina , Ducis Hifpaniæ
Generalis ,

Generalis, Catalauniæ Proregis ampliſſimi, dat fines Hiſpaniæ &
dividit ad pontem præcipitii, in viâ Hiſpano-Gallicâ olim aſper-
rimâ ; hocce anno Tri-malle, Mineanâ invincibili operâ, ſuffoſſis
latè montibus deſplanatâ, ad futuram rei memoriam.

Le flanc des Pyrénées, du côté de l'Eſpagne, produit des bois de
liège ; on fait de l'écorce de cet arbre un commerce conſidérable ;
ce n'eſt pas la ſeule production utile que j'aie remarquée avant d'arriver à la Jonquère : on cultive des vignes & des oliviers aux environs de ce village.

DESCRIPTION MINÉRALOGIQUE,

DEPUIS PERPIGNAN,

JUSQU'A NOTRE-DAME DES ABEILLES,

*Lieu situé au sommet des montagnes qui dominent, du côté du Sud,
la ville de Colioure.*

Direction des Bancs.	Inclinaison des Bancs.	

J'AI amené le Lecteur par des observations suivies depuis l'Océan jusqu'à la mer Méditerranée ;
dans la description de cette chaîne de montagnes,
dont les extrémités touchent aux deux mers, je
n'ai pas moins tâché d'éviter une stérile sécheresse,
qu'une fastidieuse prolixité ; je me suis appliqué à
donner une idée distincte de la structure des
Monts-Pyrénées. Si, malgré tous mes efforts, le succès ne couronne pas cette entreprise, j'espère du
moins qu'on me saura gré de mon zèle pour enrichir l'histoire naturelle de nouvelles découvertes.
Pour satisfaire la curiosité de ceux qui se livrent à
l'étude des minéraux, j'ai supporté les contrarié-
tés sans nombre qu'on éprouve dans leur recherche : ce travail est fréquemment interrompu
par des orages, & quelquefois arrêté par d'épais
brouillards qui se fixent sur les montagnes, & les
dérobent à la vue pendant des mois entiers, désa-
grémens d'autant plus fâcheux que le temps favorable aux observations est très-borné. Les neiges
que l'hiver a entassées sur les Monts - Pyrénées,
commencent à disparoître au mois de Juin ; mais
à la fin de Septembre, elles les couvrent de nouveau & enchaînent l'activité des Observateurs de

Direction des Bancs. | *Inclinaison des Bancs.*

la nature ; laissons au Lecteur le soin d'imaginer une multitude d'autres difficultés capables de rebuter l'ardeur la plus opiniâtre ; passons à l'examen des substances que présente la partie des Pyrénées qui nous reste à parcourir.

On trouve, entre Perpignan & Elne, des terres sablonneuses & graveleuses où croît l'*Agavé*, plante originaire d'Amérique, qui s'est naturalisée dans le Roussillon.

Les bords du Tech, rivière qui passe à une certaine distance Sud de la ville d'Elne, sont couverts de pierres roulées qu'elle a charriées des montagnes.

Le terrain est ensuite assez sablonneux jusqu'aux environs d'Argelès, où il devient argileux.

A un quart de lieue Sud de cette petite ville, située sur la rive droite de la Massane, vous commencez à trouver des masses de granit.

Plus loin, dans une éminence dont le pied est toujours battu par les flots de la mer Méditerranée, on voit des bancs presque verticaux de schiste dur, dont la direction varie. Ces bancs s'étendent en largeur jusqu'au-delà de Colioure, ils ne sont interrompus que par quelques bancs de marbre gris qui se trouvent à quatre cens pas Nord de la ville, & à côté d'un fort sur la grande route.

Depuis Colioure, que le Marquis de Mortare, voyant les François prêts à donner l'assaut, rendit, en 1642, au Maréchal de Brézé, on n'apperçoit jusqu'au Cap de Béarn, que des bancs presque perpendiculaires de schiste grossier ; la direction de ces bancs varie. On trouve la même espèce de pierre au port Vendre & au fort Saint-Elme qui le domine.

La tour de la Masselotte paroît bâtie aussi sur des schistes argileux.

On m'a assuré qu'il se trouve des pierres calcaires du côté de Notre-Dame des Abeilles, & que l'on fait de la chaux à Bagnols, mais il

Direction des Bancs.	*Inclinaison des Bancs.*

faut qu'elle foit d'une mauvaife qualité ; celle qu'on emploie dans cette partie des Pyrénées, fe tire communément des montagnes des Corbières.

DESCRIPTION DES MINES
du Rouffillon.

ON trouve à Fillols, près l'abbaye de Saint-Michel, de la mine de fer fpathique. Le territoire d'Efcaro fournit auffi des mines de fer.

J'ai vu dans le Cabinet d'Hiftoire naturelle de Perpignan, un morceau de mine de cuivre grife d'Eftoher.

Le même Cabinet contient plufieurs morceaux de mine de cuivre jaune de Batère : cette mine qui fe trouve avec du vert de montagne, eft dans une gangue calcaire.

On tire des montagnes du Canigou de la mine de fer fpathique, d'un jaune fauve, & de l'hématite noire mamelonnée ; on mêle ces deux efpèces de mines aux forges d'Arles pour en extraire le fer. M. de la Peyroufe a remarqué dans les mines de fer du Canigou plufieurs fortes de manganèfe.

On voit dans le Cabinet d'Hiftoire naturelle de Perpignan, des morceaux de mine de plomb à petites facettes d'Arlés. La gangue de cette mine eft quartzeufe.

Le même Cabinet contient de la mine de cuivre jaune de Montbaulo, parfemée de petits criftaux de malachite & de vert de montagne ; cette mine a du quartz pour gangue.

On trouve aux eaux de la Prefte, des mines de cuivre jaune.

Il y a, fuivant M. le Monnier, au pied de la montagne d'Albert, tout proche du village de Sorrède, une veine de mine de cuivre, accompagnée de feuillets de cuivre rouge très-ductile, & formé tel par la nature ; on les trouve répandus parmi le gravier, ou plaqués contre des pierres, où le cuivre naturel & facile à plier, paroît ramifié, à la manière des Dendrites. J'ai vu, ajoute M. le Monnier, dans le magafin de cet établiffement, des pyrites plates, fort dures, qu'on avoit retirées en ouvrant la mine : la plupart fleuries à l'air s'étoient chargées d'un très-beau vitriol. (Voyez *Obf. d'Hift. Nat.*, *faites dans la province du Rouffillon*, par *M. le Monnier*).

Les mines de Sorrède, ainsi que celles de la Preste, ont été exploitées par une Compagnie qui a cessé ses travaux.

OBSERVATIONS.

Nous voici sur les bords de la Méditerranée, où finit cette chaîne de montagnes, que l'œil ne se lasse pas d'admirer. Les Pyrénées décrivent dans leur cours une espèce de courbe, dont les extrémités touchent les deux mers, elles s'élèvent insensiblement des rivages de l'Océan jusqu'à la source de la Garonne, & baissent ensuite vers la Méditerranée par une pente moins graduelle; leur cîme ne cesse d'atteindre la froide région des nues qu'à la partie orientale du Canigou, où les Pyrénées perdent tout-à-coup leur grande élévation; elles ne font à cette extrémité que de hautes collines, à-peu-près semblables à celles des environs de Saint-Jean-de-Luz; un pareil abaissement doit faire présumer que cette chaîne de montagnes ne continue pas à une grande distance sous les eaux de la mer, & qu'elle finit entièrement non loin des côtes du Roussillon.

A mesure que la hauteur de ces masses énormes diminue, la profonde sensation qu'elles produisent s'affoiblit; on s'accoutume par degrés à les considérer avec indifférence, elles ne font déjà presque plus rien pour l'Observateur, lorsqu'il les voit disparoître sous les flots; mais que d'objets à admirer, si, du promontoire qui termine la campagne d'Argelès du côté de Colioure, on porte ses regards sur les autres contrées du Roussillon! Des plaines immenses, fertilisées par les eaux de plusieurs rivières, n'offrent que champs, vignes & oliviers, elles ont pour limites une chaîne de montagnes, formant une espèce de croissant, & la mer Méditerranée. Vous appercevez, du côté du Nord, les roches arides & blanchissantes des Corbières, qui séparent le Roussillon du diocèse de Narbonne; à l'Ouest le Canigou, dont les cimes couronnées de neige, & les flancs enrichis de moissons, offrent à la fois la stérilité des hivers, & la richesse des étés; au Sud s'élèvent les montagnes du Val-Spir, parées de la verdure des bois qui les couvrent. La Médi-

terranée, dont le spectacle uniforme contraste admirablement
avec une si grande variété, termine à l'Est cette vaste enceinte;
la terre & l'eau, ces deux élémens qui constituent principalement notre globe, concourent ici à former le plus magnifique
tableau.

Les plaines du Roussillon paroissent avoir été autrefois une espèce
de golfe, entre les Pyrénées & les Corbières. Des dépôts successifs,
formés des débris que les rivières charrient continuellement, ont
élevé le terrain, & en même temps reculé les bornes de la mer. Ces
changemens ne manquent jamais d'arriver à l'embouchure des rivières; témoins « les Isles Echinades, qui sont un amas des parties
» terrestres, que l'Acheloüs a déposées : c'est aussi de cette manière
» que s'est élevée la majeure partie de l'Egypte, depuis le Nil jus-
» qu'à la mer, puisque, s'il en faut croire Homère, l'Isle de Pharos
» étoit autrefois séparée de l'Egypte par un trajet de mer de vingt-
» quatre heures de navigation; enfin la mer couvroit les environs
» d'Ilion, la Teuthranie entière, & toutes les campagnes qu'arrose
» le Mœandre ». Voyez l'*Hist. Nat. de Pline*, liv. 2. Le Pô & l'A-
dige ont formé les petites Isles sur lesquelles on a bâti Venise, &
celles qui sont aux environs; la terre ferme y a été augmentée de
quinze cens pas, ce qui a autorisé Peiresc & Colonne à prédire que
Venise se trouveroit un jour unie au continent. Le pere Kircher nous
apprend que la Camargue, Isle très-fertile à l'embouchure du Rhône,
a été formée par le dépôt journalier de ce fleuve; il rapporte encore que les grands amas de sable que le Tibre a accumulés aux
bords de la mer, ont prolongé son cours de trois mille pas. Personne
n'ignore que Saint Louis partit avec sa flotte d'Aigues-Mortes, pour
aller faire la guerre aux infidèles; depuis cette époque les eaux se
sont retirées d'environ trois mille toises; déplacement que M. Piga-
niol de la Force attribue aux sables déposés par les torrens de Vi-
dourle & de Vistre : ces exemples sont plus que suffisans pour prouver que les rivières, par les dépôts qu'elles font à leur embouchure, reculent peu-à-peu les rivages de la mer. Ainsi le soc fend

aujourd'hui des plaines couvertes jadis par une mer où l'on voyoit flotter les vaiſſeaux.

Quand on confidère les nouvelles terres qui ſe forment ſur les bords de la Méditerranée, comme on vient de l'obſerver, il eſt aiſé d'imaginer les vaſtes contrées que préparent à la poſtérité les amas qui proviennent de l'abaiſſement continuel de pluſieurs chaînes de montagnes. La formation de nouveaux terrains par le dépôt des matières que les fleuves charrient avoit été remarquée par Polybe. « Les » Palus-Meotides & le Pont ſe rempliſſent de ſable depuis long- » temps ; ils en feront entièrement comblés, à moins qu'il n'y arrive » quelque changement dans ce qui s'y fait, & que les fleuves ne » diſcontinuent d'y charrier des ſables ; car la ſucceſſion des temps » étant infinie, & ces lits tout-à-fait bornés, il eſt évident que » quand même il n'y tomberoit que peu de ſable, ils feroient dans » la ſuite entièrement remplis. . . . . Or ce n'eſt pas un peu » de ſable, c'eſt une prodigieuſe quantité de ſable que les fleuves » apportent dans ces deux lits ; ce qui fait croire qu'ils feront bien- » tôt comblés. Cela fait même déjà des progrès ſenſibles, & les » Palus Meotides commencent à ſe remplir. Ils n'ont plus que cinq » ou ſept aulnes de profondeur dans la plupart des endroits, enſorte » qu'on ne peut plus naviger deſſus avec de grands vaiſſeaux ſans » guide. D'ailleurs, quoique, ſelon tous les anciens, cette mer fût au- » trefois jointe au Pont, ce n'eſt plus maintenant qu'une eau douce ; » celle de la mer a cédé la place à celle des fleuves. Il arrivera la » même choſe à l'égard du Pont. Cela commence même dès à pré- » ſent ; ſi peu de gens s'en apperçoivent, c'eſt à cauſe de la gran- » deur du lit, mais pour peu qu'on y faſſe attention, il eſt aiſé de » s'en appercevoir ; car l'Iſtre qui venant d'Europe ſe décharge par » pluſieurs embouchures dans le Pont, il y a déjà formé du limon » qu'il entraîne avec lui, un banc éloigné de la terre d'environ mille » ſtades, contre lequel les vaiſſeaux échouent ſouvent pendant la » nuit, lorſqu'on y penſe le moins ». Voyez l'*Hiſtoire de Polybe*, Livre IV. Chap. X.

Il paroît que de semblables dépôts ont contribué à séparer les eaux de la Méditerranée & de l'Océan qui se joignoient autrefois du côté septentrional des Pyrénées ; nous voyons des preuves de cette communication dans les terres sablonneuses des landes de Bordeaux , & de la partie du Languedoc où se trouvent Toulouse , Castelnaudari, Carcassonne , Barbeyra , Mons , &c. Les coquilles fossiles ne déposent pas moins en faveur d'une pareille opinion. Le sol du Béarn , du Bigorre , & de quelques cantons de l'Aquitaine , anciennement très-bas , atteste aussi que les provinces situées au pied de la chaîne sont des conquêtes récentes, faites sur la mer. Les débris charriés des Pyrénées par les grandes rivières , en même temps qu'elles creusoient de profondes cavités dans le sein de ces montagnes , ont peu-à-peu déplacé les eaux de la mer, & formé ces heureuses contrées qui devoient être un jour le domaine du meilleur des Rois. Comme il est vraisemblable que cette séparation de la Méditerranée & de l'Océan , est antérieure au passage des mers par le détroit de Gibraltar (puisque les anciens n'ont conservé que la tradition du dernier événement) , je pense qu'entre les deux époques, la Méditerranée n'a été qu'un lac uniquement formé par les fleuves & les rivières qu'elle reçoit encore aujourd'hui. C'est ainsi que la mer Caspienne , le lac Asphaltite existent.

Suivant l'opinion de la plupart des anciens, la Méditerranée , qu'ils appelloient la mer intérieure , ne subsiste que depuis sa jonction avec l'Océan par le détroit de Gibraltar, voici ce qu'on lit dans *l'Hist. Nat. de Pline* , liv. 3. « De cette bouche si étroite sont
» sorties tant de vastes mers , prodige qu'on ne peut expliquer &
» rendre moins merveilleux par la profondeur du détroit, car les
» navigateurs y découvrent souvent avec effroi , à travers l'onde
» blanchissante , les pointes du tuf rocailleux, dont le lit de cette
» mer est formé le long de ce trajet ; c'est pourquoi plusieurs ont
» appelé ces gorges océanes, l'échelle ou pas saillant de la Méditerranée ; vers ce lieu où elles se resserrent le plus, s'avancent ,
» de part & d'autre , deux montagnes qui leur servent d'entraves ;
Abila ,

» Abila en Afrique ; Calpé, en Europe, monumens & bornes des
» travaux d'Hercule ; auffi ceux du pays les appellent-ils les *colon-*
» *nes* de ce dieu ; ils croient que ce fut lui qui creufa ces montagnes
» introduifit la mer, & changea ainfi la face de la nature ».

On ne fauroit difconvenir que les eaux n'aient fubmergé de vaftes contrées, lorfqu'elles fe font ouvert un paffage par le détroit de
Gibraltar ; mais une pareille irruption n'a fait qu'étendre les limites
de la Méditerranée ; elle exiftoit auparavant, formée par les eaux
du Rhône, du Tibre, du Pô, du Nil, de l'Ebre, &c. ; fon origine eft auffi ancienne que le cours de ces fleuves ; il y a même
grande apparence que la communication de l'Océan avec la Méditerranée eft l'ouvrage des deux mers, qui ont miné & détruit la
langue de terre qui les féparoit ; c'eft ainfi que la mer d'Allemagne
& celle de la Manche ont rompu, par l'effort des vagues, entre
Douvres & Calais, l'ifthme par où la France tenoit anciennement à
l'Angleterre.

Les eaux de la mer produifent des changemens confidérables fur
la furface du globe ; de pareilles altérations n'arrivent néanmoins,
en général, que d'une manière infenfible & fans alarmer la nature ;
le cours rapide de la vie ne permet pas à l'homme de fuivre le travail lent, mais continuel de la main deftructive du temps ; des géné-
rations entières périffent & s'apperçoivent à peine des caufes qui
préparent ces grandes viciffitudes que le globe de la terre éprouve.

PLANTES
OBSERVÉES

SUR LES PYRÉNÉES,

ET AU PIED DE CETTE CHAINE DE MONTAGNES.

LE grand nombre de plantes qui croiffent dans les Pyrénées, mériteroit un traité particulier ; nous n'avons encore fur cette partie de l'Hiftoire naturelle de ces montagnes que peu d'obfervations ; ce motif me fait efpérer que ceux qui s'appliquent à la Botanique me fauront gré de donner la defcription (1) de quelques plantes que le hafard a offertes à mes yeux, durant le court intervalle de temps où mon attention ceffoit d'être fixée par la Minéralogie. Ce catalogue joint aux obfervations antérieures de ce genre, pourra fervir à l'Hiftoire des plantes des Pyrénées, en attendant qu'un habile Botanifte entreprenne un travail plus fuivi.

_____

(1) M. Barrère, Médecin à Mont-Louis, m'a fourni les moyens d'enrichir ma defcription des plantes, en me communiquant celles qu'il a obfervées dans les montagnes qui dominent cette ville.

I.

PLANTES OBSERVÉES SUR LES MONTAGNES
de la Basse-Navarre.

ASCLEPIADE blanche. *Asclepias vincetoxicum.* Lin. *Asclepias flore albo.* Tournef.

VÉRONIQUE serpoline. *Veronica serpyllifolia.* Lin. *Veronica pratensis serpyllifolia.* Tournef.

VÉRONIQUE chenette. *Veronica chamædrys.* Lin. *Veronica minor foliis imis rotundioribus.* Tournef.

BEC-DE-GRUE robertin. *Geranium robertianum.* Lin.

BEC-DE-GRUE à feuilles rondes. *Geranium rotundifolium.* Lin. *Geranium folio malvæ rotundo.* Tournef.

ALISIER commun. *Cratægus aria.* Lin. *Cratægus folio subrotundo, serrato, subtus incano.* Tournef.

FRÊNE nudiflore. *Fraxinus apetala.* Lamarck. *Fraxinus excelsior.* Tournef.

PAVOT jaune. *Papaver cambricum.* Lin. *Papaver erraticum, pyrenaicum, flore flavo.* Tournef.

CARNILLET behen. *Cucubalus behen.* Lin. *Lychnis sylvestris, quæ behen album vulgo.* Tournef.

JONC conglomeré. *Juncus conglomeratus.* Lin. *Juncus lævis panicula non sparsa.* Tournef.

PÉDICULAIRE des bois. *Pedicularis sylvatica.* Lin. *Pedicularis pratensis purpurea.* Tournef.

PISSENLIT commun. *Leontodon taraxacum.* Lin. *Dens leonis latiore folio.* Tournef.

FRAISIER stérile. *Fragaria sterilis.* Lin. *Fragaria sterilis.* Tournef.

LAMION pourpré. *Lamium purpureum.* Lin. *Lamium purpureum fœtidum, folio subrotundo.* Tournef.

VIOLETTE sauvage. *Viola canina.* Lin. *Viola martia, inodora, sylvestris.* Tournef.

VIOLETTE éperonnée. *Viola calcarata.* Lin. *Viola montana, cærulea, grandiflora.* Tournef.

CRESSON parviflore. *Cardamine hirsuta.* Lin.

CRESSON des prés. *Cardamine pratensis.* Lin. *Cardamine pratensis magno flore.* Tournef.

STELLAIRE holostée. *Stellaria holostia.* Lin. *Alsine pratensis gramineo folio ampliore.* Tournef.

BUGLE pyramidale. *Buguta pyramidalis.* Lamarck. *Bugula sylvestris villosa flore cæruleo.* Tournef.

ACROSTIQUE des bois. *Ofmunda fpicans.* Lin. *Polypodium anguftifolium,
folio vario.* Tournef.

AIRELLE myrtile. *Vaccinium myrtillus.* Lin. *Vitis idæa foliis oblongis,
crenatis, fructu nigricante.* Tournef.

CLANDESTINE à fleurs droites. *Lathrea clandeftina.* Lin. *Clandeftina flore
fubcæruleo.* Tournef.

LOTIER cornicule. *Lotus corniculatus.* Lin. *Lotus five melilotus penta-
phyllos minor glabra.* Tournef.

POLITRIC commun. *Polytricum commune.* Lin.

ANCOLIE des Alpes. *Aquilegia Alpina.* Lin. *Aquilegia montana magno
flore.* Tournef.

SAXIFRAGE à feuilles rondes. *Saxifraga rotundifolia.* Lin. *Geum rotundifolium, majus.* Tournef.

LAITIER commun. *Polygala vulgaris.* Lin.

GRASSETTE des Alpes. *Pinguicula Alpina.* Lin. *Pinguicula flore albo
minore, calcari breviffimo.* Tournef.

ORNITHOGALE écailleux. *Scilla lilio-hyacinthus.* Lin. *Lilio-hyacinthus
vulgaris, flore cæruleo.* Tournef.

POLYPODE fougère mâle. *Polypodium filix mas.* Lin. *Filix non ramofa
dentata.* Tournef.

JACINTHE des prés. *Hyacinthus non fcriptus.* Lin. *Hyacinthus oblongo
flore cæruleus major.* Tournef.

TRÈFLE des montagnes. *Trifolium montanum.* Lin. *Trifolium montanum
album.* Tournef.

BRUYÈRE cendrée. *Erica cinerea.* Lin. *Erica humilis corticeo cinere arbu-
tiflore.* Tournef.

BRUYÈRE à balais. *Erica fcoparia.* Lin. *Erica major fcoparia foliis deci-
duis.* Tournef.

DIGITALE pourprée. *Digitalis purpurea.* Lin. *Digitalis purpurea.* Tournef.

CAILLELAIT blanc. *Galium album vulgare.* Tournef. *Galium mollugo.*
Lin.

LEUCANTHÈME vulgaire. *Leucanthemum vulgare.* Tournef. *Chryfanthe-
mum Leucanthemum.* Lin.

RENONCULE rampante. *Ranunculus repens.* Lin. *Ranunculus pratenfis,
repens, hirfutus.* Tournef.

RENONCULE âcre. *Ranunculus acris.* Lin. *Ranunculus pratenfis, erectus,
acris.* Tournef.

HÊTRE foreftier. *Fagus fylvatica.* Lin. *Fagus.* Tournef.

ANDROMEDA daboecia. Lin.

JASION ondulé. *Rapunculus fcabiofæ capitulo cæruleo.* Tournef. *Jafione
montana.* Lin.

LAMPETTE dioïque. *Lychnis dioica.* Lin.

MAUVE alcée. *Malva alcea.* Lin. *Alcea vulgaris major.* Tournef.

SENEÇON auronier. *Senecio abrotanifolius.* Lin. *Jacobæa foliis ferulaceis
flore minore.* Tournef.

CAMPANULE raiponce. *Campanula rapunculus.* Lin.

MILLEPERTUIS élégant. *Hypericum pulchrum*. Lin. *Hypericum minus*, *erectum*. Tournef.
ANAGALLIS arvenfis. Lin.
HESPERIS inodora. Lin.

I I.

PLANTES OBSERVÉES SUR LES MONTAGNES
qui entourent les vallées d'Afpe & de Baretons.

FUSAIN vulgaire. *Evonymus vulgaris*. Lamarck. *Evonymus vulgaris granis rubentibus*. Tournef.
HYPNE triangulaire. *Hypnum triquetrum*. Lin. *Mufcus fquamofus major, five vulgaris*. Tournef.
. SURELLE blanche (alleluia). *Oxalis acetofella*. Lin. *Oxis flore albo*. Tournef.
CAILLELAIT des marais. *Galium paluftre*. Lin. *Cruciata paluftris alba*. Tournef.
FOIN élevé. *Aira cefpitofa*. Lin. *Gramen pratenfe, paniculatum, altiffimum locuftis parvis, fplendentibus, non ariftatis*. Tournef.
NERPRUN cathartique. *Rhamnus catharticus*. Lin. *Rhamnus catharticus*. Tournef.
SAULE marceau. *Salix caprea*. Lin. *Salix latifolia rotunda*. Tournef.
SAULE à feuilles longues. *Salix viminalis*. Lin. *Salix folio longiffimo, anguftiffimo, utrinque albido*. Tournef.
CAMPANULE mineure. *Campanula minor, rotundifolia, vulgaris*. Tournef. *Campanula rotundifolia*. Lin.
CAMPANULE gantelée. *Campanula trachelium*. Lin. *Campanula vulgatior, foliis urticæ, vel major & afperior*. Tournef.
MUFLIER majeur. *Antirrhinum majus*. Lin. *Antirrhinum vulgare*. Tournef.
MUFLIER des Alpes. *Antirrhinum Alpinum*. Lin.
ORIGAN commun. *Origanum vulgare*. Lin.
ŒILLET frangé. *Dianthus plumarius*. Lin.
CALAMENT de Montagne. *Calamintha vulgaris, vel officinarum Germaniæ*. Tournef. *Meliffa calamintha*. Lin.
CLINOPODE commun. *Clinopodium vulgare*. Lin.
ERABLE de montagne (fycomore). *Acer montanum candidum*. Tournef. *Acer pfeudoplatanus*. Lin.
PASSERAGE des Alpes. *Lepidium Alpinum*. Lin. *Nafturtium Alpinum tenuiffimè divifum*. Tournef.
BRUYÈRE multiflore. *Erica multiflora*. Lin. *Erica coris folio multiflora*. Tournef.
BOULEAU blanc. *Betula alba*. Lin. *Betula*. Tournef.
. BOULEAU vergne. *Betula alnus*. Lin. *Alnus rotundifolia, glutinofa, viridis*. Tournef.
TUSSILAGE petafite. *Tuffilago petafites*. Lin. *Petafites major & vulgaris*. Tournef.

POTENTILLE blanche. *Potentilla alba.* Lin.

GENTIANE linéaire. *Gentiana angustifolia autumnalis major.* Tournef. *Gentiana pneumonanthe.* Lin.

GENTIANE ponctuée. *Gentiana punctata.* Lin. *Gentiana major flore punctato.* Tournef.

ORPIN reprise. *Sedum thelephium.* Lin. *Anacampseros vulgò faba crassa.* Tournef.

BUPLÈVRE ligneux. *Buplevrum fruticosum.* Lin. *Buplevrum frutescens, salicis folio.* Tournef.

GENEVRIER commun. *Juniperus communis.* Lin. *Juniperus vulgaris fruticosa.* Tournef.

LAUREOLE paniculée (le garou) *Thymelæa foliis lini.* Tournef. *Daphne gnidium.* Lin.

GLOBULAIRE cordiforme. *Globularia cordifolia.* Lin. *Globularia montana, humillima, repens.* Tournef.

ARBOUSIER busserole. *Arbutus uva ursi.* Lin. *Uva ursi.* Tournef.

JACÉE noire. *Centaurea nigra.* Lin. *Jacea nigra, laciniata.* Tournef.

PATURIN des bois. *Poa nemoralis.* Lin. *Gramen nemorosum, panicula laxa, radice repente.* Vaill.

SUREAU à grappes. *Sambucus racemosa.* Lin. *Sambucus racemosa rubra.* Tournef.

CHEVREFEUILLE des jardins. *Lonicera caprifolium.* Lin. *Caprifolium italicum.* Tournef.

DORINE à feuilles opposées. *Chrysosplenium opposite folium.* Lin. *Chrysosplenium foliis amplioribus auriculatis.* Tournef.

SAXIFRAGE hypnoïde. *Saxifraga hypnoides.* Lin. *Saxifraga muscosa, trifido folio.* Tournef.

SAXIFRAGE d'automne. *Saxifraga autumnalis.* Lin. *Geum angustifolium, autumnale, flore luteo, guttato.* Tournef.

SAXIFRAGE cotyledone. *Saxifraga cotyledon.* Lin.

SAXIFRAGE ombragée. *Saxifraga umbrosa.* Lin. *Geum folio subrotundo minori, pistillo floris rubro.* Tournef.

SCABIEUSE colombaire. *Scabiosa columbaria.* Lin.

ERIGERON Uniflorum. Lin.

BEC-DE-GRUE sanguin. *Geranium sanguineum.* Lin. *Geranium sanguineum, maximo flore.* Tournef.

VIPERINE commune. *Echium vulgare.* Lin. *Echium vulgare.* Tournef.

BÉTOINE officinale. *Betonica officinalis.* Lin.

BÉTOINE jaune. *Betonica alpina latifolia major, villosa, flore luteo.* Tournef. *Betonica alopecuros.* Lin.

SCROPHULAIRE aquatique. *Scrophularia aquatica.* Lin. *Scrophularia aquatica major.* Tournef.

MILLEPERTUIS monoyer. *Hypericum nummularium.* Lin. *Hypericum nummulariæ folio.* Tournef.

PIGAMON jaunâtre. *Thalictrum flavum.* Lin.

CARNILLET moussier. *Lychnis alpina pumila, folio gramineo, sive muscus alpinus, lychnidis flore.* Tournef. *Silene acaulis.* Lin.

ALCHIMILLA alpina. Lin.

LIS martagon. *Lilium martagon.* Lin.

EPERVIÈRE velue. *Hieracium villosum.* Lin. *Hieracium alpinum latifolium magno flore.* Tournef.

ASPERULE odorante. *Asperula odorata.* Lin. *Aparine latifolia humilior , montana.* Tournef.

CISTE blanc. *Cistus incanus.* Lin. *Cistus mas. 2 , folio longiore.* Tournef.

TANAISIE baumière. *Tanacetum balsamita.* Lin. *Tanacetum hortense foliis & odore menthæ.* Tournef.

ERINE des Alpes. *Erinus Alpinus.* Lin. *Ageratum Alpinum glabrum flore purpurascente.* Tournef.

BUIS arborescent. *Buxus arborescens.* Tournef. *Buxus semper virens.* Lin.

PIN pectiné. *Pinus picea.* Lin. *Pinus pectinata.* Lamarck.

I I I.

PLANTES OBSERVÉES SUR LES MONTAGNES
qui dominent la vallée d'Ossau.

EPIAIRE des bois. *Stachis sylvatica.* Lin. *Galeopsis procerior , fœtida , spicata.* Tournef.

TROÈNE commun. *Ligustrum vulgare.* Lin. *Ligustrum.* Tournef.

SALICAIRE à épis. *Salicaria vulgaris purpurea , foliis oblongis.* Tournef. *Lythrum salicaria.* Lin.

CAILLELAIT jaune. *Galium verum.* Lin. *Galium luteum.* Tournef.

CAILLELAIT Parisien. *Galium Parisiense.* Lin. *Galium Parisiense tenuifolium , flore atro purpureo.* Tournef.

GUIMAUVE velue. *Althæa hirsuta.* Lin. *Althæa hirsuta.* Tournef.

HESPERIS inodora. Lin.

THYM serpollet. *Thymus serpillum.* Lin.

ŒILLET chartreux. *Dianthus carthusianorum.* Lin. *Caryophyllus sylvestris , vulgaris , latifolius.* Tournef.

ŒILLET des fables. *Dianthus arenarius.* Lin. *Caryophyllus sylvestris , humilis , flore unico.* Tournef.

PULMONAIRE officinale. *Pulmonaria officinalis.* Lin. *Pulmonaria italorum ad buglossum accedens.* Tournef.

ANCOLIE vulgaire. *Aquilegia vulgaris.* Lin. *Aquilegia sylvestris.* Tournef.

POLYPODE, fougère femelle. *Polypodium filix femina.* Lin. *Filix mollis sive glabra , vulgari mari non ramosa accedens.* Tournef.

POLYPODE vulgaire. *Polypodium vulgare.* Lin. *Polypodium vulgare.* Tournef.

CYNOGLOSSE officinale. *Cynoglossum officinale.* Lin. *Cynoglossum majus vulgare.* Tournef.

SPIRÉE filipendule. *Spiræa filipendula.* Lin. *Filipendula vulgaris.* Tournef.

ANEMONE hépatique. *Anemone hepatica.* Lin. *Ranunculus tridentatus , vernus , flore simplici , cæruleo.* Tournef.

SENEÇON commun. *Senecio vulgaris.* Lin. *Senecio vulgaris minor.* Tournef.

VALERIANE officinale. *Valeriana officinalis.* Lin.

GESSE des prés. *Lathyrus pratensis.* Lin. *Lathyrus sylvestris, luteus, foliis viciæ.* Tournef.

BUGRANE gluante. *Anonis viscosa, spinis carens, lutea, major.* Tournef. *Ononis natrix.* Lin.

TRÈFLE des prés. *Trifolium pratense.* Lin.

TRÈFLE ocreux. *Trifolium ochroleucum.* Lin. *Trifolium caule erecto, foliis hirsutis, supremis conjugatis, spicis oblongis.* Hall.

GERMANDRÉE des Pyrénées. *Teucrium Pyrenaïcum.* Lin. *Polium Pyrenaïcum supinum, hederæ terrestris folio.* Tournef.

VULNÉRAIRE rustique. *Anthyllis vulneraria.* Lin. *Vulneraria rustica.* Tournef.

VESCE cultivée. *Vicia sativa.* Lin.

BRUNELLE découpée. *Brunella laciniata.* Lin. *Brunella folio laciniato, flore albo.* Tournef.

Prunella grandiflora. Tournef.

EUFRAISE officinale. *Eufrasia officinalis.* Lin. *Eufrasia officinarum.* Tournef.

ACHILLIÈRE millefeuille. *Achillæa millefolium.* Lin.

COCRISTE glabre (crête de coq). *Rhinanthus crista galli.* Lin. *Pedicularis pratensis lutea, vel crista galli.* Tournef.

CLEMATITE des haies (herbe aux gueux) : *Clematis vitalba.* Lin.

CACALIS reniforme. *Cacalia Alpina.* Lin. *Cacalia foliis crassis & hirsutis.* Tournef.

PATURIN à feuilles étroites. *Poa angustifolia.* Lin. *Gramen pratense, paniculatum, majus, angustiore folio.* Tournef.

CARET espacé. *Carex distans.* Lin. *Cyperoides spicis parvis, longè distantibus.* Tournef.

VÉRONIQUE cressonnée. *Veronica beccabunga.* Lin. *Veronica aquatica major (& minor) folio subrotundo.* Tournef.

VÉRONIQUE officinale. *Veronica officinalis.* Lin. *Veronica mas supina & vulgatissima.* Tournef.

VÉRONIQUE teucriette. *Veronica teucrium.* Lin. *Veronica major frutescens altera.* Tournef.

VÉRONIQUE frutescente. *Veronica foliis ovatis crenatis, fructu ovali, floribus in summo caule purpurescentibus.* Hall.

ROSIER des Alpes. *Rosa Alpina.* Lin. *Rosa campestris spinis carens, biflora.* Tournef.

BEC-DE-GRUE livide. *Geranium phæum.* Lin. *Geranium phæum sive fuscum, petalis reflexis.* Tournef.

VIOLETTE pensée. *Viola tricolor.* Lin. *Viola bicolor arvensis.* Tournef.

VIOLETTE cornue. *Viola cornuta.* Lin. *Viola Pyrenaïca, longius caudata, teucrii folio.* Lin.

CARNILLET de roche. *Silene rupestris.* Lin.

ORPIN

ORPIN à feuilles cylindriques. *Sedum album.* Lin. *Sedum minus tereti-folium , alterum.* Tournef.

LAUREOLE majeure. *Daphne laureola.* Lin. *Thymelea laurifolio semper virens , seu laureola mas.* Tournef.

DACTILE pelotonné. *Dactylis glomerata.* Lin. *Gramen paniculatum , spicis crassioribus & brevioribus.* Tournef.

MORGELINE ombellée. *Holosteum umbellatum.* Lin. *Alsine verna , glabra , floribus umbellatis , albis.* Tournef.

STELLAIRE holostée. *Stellaria holostia.* Lin. *Alsine pratensis gramineo folio ampliore.* Tournef.

ASTER des Alpes. *Aster Alpinus.* Lin. *Aster montanus , cæruleus , magno flore , foliis oblongis.* Tournef.

ASPERULE lisse. *Asperula lævigata.* Lin. *Cruciata lusitanica , latifolia , glabra , flore albo.* Tournef.

SUREAU commun. *Sambucus nigra.* Lin. *Sambucus fructu in umbella nigro.* Tournef.

ORTIE dioique. *Urtica dioica.* Lin. *Urtica urens , maxima.* Tournef.

PIN sauvage. *Pinus Sylvestris.* Lin. *Pinus sylvestris , vulgaris , genevensis.* Tournef.

MILLEPERTUIS de montagne. *Hypericum montanum.* Lin. *Hypericum elegantissimum , non ramosum , folio lato.* Tournef.

MILLEPERTUIS carré. *Hypericum quadrangulum.* Lin. *Hypericum ascyron dictum , caule quadrangulo.* Tournef.

MILLEPERTUIS commun. *Hypericum vulgare.* Tournef. *Hypericum perforatum.* Lin.

Sideritis hirsuta. Lin.

SAXIFRAGE étoilée. *Saxifraga stellaris.* Lin. *Geum palustre , minus , foliis oblongis , crenatis.* Tournef.

SAXIFRAGE granulée. *Saxifraga granulata.* Lin. *Saxifraga rotundifolia alba.* Tournef.

GENET des teinturiers. *Genista tinctoria.* Lin. *Genista tinctoria , germanica.* Tournef.

SISEMBRE velaret. *Erysimum latifolium , majus , glabrum.* Tournef. *Sisymbrium irio.* Lin.

SELIN lactescent. *Thysselinum palustre.* Tournef. *Selinum palustre, Lin.*

LAMION lisse. *Lamium lævigatum.* Lin, *Lamium folio oblongo , flore rubro.* Tournef.

MYOSOTIS Scorpioïdes. Lin.

MUFLIER couché. *Anthirrinum supinum.* Lin. *Linaria pumila , supina , lutea.* Tournef.

MUFLIER mineur. *Antirrhinum minus.* Lin. *Linaria pumila , vulgatior , arvensis.* Tournef.

OROBE tubéreux. *Orobus tuberosus.* Lin.

VESCE multiflore. *Vicia multiflora.* Tournef.

CARDUUS dissectus. Lin.

HORMINUM Pyrenaïcum. Lin.

R r

CERAISTE commun. *Cerastium vulgatum.* Lin. *Myosotis arvensis, hirsuta, parvo flore.* Tournef.

CALAMENT des Alpes. *Clinopodium montanum.* Tournef. *Thymus Alpinus.* Lin.

CISTE hélianthème. *Cistus helianthemum.* Lin. *Helianthemum vulgare, flore luteo.* Tournef.

ROSAGE ferrugineux. *Rhododendron ferrugineum.* Lin. *Chamærodendros alpina, glabra.* Tournef.

LISERON des champs. *Convolvulus arvensis.* Lin. *Convolvulus minor, arvensis.* Tournef.

POTENTILLE printanière. *Potentilla verna.* Lin. *Quinque folium minus, repens, luteum.* Tournef.

PRIMEVÈRE farineuse. *Primula farinosa.* Lin.

VERVEINE officinale. *Verbena officinalis.* Lin. *Verbena communis, flore cæruleo.* Tournef.

RENONCULE bulbeuse. *Ranunculus bulbosus.* Lin. *Ranunculus pratensis, radice verticilli modo rotunda.* Tournef.

I V.

PLANTES OBSERVÉES DANS LES ENVIRONS DE PAU.

PAVOT coquelicot. *Papaver rhœas.* Lin. *Papaver erraticum, majus.* Tournef.

SAULE blanc. *Salix alba.* Lin. *Salix vulgaris, alba, arborescens.* Tournef.

PRÊLE d'hiver. *Equisetum hyemale.* Lin. *Equisetum foliis nudum, non ramosum, sed junceum, hippuris aphyllos.* Tournef.

PANIC lisse. *Panicum viride.* Lin. *Panicum vulgare, spicâ simplici & molliori.* Tournef.

BROME des bois. *Bromus sylvaticus.* Lamarck. *Gramen loliaceum, corniculatum, spicis villosis.* Tournef.

HOUQUE molle. *Holcus mollis.* Lin. *Gramen caninum, paniculatum, molle.* Tournef.

MENTHE pouliot. *Mentha pulegium.* Lin. *Mentha aquatica S. Pulegium vulgare.* Tournef.

SALIX aurita. Lin.

RÉSEDA jaune. *Reseda lutea.* Lin. *Reseda vulgaris.* Tournef.

RONCE frutescente. *Rubus fruticosus.* Lin. *Rubus vulgaris, sive rubus fructu nigro.* Tournef.

ACHILLÆA magna. Lin.

MELISSA grandiflora. Lin.

THYMUS acinos. Lin.

RENOUÉE persicaire. *Polygonum persicaria.* Lin. *Persicaria mitis, non maculosa.* Tournef.

LISERON des haies. *Convolvulus sepium.* Lin. *Convolvulus major, albus.* Tournef.

CAMPANULA latifolia. Lin.

HOUX piquant. *Ruscus aculeatus.* Lin. *Ruscus myrtifolius, aculeatus.* Tournef.

PEUPLIER noir. *Populus nigra.* Lin. *Populus nigra.* Tournef.

PTERIS aquilin. (fougère femelle). *Pteris aquilina.* Lin. *Filix ramosa, major, pinnulis obtusis, non dentatis.* Tournef.

VIGNE sauvage. *Vitis sylvestris labrusca.* Tournef. *Vitis vinifera.* Lin.

VIORNE cotonneuse. *Viburnum lantana.* Lin. *Viburnum matth.* Tournef.

VIORNE lobée. (obier). *Viburnum opulus.* Lin. *Opulus ruellii.* Tournef.

TOQUE mineure. *Scutellaria minor.* Lin. *Cassida palustris minima, flore purpurascente.* Tournef.

AGROSTIS miliacé. *Agrostis miliacea.* Lin. *An gramen à gramine pratense spica ferè arundinaceá, glumis parum aristatis differens.* Scheuch.

LISIMAQUE vulgaire. *Lysimachia vulgaris.* Lin. *Lysimachia lutea major.* Tournef.

ORME des champs. *Ulmus campestris.* Lin.

ROSIER églantier. *Rosa eglanteria.* Lamarck. *Rosa sylvestris, foliis odoratis.* Tournef.

PATIENCE sauvage. *Rumex acutus.* Lin.

FLUTEAU plantaginé. *Alisma plantago.* Lin. *Ranunculus palustris, plantaginis, folio ampliore.* Tournef.

MILLEPERTUIS baccifère (toute saine). *Hypericum androsæmum, maximum, frutescens.* Tournef.

LICOPE des marais. *Lycopus palustris, glaber.* Tournef. *Lycopus Europæus.* Lin.

TITHYMALE des bois. *Tithymalus sylvaticus, lunato flore.* Tournef. *Euphorbia sylvatica.* Lin.

TUSSILAGE vulgaire. *Tussilago vulgaris.* Tournef. *Tussilago farfara.* Lin. *CARDUUS eriophorus.* Lin.

PANAIS cultivé. *Pastinaca sativa.* Lin.

SENEÇON des marais. *Senecio paludosus.* Lin. *Jacobæa palustris altissima, foliis serratis.* Tournef.

EPERVIERE des murs. *Hieracium murorum.* Lamarck. *Hieracium murorum folio pilosissimo.* Tournef.

TAMARIS pentendrique. *Tamariscus narbonensis.* Tournef. *Tamaris gallica.* Lin.

VERGERETE âcre. *Erigeron acre.* Lin. *Aster arvensis, cæruleus, acris.* Tournef.

CARDÈRE sauvage. *Dipsacus sylvestris aut virga pastoris major.* Tournef. *Dipsacus fullonum.* Lin.

RENOUÉE centinode. *Polygonum centinodium.* Lamarck. *Polygonum aviculare.* Lin.

GERMANDRÉE sauvage. *Chamædrys fruticosa, sylvestris, melissæ folio.* Tournef. *Teucrium scorodonia.* Lin.

JONC congloméré. *Juncus conglomeratus.* Lin. *Juncus lævis, panicula non sparsa.* Tournef.

ÉPILOBE de montagne. *Epilobium montanum.* Lin. *Chamænerion glabrum*, *majus.* Tournef.

LANDIER d'Europe. *Ulex Europæus.* Lin. *Genifla fpartium*, *majus longioribus aculeis.* Tournef.

LEONTODON autumnale. Lin.

ANTHEMIS nobilis. Lin.

ÉRABLE commun. *Acer campeftre.* Lin. *Acer campeftre & minus.* Tournef.

ÉRABLE platanier. *Acer platanoides.* Lin. *Acer platanoides.* Tournef.

ARROCHE des rives. *Atriplex littoralis.* Lin. *Atriplex anguftiffimo & longiffimo folio.* Tournef.

PIED DE VEAU commun. *Arum maculatum.* Lin.

GOBLET-D'EAU commun. *Hydrocotyle vulgaris.* Lin. *Hydrocotyle vulgaris.* Tournef.

GALEOPSIS galeobdolon. Lin.

DORADILLE fcolopendre. *Afplenium fcolopendrium.* Lin. *Lingua cervina officinarum.* Tournef.

SCABIEUSE à feuilles de paquerette. *Scabiofa annua*, *integrifolia five feliis bellidis.* Tournef. *Scabiofa integrifolia.* Lin.

VALANCE grateron. *Aparine vulgaris.* Lin. *Galium aparine.* Tournef.

SENECIO fylvaticus. Lin.

AMARANTHUS hybridus. Lin.

AMARANTHUS albus. Lin.

VERGERETE paniculée. *Virga aurea ʒanoni,* Tournef. *Erigeron canadenfe.* Lin.

ACHILLIÈRE élégante. *Achillæa nobilis.* Lin. *Millefolium nobile.* Tournef.

ARROCHE haftée. *Atriplex haftata.* Lin. *Atriplex folio haftato feu deltoide.* Tournef.

GERANIUM gruinum. Lin.

ANGELICA fylveftris. Lin.

SAULE pentandrique. *Salix pentendra.* Lin. *Salix montana, major, foliis laurinis.* Tournef.

SONCHUS oleraceus. Lin.

PIMPINELLA faxifraga. Lin.

GLECOME lierré. (Lierre terreftre.) *Glechoma hederacea.* Lin. *Calamintha humilior rotundiore folio.* Tournef.

HOUX épineux. *Ilex aquifolium.* Lin. *Aquifolium five agrifolium vulgo.* Tournef.

TRIFOLIUM agrarium. Lin.

MENTHE fauvage. *Mentha fylveftris.* Lin. *Mentha fylveftris folio longiore.* Tournef.

PANIC pied-de-coq. *Panicum crus galli.* Lin. *Panicum vulgare, fpica multiplici, afperiufcula.* Tournef.

PANIC fanguin. *Panicum fanguinale.* Lin. *Gramen dactylon folio latiore.* Tournef.

JACÉE des prés. *Centaurea jacea.* Lin. *Jacea nigra, pratenfis, latifolia.* Tournef.

MILLET lendier. *Millium lendigerium.* Lin. *panicum ferotinum, arvenfe, fpicâ pyramidatâ.* Tournef.

SCABIOSA fuccifa. Lin.

LICHEN pulmonarius. Lin.

LIERRE rampant. *Hedera helix.* Lin. *Hedera arborea.* Tournef.

PERVENCHE mineure. *Pervinca vulgaris, anguftifolia, flore cæruleo.* Tournef. *Vinca minor.* Lin.

TORMENTILLA repens. Lin.

SALICAIRE à feuilles d'hyfope. *Salicaria hyffopifolio latiore.* Tournef. *Lythrum hyffopifolia.* Lin.

MELAMPYRE des bois. *Melampyrum fylvaticum.* Lin. *Melampyrum corollis hyantibus.* Gouan.

LISIMAQUE des bois. *Lyfimachia nemorum.* Lin. *Lyfimachia humifufa folio fubrotundo, acuminato, flore luteo.* Tournef.

AGROSTIS éventé. *Agroftis fpica venti.* Lin. *Gramen capillatum, paniculis viridantibus.* Tournef.

PATTE-D'OIE blanchâtre. *Chenopodium album.* Lin. *Chenopodium folio finuato candicante.* Tournef.

PRUNIER épineux *Prunus fpinofa.* Lin. *Prunus fylveftris.* Tournef.

NERPRUM bourdainier. *Rhamnus frangula.* Lin. *Frangula.* Tournef.

OPHIOGLOSSE aîlée. *Ofmunda foliis lunatis.* Tournef. *Ofmunda lunaria.* Lin.

CAMOMILLE des champs. *Anthemis arvenfis.* Lin. *Chamælum inodorum.* Tournef.

JONC rude. *Juncus fquarrofus.* Lin. *Juncus parvus, cum pericarpiis rotundis.* Tournef.

CHÊNE qui croît dans les environs de Pau. *Quercus* (1) *palenfis foliis oblongis, dentato-finuatis, ondulatis, fubtus tomentofis.*

V.

PLANTES OBSERVÉES SUR LES MONTAGNES
des environs de Gavarnie & de Barèges.

CERFEUIL penché. *Chærophyllum temulum.* Lin. *Myrrhis annua femine ftriato lævi.* Tournef.

CERFEUIL odorant. *Scandix odorata.* Lin. *Myrrhis major vel cicutaria odorata.* Tournef.

THYMELÆA juniperifolia. Tournef.

CRANSON officinal. *Cochlearia officinalis.* Lin. *Cochlearia folio fubrotundo.* Tournef.

---

(1) Cette efpèce de chêne, qui s'élève peu, ne paroît pas avoir été décrite par les Botaniftes ; nous fommes d'autant plus autorifés à le croire, qu'elle étoit inconnue à M. Thouin, qui a une fi grande connoiffance des plantes.

Aconitum cammarum. Lin.

CHERLERIE à gazons. *Cherleria fedoides.* Lin. *Cherleria cefpitofa.* Lamarck.

PARONIQUE argentée. *Illecebrum paronychia.* Lin. *Paronychia hifpa-nica.* Tournef.

CARLINE affife. *Carlina acaulis.* Lin. *Carlina acaulis magno flore albo.* Tournef.

POLYPODE à aiguillons. *Polypodium aculeatum.* Lin. *Lonchitis aculeata, major.* Tournef.

CISTE à feuilles de ferpolet. *Ciftus ferpilli-folius.* Lin. *Helianthemum fer-pillifolio flore majore.* Tournef.

CRAPAUDINE hyfopiforme. *Sideritis hyffopifolia.* Lamarck. *Sideritis Alpina hyffopifolia.* Tournef.

Cardamine petræa. Lin.

CISTE à feuilles de myrthe. *Ciftus canus.* Lin. *Helianthemum foliis myrti minoris fubtus incanis.* Tournef.

· *LEOTODON lyratum.* Gouan.

POTENTILLA hirta. Lin.

HELLEBORINE des marais. *Serapias longifolia.* Lin. *Helleborine angufti-folia, paluftris five pratenfis,* Tournef.

IRIS naine. *Iris pumila.* Lin. *Iris humilis, minor, flore purpureo.* Tournef.

GALEOPE chanvrin. *Galeopfis tetrahit.* Lin. *Galeopfis procerior, calyculis aculeatis, flore flavefcente.* Tournef.

GALEOPE ladane. *Galeopfis ladanum.* Lin. *Galeopfis patula fegetum, flore purpurafcente.* Tournef.

SORBIER des oifeaux. *Sorbus aucuparia.* Lin. *Sorbus aucuparia.* Tournef.

CAMPANULE mineure. *Campanula minor, rotundifolia vulgaris.* Tournef. *Campanula rotundifolia.* Lin.

ORPIN réfléchi. *Sedum reflexum.* Lin.

CIRSE paniculé. *Circium paniculatum.* Lamarck. *Carduus carlinoïdes.* Gouan.

CRASSULE rougeâtre. *Sedum rubens.* Lin. *Sedum arvenfe flore rubente.* Tournef.

PARNASSIE des marais. *Parnaffia paluftris.* Lin. *Parnaffia paluftris & vulgaris.* Tournef.

ÉPILOBE des Alpes. *Epilobium Alpinum.* Lin. *Chamænerion Alpinum, minus, brunellæ foliis.* Tournef.

ROSIER des Alpes. *Rofa Alpina.* Lin. *Rofa campeftris, fpinis carens, biflora.* Tournef.

VALANCE croifette. *Valantia cruciata.* Lin. *Cruciata hirfuta.* Tournef.

PERLIERE dioïque. *Gnaphalium dioicum.* Lin. *Elychryfum montanum flore rotundiore, fubpurpureo.* Tournef.

GERMANDRÉE officinale. *Teucrium chamædrys.* Lin.

VIOLETTE penfée.. *Viola tricolor.* Lin. *Viola bicolor arvenfis.* Tournef.

CIRSE nain. *Carduus acaulis,* Lin. *Cirfium acaulos flore purpureo.* Tournef.

MILLEPERTUIS monoyer. *Hypericum nummularium.* Lin. *Hypericum nummulariæ folio.* Tournef.

CHEVREFEUILLE des Pyrénées. *Lonicera Pyrenaïca.* Lin. *Xylosteum Pyrenaïcum.* Tournef.

AGROSTIS chevelu. *Agrostis capillaris.* Lin. *Gramen montanum, panicula spadicea delicatiore.* Tournef.

TORMENTILLE droite. *Tormentilla erecta.* Lin. *Tormentilla sylvestris.* Tournef.

MEDICAGO falcata. Lin. *Medica sylvestris floribus croceis.* Tournef.

SCABIEUSE des bois. *Scabiosa sylvatica.* Lin. *Scabiosa montana, latifolia, non laciniata, rubra & prima.* Tournef.

TITHYMALE cypariſſe. *Euphorbia cypariſſias.* Lin. *Tithymalus cypariſſias.* Tournef.

BOUILLON aîlé. *Verbascum thapsus.* Lin. *Verbascum mas latifolium, luteum.* Tournef.

CAMPANULE glomérulée. *Campanula glomerata.* Lin. *Campanula pratensis, flore glomerato.* Tournef.

SABLINE ferpoliete. *Arenaria serpyllifolia.* Lin. *Alsine minor multicaulis.* Tournef.

SABLINE ciliée. *Arenaria ciliata.* Lin. *Alsine minor montana magno flore.* Rai.

SABLINE à feuilles menues. *Arenaria tenuifolia.* Lin. *Arenaria tenuifolia.* Tournef.

GENTIANE glandiflore. *Gentiana acaulis.* Lin. *Gentiana Alpina magno flore.* Tournef.

Gentiana campestris. Lin.

GENTIANE amarelle. *Gentiana campestris.* Lin. *Gentiana pratensis, flore lanuginoso.* Tournef.

VÉRONIQUE à feuilles larges. *Veronica latifolia.* Lin. *Veronica maxima.* Tournef.

RADIAIRE majeure, vulnéraire, ruſtique. *Astrantia major.* Lin. *Astrantia, major, coronâ floris purpurascente.* Tournef.

SAXIFRAGE bryoïde. *Saxifraga bryoïdes.* Lin. *Saxifraga Pyrenaïca, minima, lutea musco similis.* Tournef.

SAXIFRAGE des gazons. *Saxifraga cespitosa.* Lin. *Saxifraga trydactylites, Pyrenaïca, pallidè lutea, minima.* Tournef.

SAXIFRAGE rude. *Saxifraga aspera.* Lin. *Saxifraga Alpina, foliis crenatis & asperis.*

RAIPONCE orbiculaire. *Rapunculus folio oblongo, spicâ orbiculari.* Tournef. *Phyteuma orbicularis.* Lin.

ARCTIUM lappa. Lin.

LICHEN de terre. *Lichen caninus.* Lin. *Lichen terrestris, cinereus.* Vail.

FRAISIER de table. *Fragaria vesca.* Lin. *Fragaria vulgaris.* Tournef.

Pimpinella saxifraga. Lin.

Draba Alpina. Lin.

GERANIUM striatum. Lin.

ORPIN brûlant. *Sedum acre.* Lin. *Sedum parvum acre , flore luteo.* Tournef.

PARONIQUE capitée. *Paronychia narbonenfis erecta.* Tournef. *Illecebrum capitatum.* Lin.

POTENTILLE argentée. *Potentilla argentea.* Lin. *Quinque folium folio argenteo.* Tournef.

STATICE capitée. (gazon d'olympe). *Statice armeria.* Lin. *Statice Lugdunenfium.* Tournef.

PATURIN aquatique. *Poa aquatica.* Lin. *Gramen aquaticum , paniculatum , latifolium.* Tournef.

Veronica fruticulofa. Lin.

PATURIN annuel. *Poa annua.* Lin. *Gramen pratenfe , paniculatum , minus , album.* Tournef.

PATURIN des .Alpes. *Poa Alpina.* Lin. *Gramen Alpinum , paniculatum majus , panicula fpeciofa variegata.* Scheuch.

PÉDICULAIRE à bec. *Pedicularis roftrata.* Lin. *Pedicularis Alpina filicis folio minor.* Tournef.

ARNIQUE fcorpioïdes. *Arnica fcorpioïdes.* Lin. *Doronicum radice fcorpii , brachiata.* Tournef.

MUSCUS cerifceus arboribus adnafcens. Vail.

V I.

PLANTES OBSERVÉES DANS LES ENVIRONS DE BAGNÈRES
de Bigorre.

MORELLE grimpante. *Solanum fcandens , S. dulcamara.* Tournef. *Solanum dulcamara.* Lin.

ROSIER des haies. *Rofa fylveftris vulgaris , flore odorato intarnato.* Tournef. *Rofa canina.* Lin.

CHEVREFEUILLE des bois. *Caprifolium germanicum.* Tournef. *Lonicera perclymenum.* Lin.

ALISIER aubepin. *Crategus oxyacantha.* Lin. *Mefpilus apii folio , fylveftris , fpinofa , five oxyacantha.* Tournef.

COUDRIER noifetier. *Corylus avellana.* Lin. *Corylus fylveftris.* Tournef.

LISERON des haies. *Convolvulus fepium.* Lin. *Convolvulus major albus.* Tournef.

CAROTTE commune. *Daucus vulgaris.* Tournef. *Daucus carota.* Lin.

CAROTTE hériflée. *Daucus muricatus.* Lin. *Caucalis Daucoides , tingitana.* Morif.

SUREAU nain (yeble). *Sambucus humilis five ebulus.* Tournef. *Sambucus ebulus.* Lin.

POTENTILLE rampante. *Potentilla reptans.* Lin. *Quinquefolium majus repens.* Tournef.

MAUVE fauvage. *Malva fylveftris.* Lin. *Malva vulgaris , flore majore , folio finuato.* Tournef.

MAUVE

MAUVE à feuilles rondes. *Malva rotundifolia* Lin. *Malva vulgaris, flore minore, folio rotundo.* Tournef.

MAUVE musquée. *Malva moschata.* Lin *Alcea folio rotundo, laciniato.* Tournef.

BRUYÈRE commune. *Erica vulgaris.* Lin. *Erica vulgaris, glabra.* Tournef.

PLANTAIN majeur. *Plantago major.* Lin. *Plantago latifolia, sinuata.* Tournef.

IMPÉRATOIRE sauvage. *Imperatoria pratensis, major.* Tournef. *Angelica sylvestris.* Lin.

CARNILLET penché. *Lychnis montana, viscosa, alba, latifolia.* Tournef. *Silene nutans.* Lin.

CRESSON de fontaine. *Sisymbrium aquaticum.* Tournef. *Sisymbrium nasturtium.* Lin.

BRIOINE blanche. *Bryonia alba.* Lin. *Bryonia alba, baccis rubris.* Tournef.

SAVONAIRE officinale. *Saponaria officinalis.* Lin. *Lychnis sylvestris quæ saponaria vulgò.* Tournef.

SCROPHULAIRE noueuse. *Scrophularia nodosa.* Lin. *Scrophularia nodosa, fœtida.* Tournef.

BOUILLON lychnite. *Verbascum lychnitis.* Lin. *Verbascum pulverulentum, flore luteo, parvo.* Tournef.

GERMANDRÉE officinale. *Teucrium chamædrys.* Lin.

CHÊNE roure. *Quercus robur.* Lin. *Quercus latifolia mas quæ brevi pediculo est.* Tournef.

MUFLIER majeur. *Antirrhinum majus.* Lin. *Antirrhinum vulgare.* Tournef.

RENONCULE des frimats. *Ranunculus nivalis.* Lin. *Ranunculus Pyrenæus.* Gouan.

SOUCHET long. *Cyperus longus.* Lin. *Cyperus odoratus, radice longá, sive cyperus officinarum.* Tournef.

ORPIN à feuilles cylindriques. *Sedum teretifolium.* Lamarck.

EUPATOIRE chanvrin. *Eupatorium cannabinum.* Lin. *Eupatorium cannabinum.* Tournef.

SENEÇON jacobée. *Senecio jacobæa.* Lin.

JACÉE plumeuse. *Jaccea cum squammis pennatis sive capite villoso.* Tournef. *Centaurea phrygia.* Lin.

GENTIANE centauriette. *Gentiana centaurium.* Lin. *Centaurium minus.* Tournef.

VESCE des bois. *Vicia sylvatica.* Lin. *Vicia foliis ovatis, stipulis argutè dentatis, siliquis racemosis pendulis.* Hall.

ASPERULA cynanchica. Lin.

SAULE blanc. *Salix alba.* Lin. *Salix vulgaris, alba, arborescens.* Tournef.

PTERIS aquilin. *Pteris aquilina.* Lin. (fougère femelle). *Filix ramosa, major, pinnulis obtusis, non dentatis.* Tournef.

LAMION blanc. *Lamium album.* Lin. *Lamium vulgare album, sive archangelica flore albo.* Tournef.

CARDUUS palustris. Lin.

TOQUE tertianaire. *Scutellaria galericulata.* Lin. *Cassida palustris vulgatior , flore cæruleo.* Tournef.

SCABIEUSE des champs. *Scabiosa arvensis.* Lin. *Scabiosa pratensis , hirsuta quæ officinarium.* Tournef.

SCABIOSA gramuntia. Lin.

JONC épars. *Juncus effusus.* Lin. *Juncus brevis , panicula sparsa , major.* Tournef.

MENTHE des champs. *Mentha arvensis.* Lin. *Mentha arvensis verticillata,* hirsuta. Tournet.

RUBANIER redressé. *Sparganium erectum.* Lin. *Sparganium ramosum.* Tournef.

RENOUÉE âcre (poivre d'eau). *Persicaria urens , seu hydropiper.* Tournef. *Polygonum hydropiper.* Lin.

PATTE d'oie blanchâtre. *Chenopodium folio sinuato candicante.* Tournef. *Chenopodium album.* Lin.

ANTHEMIS cotá. Lin.

AIGREMOINE officinale. *Agrimonia officinarum.* Tournef. *Agrimonia eupatoria.* Lin.

BUGRANE des champs (arrête-bœufs). *Ononis arvensis.* Lin. *Anonis spinosa , flore purpureo.* Tournef.

SPIRÉE ormière. *Spiræa ulmaria.* Lin. *Ulmaria Clusii.* Tournef.

BERLE nodiflore. *Sium nodiflorum.* Lin. *Sium aquaticum ad alas floridum.* Tournef.

DORADILLE politric. *Asplenium trichomanes.* Lin.

CALAMENT des Alpes. *Clinopodium montanum.* Tournef. *Thymus Alpinus.* Lin.

RONCE de roche. *Rubus saxatilis.* Lin. *Rubus Alpinus , humilis.* Tournef.

CLÉMATITE flammule. *Clematis flammula.* Lin. *Clematis sive flammula repens.* Tournef.

EPILOBIUM hirsutum. Lin.

LAMPETTE déchirée. *Lychnis pratensis , flore laciniato , simplici.* Tournef. *Lychnis flos cuculi.* Lin.

SAULE hélice. *Salix helix.* Lin. *Salix humilis , capitulo squammoso.* Tournef.

CARDÈRE sauvage. *Dipsacus sylvestris aut virga pastoris major.* Tournef. *Dipsacus fullonum.* Lin.

BEC-DE-GRUE colombin. *Geranium colombinum.* Lin. *Geranium colombinum dissectis foliis , pediculis florum longissimis.* Tournef.

INULE conizière. *Aster pratensis autumnalis conyzæ folio.* Tournef. *Inula dysenterica.* Lin.

GNAPHALIUM uliginosum. Lin.

SPARTIUM complicatum. Lin.

VII.

PLANTES OBSERVÉES SUR LES MONTAGNES
qui dominent la vallée d'Aure.

BUGLE rampante. *Bugula.* Tournef. *Ajuga reptans.* Lin.

IBÉRIDE amère. *Iberis amara.* Lin. *Thlaspi umbellatum, arvense, amarum.* Tournef.

VALÉRIANE des Pyrénées. *Valeriana Pyrenaïca.* Lin. *Valeriana maxima, Pyrenaïca, cacaliæ folio.* Tournef.

SAXIFRAGE de roche. *Saxifraga petrea.* Lin.

GENTIANE précoce. *Gentiana nivalis.* Lin.

GENTIANE grandiflore. *Gentiana alpina, magno flore.* Tournef. *Gentiana acaulis.* Lin.

PAQUERÈTE vivace. *Bellis perennis.* Lin. *Bellis sylvestris, minor.* Tournef.

CORONILLE de Valence. *Coronilla Valentina.* Lin. *Coronilla sive colutea minima.* Tournef.

ANÉMONE des bois (la silvie). *Anemone nemorosa.* Lin.

ORQUIS bouffon. *Orchis morio.* Lin. *Orchis morio fœmina.* Tournef.

TRÈFLE des Alpes. *Trifolium Alpinum.* Lin. *Anonis Alpina humilior, radice amplâ & dulci.* Tournef.

VIII.

PLANTES OBSERVÉES SUR LES MONTAGNES
voisines de Mont-Louis.

BLETTE effilée. *Bletum virgatum.* Lin. *Atriplex sylvestris, mori fructu.* Tournef.

JASMIN arbustet. *Jasminum fruticans.* Lin. *Jasminum luteum vulgo dictum Bacciferum.* Tournef.

CIRCÉE majeure. *Circæa major.* Lin. *Circæa lutetiana.* Tournef.

VÉRONIQUE nudicaule. *Veronica parva, saxatilis, cauliculis nudis.* Tournef. *Veronica aphylla.* Lin.

VÉRONIQUE bellidiforme. *Veronica bellidioides.* Lin. *Veronica alpina, bellidis folio, hirsuta.* Tournef.

VÉRONIQUE des Alpes. *Veronica Alpina.* Lin. *Veronica caule simplici, foliis ovatis, glabris, subserratis, spicâ pauciflorâ.* Hall.

VÉRONIQUE à écussons. *Veronica scutellata.* Lin. *Veronica aquatica, angustiore folio.* Tournef.

VÉRONIQUE des champs. *Veronica arvensis.* Lin. *Veronica flosculis cauliculis adhærentibus.* Tournef.

VÉRONIQUE digitée. *Veronica verna trifido vel quinque fido folio.* Tournef. *Veronica triphylloe.* Lin.

GRASSETTE vulgaire. *Pinguicula vulgaris.* Lin. *Pinguicula Gesneri.* Tournef.

SAUGE fclarée. *Salvia fclarea.* Liñ. *Sclarea tabernæ.* Tournef.

VALERIANE trifide. *Valeriana tripteris.* Lin. *Valeriana alpina , prima.* Tournef.

VALERIANE rouge. *Valeriana rubra.* Lin. *Valeriana rubra.* Tournef.

VALERIANE celtique. *Valeriana celtica.* Lin. *Valeriana celtica.* Tournef.

VALERIANE dioïque. *Valeriana dioïca.* Lin. *Valeriana paluftris , minor.* Tournef.

SAFRAN cultivé. *Crocus fativus.* Lin.

IRIS germanique. *Iris germanica.* Lin. *Iris vulgaris , germanica , five fylveftris.* Tournef.

LINAIGRETTE paniculée. *Eriophorum polyftachion.* Lin.

NARD ferré. *Nardus ftricta.* Lin. *Gramen loliaceum , minimum , foliis junceis , paniculá unam partem fpeclante.* Tournef.

FLÉAU des Alpes. *Phleum Alpinum.* Lin. *Gramen typhoïdes Alpinum , fpicâ brevi , denfâ & veluti villofâ.* Scheuch.

FLÉAU des prés. *Phleum pratenfe.* Lin. *Gramen fpicatum , fpicâ cylindraceâ, longiffimâ.* Tournef.

AGROSTIS mineur. *Agroftis minima.* Lin. *Gramen loliaceum , minimum , elegantiffimum.* Tournef.

BRÔME des champs. *Bromus arvenfis.* Lin.

BROME rude. *Bromus fquarrofus.* Lin. *Gramen avenaceum , locuftis amplioribus , candicantibus glabris & ariftatis.* Tournef.

STIPE empenné. *Stipa pennata.* Lin. *Gramen fpicatum , ariftis pennatis.* Tournef.

STIPE joncier. *Stipa juncea.* Lin.

AVOINE jaunâtre. *Avena flavefcens.* Lin. *Gramen avenaceum , pratenfe , elatius , paniculá flavefcente.* Tournef.

YVRAIE annuelle. *Gramen loliaceum , fpicâ longiore.* Bauh. *Lolium temulentum.* Lin.

MONTI des fontaines. *Montia fontana.* Lin. *Alfineformis paludofa tricarpos , flofculis albis , inapertis.* Vaill.

GLOBULAIRE nudicaule. *Globularia nudicaulis.* Lin. *Globularia Pyrenaïca folio oblongo , caule nudo.* Tournef.

GLOBULAIRE cordiforme. *Globularia cordifolia.* Lin. *Globularia montana humillima. repens.* Tournef.

SCABIEUSE des bois. *Scabiofa fylvatica.* Lin. *Scabiofa montana , latifolia , non laciniata , rubra & prima.* Tournef.

SCABIEUSE des champs. *Scabiofa arvenfis.* Lin.

ASPÉRULE odorante. *Afperula odorata.* Lin. *Aparine latifolia , humilior , montana.* Tournef.

ASPÉRULE des champs. *Afperula arvenfis.* Lin. *Gallium arvenfe , flore cæruleo.* Tournef.

Afperula cynanchica. Lin.

GARANCE des teinturiers. *Rubia tinctorum.* Lin.

CAILLELAIT de roche. *Galium faxatile.* Lin. *Gallium faxatile , fupinum , molliore folio.* Juff.

Gallium minutum. Lin.

PATURIN duret. *Poa rigida.* Lin.

PLANTAIN pucier. *Plantago pfyllium.* Lin. *Pfyllium major, erectum* Tournef.

Plantago alpina. Lin.

Plantago fubulata. Lin.

SILIQUIER noueux. *Hypecoon latiore folio.* Tournef. *Hypecoum procumbens.* Lin.

ANDROSACE embriquée. *Diapenfia Helvetica.* Lin.

ANDROSACE carnée. *Androface carnea.* Lin. *Androface Alpina, perennis, angufifolia, glabra & multiflora.* Tournef.

ANDROSACE jaune. *Auricula urfi Alpina, gramineo folio, jafmini luteiflore.* Tournef. *Primula vitaliana.* Lin.

PRIMEVÈRE velue. *Androface villofa.* Lin. *Androface perennis, angufifolia villofa & multiflora.* Tournef.

PRIMEVÈRE découpée. *Auricula urfi foliis minimè ferratis.* Tournef. *Primula integrifolia.* Lin.

SOLDANELLE des Alpes. *Soldanella Alpina.* Lin. *Soldanella Alpina, rotundifolia.* Tournef.

MÉNIANTHE tréflé. *Menyanthes trifoliata.* Lin. *Menianthes paluftre, latifolium & triphyllum.* Tournef.

AZALIER rampant. *Azalea procumbens.* Lin. *Chamærodendros Alpina, ferpyllifolia.* Tournef.

CAMPANULE à feuilles de pêcher. *Campanula perficifolia.* Lin. *Campanula perficæ folio.* Tournef.

CAMPANULE rhomboïdale. *Campanula rhomboïdalis.* Lin.

CAMPANULE inclinée. *Campanula rapunculoïdes.* Lin. *Campanula Hortenfis, rapunculi radice.* Tournef.

RAIPONCE hémifphérique. *Phyteuma hemifpherica.* Lin. *Rapunculus gramineo folio.* Tournef.

RAIPONCE orbiculaire. *Phyteuma orbicularis.* Lin. *Rapunculus folio oblongo, fpicâ orbiculari.* Tournef.

RAIPONCE à épi. *Rapunculus fpicatus.* Tournef. *Phyteuma fpicata.* Lin.

SAMOLE aquatique. *Samolus valerandi.* Tournef. Lin.

CHEVREFEUILLE rofe. *Lonicera nigra.* Lin. *Chamæcerafus Alpina, fructu nigro gemino.* Tournef.

CHEVREFEUILLE des Alpes. *Lonicera Alpigena.* Lin. *Chamæcerafus Alpina, fructu gemino, rubro, duobus punctis notato.* Tournef.

CHEVREFEUILLE bleuâtre. *Lonicera cærulea.* Lin. *Chamæcerafus montana, fructu fingulari, cæruleo.* Tournef.

NERPRUN alaterne. *Rhamnus alaternus.* Lin. *Alaternus.* Tournef.

NERPRUN porte-chapeau. *Rhamnus paliurus.* Lin. *Paliurus.* Tournef.

GROSEILLIER des Alpes. *Ribes Alpinum.* Lin. *Groffularia vulgaris, fructu dulci.* Tournef.

GROSEILLIER rouge. *Ribes rubrum.* Lin. *Groffularia multiplici acino, five non fpinofa hortenfis rubra, five ribes officinarum.* Tournef.

GROSEILLIER épineux. *Ribes uva crispa.* Lin. *Grossularia simplici acino, vel spinosa sylvestris.* Tournef.

THÉSION linophylle. *Thesium linophyllum.* Lin. *Alchimilla linariæ folio, calyce florum albo (& subluteo).* Tournef.

PATTE-D'OIE sagittée (le bon Henri). *Chenopodium folio triangulo.* Tournef. *Chenopodium, bonus Henricus.* Lin.

PATTE-D'OIE fétide. *Chenopodium fœtidum.* Tournef. *Chenopodium vulvaria.* Lin.

GENTIANE paniculée. *Gentiana palustris, latifolia, punctata.* Tournef. *Swertia perennis.* Lin.

GENTIANE ponctuée. *Gentiana major, flore punctato.* Tournef. *Gentiana punctata.* Lin.

GENTIANE linéaire. *Gentiana angustifolia, autumnalis, major.* Tournef. *Gentiana pneumonanthe.* Lin.

GENTIANE jaune. *Gentiana lutea.* Lin. *Gentiana major, lutea.* Tournef.

GENTIANE ciliée. *Gentiana ciliata.* Lin. *Gentiana cærulea, oris pilosis.* Tournef.

GENTIANE dentée. *Gentiana bavarica.* Lin.

GENTIANE des Pyrénées. *Gentiana Pyrenaïca.* Lin. *Gentiana Pyrenaïca.* Gouan.

Gentiana verna. Lin.

PANICAUT améthysthe. *Eryngium amethystinum.* Lin. *Eryngium montanum, amethystinum.* Tournef.

PANICAUT commun. *Eryngium vulgare.* Tournef. *Eryngium campestre.* Lin.

TÉLEPHE rampant. *Thelephium dioscoridis.* Tournef. *Telephium impetrati.* Lin.

ALSINE mucronata. Lin.

LIN purgatif. *Linum catharticum.* Lin. *Linum pratense, floribus exiguis.* Tournef.

LIN de Narbonne. *Linum Narbonense.* Lin. *Linum sylvestre, cæruleum, folio acuto.* Tournef.

ROSSOLI à feuilles rondes. *Drosera rotundifolia.* Lin. *Ros solis folio subrotundo.* Tournef.

SIBBALDIE couchée. *Sibbaldia procumbens.* Lin. *Fragaria foliis ternatis, retusis, tridentatis, flore calyci æquali, pentastemone.* Hall.

BUPLÈVRE joncier. *Buplevrum junceum.* Lin. *Buplevrum involucris & involucellis pentaphyllis, foliis linearisubulatis.* Ger.

BUPLÈVRE anguleux. *Buplevrum angulosum.* Lin.

BUPLÈVRE percefeuille. *Buplevrum perfoliatum, rotundifolium, annuum.* Tournef. *Buplevrum rotundifolium.* Lin.

Buplevrum ranunculoides. Lin.

TERRE-NOIX bulbeuse. *Bunium bulbocastanum.* Lin. *Bubocastanum majus, apii folio.* Tournef.

CIGUE majeure. *Cicuta major.* Tournef. *Conium maculatum.* Lin.

TURBIT de montagne. *Athamanta libanotis.* Lin.

SELIN anguleux. *Selinum carvifolia.* Lin. *Angelica pratensis apii folio altera.* Tournef.

SELIN persillé. *Oreoselinum apii folio, minus.* Tournef. *Athamanta oreoselinum.* Lin.

LIVÊCHE capillacée. *Athamanta meum.* Lin. *Meum foliis anethi.* Tournef.

LIVÊCHE cicutaire. *Cicutaria latifolia, fœtida.* Tournef. *Ligusticum peloponnesiacum.* Lin.

LASER à feuilles larges. *Laserpitium latifolium.* Lin. *Laserpitium foliis latioribus, lobatis.* Tournef.

LASER trifurqué. *Laserpitium gallicum.* Tournef. *Laserpitium Alpinum, extremis lobulis breviter multifidis.* Hall.

LASER de montagne. *Laserpitium siler.* Lin.

BERCE verticillée. *Sison verticillatum.* Lin. *Carvi foliis tenuissimis, asphodeli radice.* Tournef.

ANGÉLIQUE à feuilles d'ache. *Angelica montana perennis, paludapii folio.* Tournef. *Ligusticum levisticum.* Lin.

ANGÉLIQUE archangélique. *Angelica archangelica.* Lin. *Angelica razulii.* Gouan.

IMPÉRATOIRE majeure. *Imperatoria major.* Tournef. *Imperatoria ostruthium.* Lin.

SESELI Pyræneum. Lin.

SESELI carvi. *Carum carvi.* Lin. *Carvi cæsalp.* Tournef.

GALANT d'hiver. *Galanthus nivalis.* Lin. *Narcisso leucoium triphyllum, minus.* Tournef.

NARCISSE de poëte. *Narcissus poeticus.* Lin. *Narcissus albus, circulo purpureo.* Tournef.

CAMPANETTE printannière. *Bulbocodium vernum.* Lin. *Colchicum vernum, hispanicum.* Tournef.

AIL plantaginé. *Allium victoralis.* Lin. *Allium montanum, latifolium, maculatum.* Tournef.

SUREAU à grappes. *Sambucus racemosa.* Lin. *Sambucus racemosa, rubra.* Tournef.

AIL verdâtre. *Allium oleraceum.* Lin. *Cepa bicornis, tenuifolia, flore obsoleto.* Tournef.

AIL anguleux. *Allium angulosum.* Lin. *Allium montanum, foliis narcissi, minus.* Tournef.

AIL ciboule. *Allium schænoprasum.* Lin. *Cepa sterilis, juncifolia, perennis.* Tournef.

UVULAIRE amplexicaule. *Uvularia amplexifolia.* Lin. *Polygonatum latifolium, quartum, ramosum.* Clusf.

DENT-DE-CHIEN mouchetée. *Erythronium dens canis.* Lin.

ORNITHOGALE jaune. *Ornithogalum luteum.* Lin. *Ornithogalum luteum, minus.* Tournef.

ORNITHOGALE ombellé. *Ornithogalum umbellatum.* Lin. *Ornithogalum umbellatum, medium, angustifolium.* Tournef.

ORNITHOGALE jauniſſant. *Ornithogalum angustifolium majus, floribus ex albo virescentibus.* Tournef. *Ornithogalum Pyrænaicum.* Lin.

ORNITHOGALE graminé. *Phalangium parvo flore, non ramosum.* Tournef. *Anthericum liliago.* Lin.

ORNITHOGALE liliforme. *Anthericum liliastrum.* Lin. *Liliastrum alpinum, minus.* Tournef.

Anthericum ossifragum. Lin.

ASPHODÈLE rameux. *Asphodelus ramosus.* Lin.

MUGUET de Mai. *Convallaria majalis.* Lin. *Lilium convallium album.* Tournef.

MUGUET verticillé. *Convallaria verticillata.* Lin. *Polygonatum angustifolium, non ramosum.* Tournef.

MUGUET anguleux. (ſceau de Salomon). *Convallaria polygonatum.* Lin. *Polygonatum latifolium, vulgare.* Tournef.

JONC des crapauds. *Juncus bufonius.* Lin.

JONC champêtre. *Juncus campestris.* Lin. *Juncus villosus, capitulis psyllii.* Tournef.

PATIENCE des Alpes. *Rumex Alpinus.* Lin. *Lapathum folio rotundo Alpinum.* Tournef.

TROSCART des marais. *Triglochin palustre.* Lin. *Juncago palustris & vulgaris.* Tournef.

COLCHIQUE d'automne. *Colchicum autumnale.* Lin. *Colchicum commune.* Tournef.

EPILOBE à feuilles étroites. *Epilobium angustifolium.* Lin. *Chamænerion angustifolium, Apinum, flore purpureo.* Tournef.

Epilobium latifolium. Lin.

EPILOBE tétragone. *Epilobium tetragonum.* Lin.

AIRELLE ponctuée. *Vaccinium vitis Idæa.* Lin. *Vitis Idæa foliis subrotundis, non crenatis, baccis rubris.* Tournef.

RENOUÉE biſtorte. *Polygonum bistorta.* Lin.

RENOUÉE vivipare. *Polygonum vivipare.* Lin.

Polygonum divaricatum. Lin.

PARISETTE à quatre feuilles. *Paris quadrifolia.* Lin.

ADOXE moſcatelline. *Adoxa moschatellina.* Lin. *Moschatellina foliis fumariæ bulbosæ.* Tournef.

ÉLATINE verticillée *Elatine alsinastrum.* Lin.

PYROLE majeure. *Pyrola rotundifolia, major.* Tournef. *Pyrola rotundifolia.* Lin.

PYROLE unilatérale. *Pyrola secunda.* Lin. *Pyrola folio mucronato, serrato.* Tournef.

PYROLE uniflore. *Pyrola uniflora.* Lin. *Pyrola rotundifolia, minor.* Tournef.

SAXIFRAGA mutata. Lin.

SAXIFRAGE androſace. *Saxifraga androsacea.* Lin. *Saxifraga foliis ellipticis & tridentatis, hirsutis, caule paucifloro.* Hall.

Saxifraga burseriana. Lin.

SAXIFRAGE.

SAXIFRAGE cunéiforme. *Saxifraga cuneifolia.* Lin. *Geum folio subrotundo, minimo.* Tournef.

GYPSOPHILA repens. Lin.

PRUNIER à grappes. *Cerasus ramosa, sylvestris, fructu non eduli.* Tournef. *Prunus padus.* Lin.

SPIRÉE barbe de chèvre. *Spiræa aruncus.* Lin. *Barba capræ, floribus oblongis.* Tournef.

CHENETTE à huit pétales. *Dryas octopetala.* Lin. *Caryophillata alpina, chamædrios folio.* Tournef.

BENOITE de montagne. *Geum montanum.* Lin. *Caryophillata alpina, lutea.* Tournef.

ARGENTINE rouge. *Pentaphylloïdes palustre rubrum.* Tournef. *Comarum palustre.* Lin.

ACTÉE à épi. *Actæa spicata.* Lin. *Christophoriana vulgaris, nostras, racemosa & ramosa.* Tournef.

PAVOT des Alpes. *Papaver Alpinum.* Lin. *Papaver Alpinum, saxatile, coriandri foliis.* Tournef.

DAUPHIN élevé. *Delphinium elatum.* Lin. *Delphinium perenne, montanum, villosum, aconiti folio.* Tournef.

ACONIT salutifère. *Aconitum anthora.* Lin. *Aconitum salutiferum seu anthora.* Tournef.

ACONIT napel. *Aconitum napellus.* Lin. *Aconitum cæruleum, seu napellus.* Tournef.

Aconitum Pyrenaïcum. Lin.

ANÉMONE des Alpes. *Anemone Alpina.* Lin. *Pulsatilla flore albo.* Tournef.

ANÉMONE pulsatille. *Anemone pulsatilla.* Lin. *Pulsatilla folio crassiore & majore flore.* Tournef.

ANÉMONE ombellée. *Anemone Narcissi flora.* Lin.

THALICTRUM Alpinum. Lin.

ADONIS apennina. Lin.

RENONCULE à feuilles de parnasse. *Ranunculus parnassifolius.* Lin. *Ranunculus montanus, graminis parnassifolio.* Tournef.

RENONCULE venimeuse. *Ranunculus thora.* Lin.

RENONCULE à feuilles d'aconit. *Ranunculus aconitifolius.* Lin.

Ranunculus grandiflorus. Lin.

TROLLE globuleux. *Trollius Europæus.* Lin. *Helleborus niger, ranunculi folio, flore globoso, majore.* Tournef.

TOQUE des Alpes. *Scutellaria Alpina.* Lin. *Cassida Alpina, supina, magno flore.* Tournef.

PÉDICULAIRE chevelue. *Pedicularis comosa.* Lin. *Pedicularis Alpina, filicis folio major.* Tournef.

PÉDICULAIRE verticillée. *Pedicularis verticillata.* Lin. *Pedicularis Alpina altera, asphodeli radice.* Tournef.

DRABA Alpina. Lin.

ERYSIMUM barbarea. Lin.

T t

IBÉRIDE rampante. *Thlaspi alpinum, folio rotundiore, carnoso, flore purpurascente.* Tournef. *Iberis rotundifolia.* Lin.

IBÉRIDE de roche. *Iberis saxatilis.* Lin. *Thlaspi saxatile, vermiculato folio.* Tournef.

IBÉRIDE amère. *Iberis amara.* Lin. *Thlaspi umbellatum arvense amarum.* Tournef.

CARDAMINE bellidifolia. Lin.

CARDAMINE resedifolia. Lin.

BRASSICA erucastrum. Lin.

BEC-DE-GRUE noueux. *Geranium nodosum.* Lin. *Geranium nodosum.* Tournef.

BEC-DE-GRUE des rochers. *Geranium petreum.* Gouan.

MAUVE musquée. *Malva moschata.* Lin. *Alcea folio rotundo, laciniato.* Tournef.

FUMETERRE bulbeuse. *Fumaria bulbosa.* Lin.

ANONIS à feuilles rondes. *Anonis rotundifolia.* Lin. *Anonis purpurea, perennis, foliis latioribus, rotundioribus, profundè serratis.* Tournef.

ASTRAGALE des Alpes. *Astragalus Alpinus.* Lin. *Astragalus Alpinus, foliis viciæ ramosus & procumbens, flore glomerato, oblongo, cæruleo.* Tournef.

SCORZONERA graminifolia. Lin.

SONCHUS plumieri. Lin.

LAITRON des Alpes. *Sonchus Alpinus.*

CENDRIETTE cacaliforme. *Cineraria sibirica.* Lin. *Jacobæa orientalis cacaliæ folio.* Tournef.

JACÉE aîlée. *Cyanus montanus, latifolius, S. Verbasculum cyanoïdes.* Tournef. *Centaurea montana.* Lin.

BOULETTE pauciflore. *Echinopus minor.* Tournef. *Echinopus ritro.* Lin.

SAULE réticulée. *Salix reticulata.* Lin. *Salix pumila folio rotundo.* Tournef.

LYCOPODE épais. *Muscus squamosus, abietiformis.* Tournef. *Lycopodium selago.* Lin.

FIN.

E R R A T A.

E_{XTRAIT} *des Regiftres de l'Académie Royale des Sciences, du premier Avril 1778.*

$M_{ESSIEURS}$ D'ARCI, LAVOISIER & DESMAREST ayant rendu compte à l'Académie d'un Ouvrage de M. l'A. P***, intitulé : *Effai fur la Minéralogie des Monts-Pyrénées ;* l'Académie a jugé cet Ouvrage digne de paroître fous fon privilège : en foi de quoi j'ai figné le préfent certificat. A Paris, ce 28 Mars 1781.

Le Marquis DE CONDORCET.

De l'Imprimerie de STOUPE, rue de la Harpe, 1784.

Carte Ire

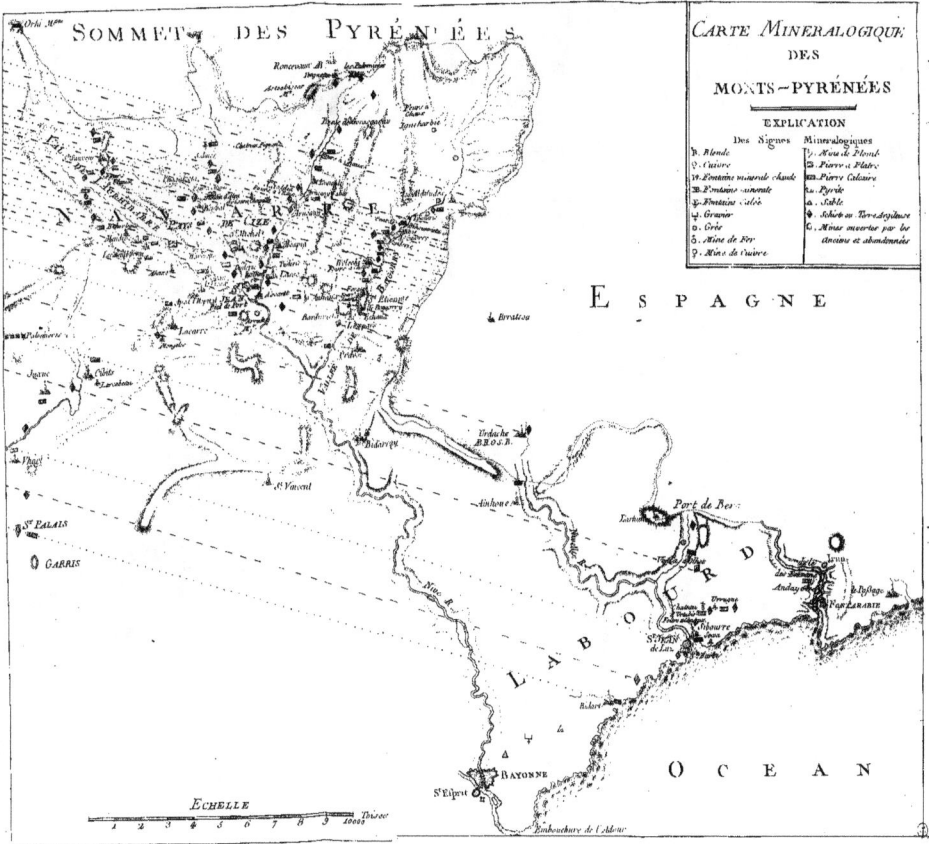

SOMMET DES PYRÉNÉES

CARTE MINERALOGIQUE

DES

MONTS-PYRÉNÉES

EXPLICATION

Des Signes Mineralogiques

ESPAGNE

LABOURD

OCEAN

ECHELLE

Embouchure de l'Adour

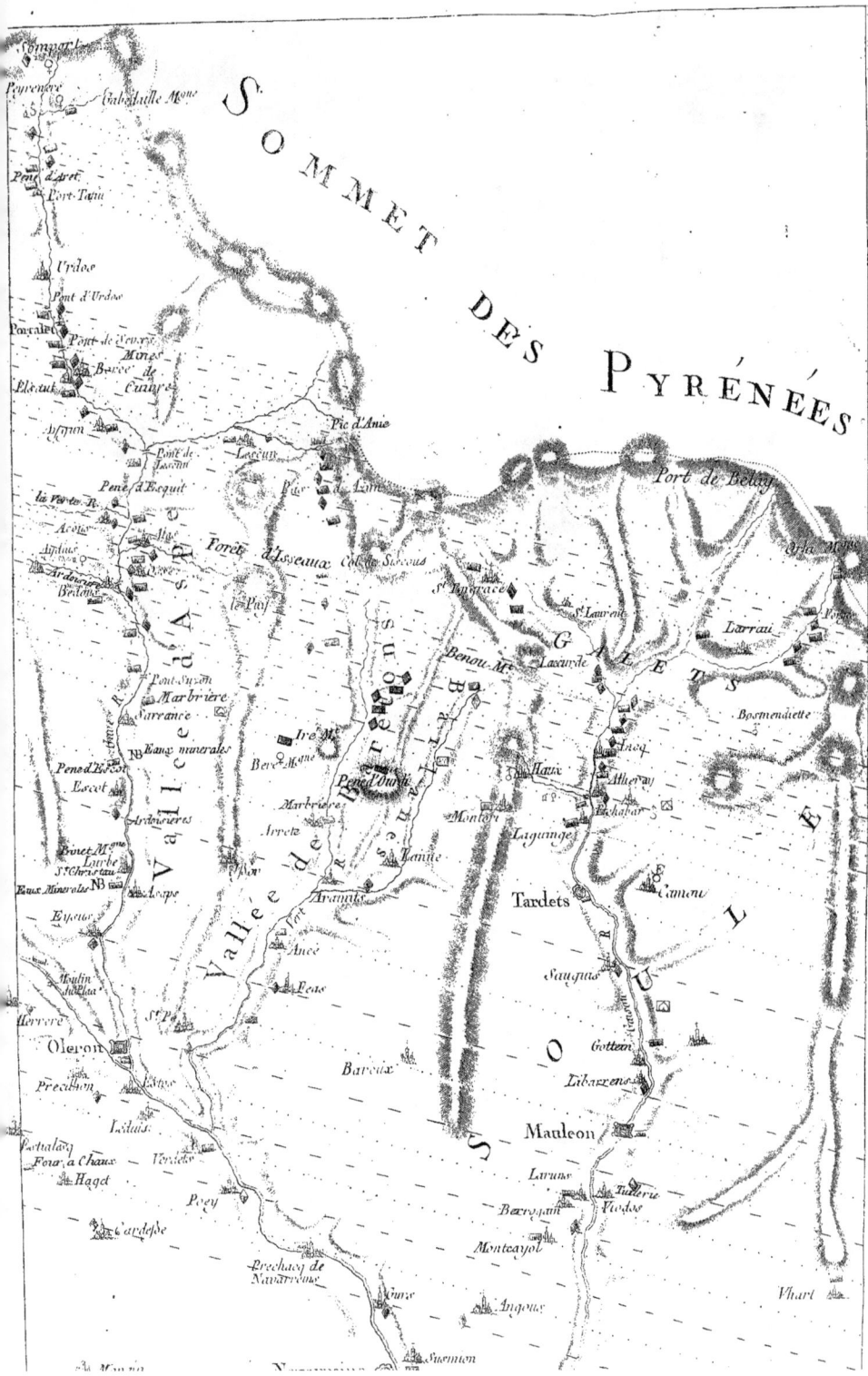

SOMMET DES PYRÉNÉES

Tombarle
Peyrenere
Gabedaille Mgne
Pene d'Aret
Port-Tann
Urdoe
Pont d'Urdoe
Pourale
Pont de Seuxe
Mines
Barce de Cuivre
Elestuk
Assqun
Pont de Jasqun
Lascurr
Pene d'Esquit
la Verte R.
Acoue
Aydius
Ardouers
Ardouere Bretous
le Pay
Pont-Suson
Marbrière
Sarrance
Eaux minerales
Pene d'Escot
Escot
Ardouriere
Binet Mgne
Lourbe
St Christau
Eaux Minerale N°3
Lourp
Espeur
Moulin du Plaa
Herrere
St P.
Oleron
Precilhon
Leduix
Estalacq
Four a Chaux
Haget
Verdets
Poey
Cardesse

Pic d'Anie
Lascuur
Pic d'Ane
Pic d'Anie
Forêt d'Isseaux
Col de Saucous
St Ingrace
St Laurent
Port de Belay
Orla Mgne
Larrau
Ponu

Ire Mgne
Bere Mgne
Marbrière
Arrete
Pene d'Ourdu
Lanne
Port Aramits
Ancé
Feas
Bareux

Benou-Mgne
Lacurde
GALETS
Licq
Alheray
Etchabar
Montori
Laguinge
Bosmendiette
Camou
Tardets
Saugus

SOULE
Gottein
Libarrens
Mauleon
Laruns
Berroquain
Viodos
Tuilerie
Montcayol
Prechacq de Navarrenx
Vhart
Angous
Suemion

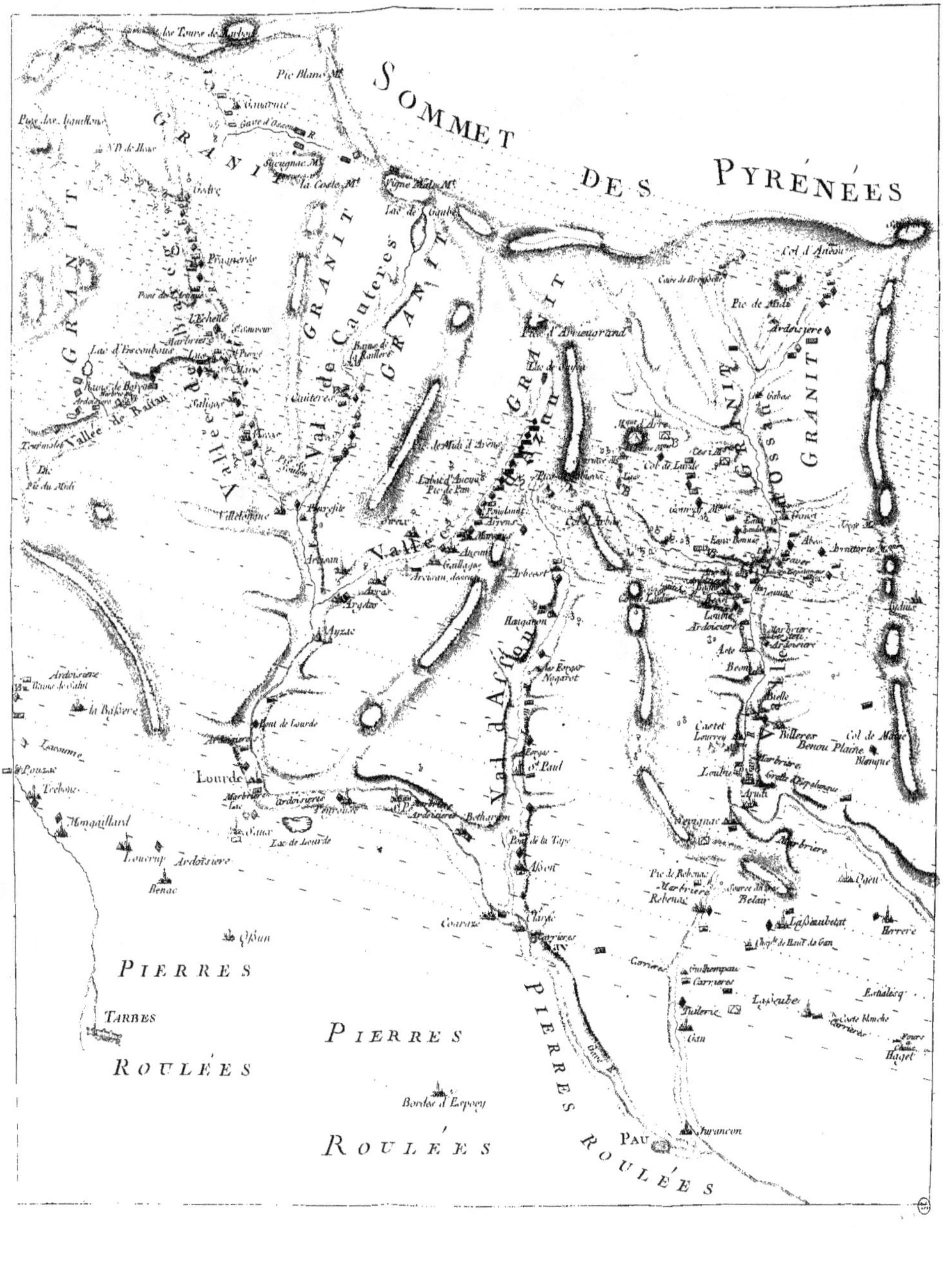

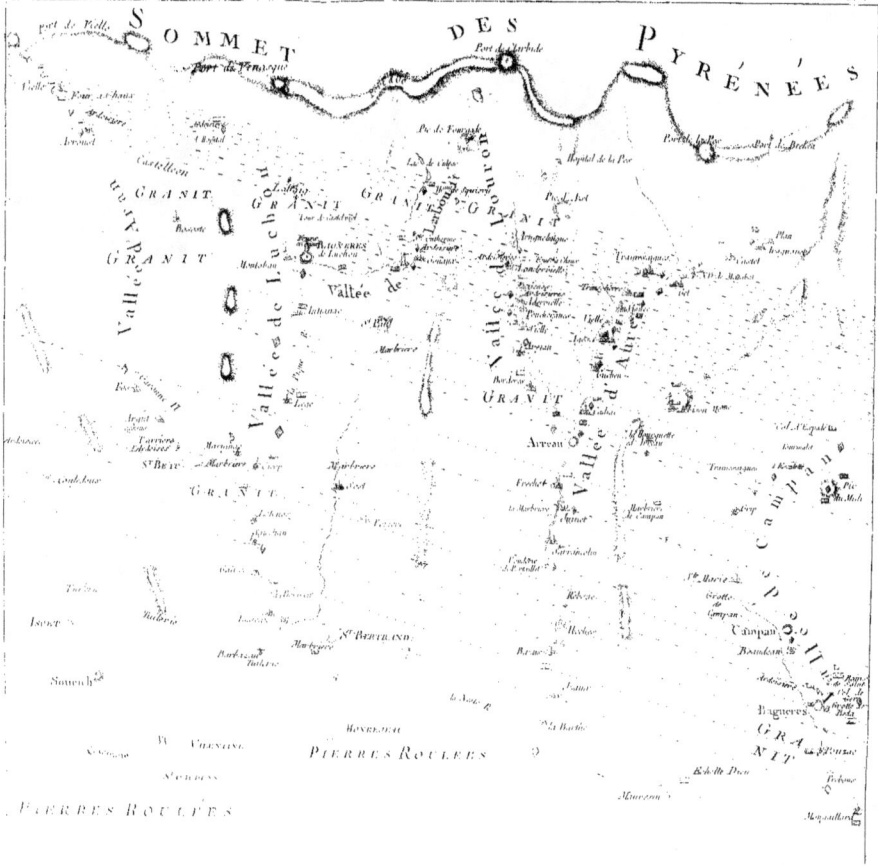

Partie des Montagnes qui dominent les Vallées de Campan, d'Aure, de Larbouti de Luchon et d'Aran.

Carte IV.me

SOMMET DES PYRÉNÉES

PIERRES ROULÉES

PIERRES ROULÉES

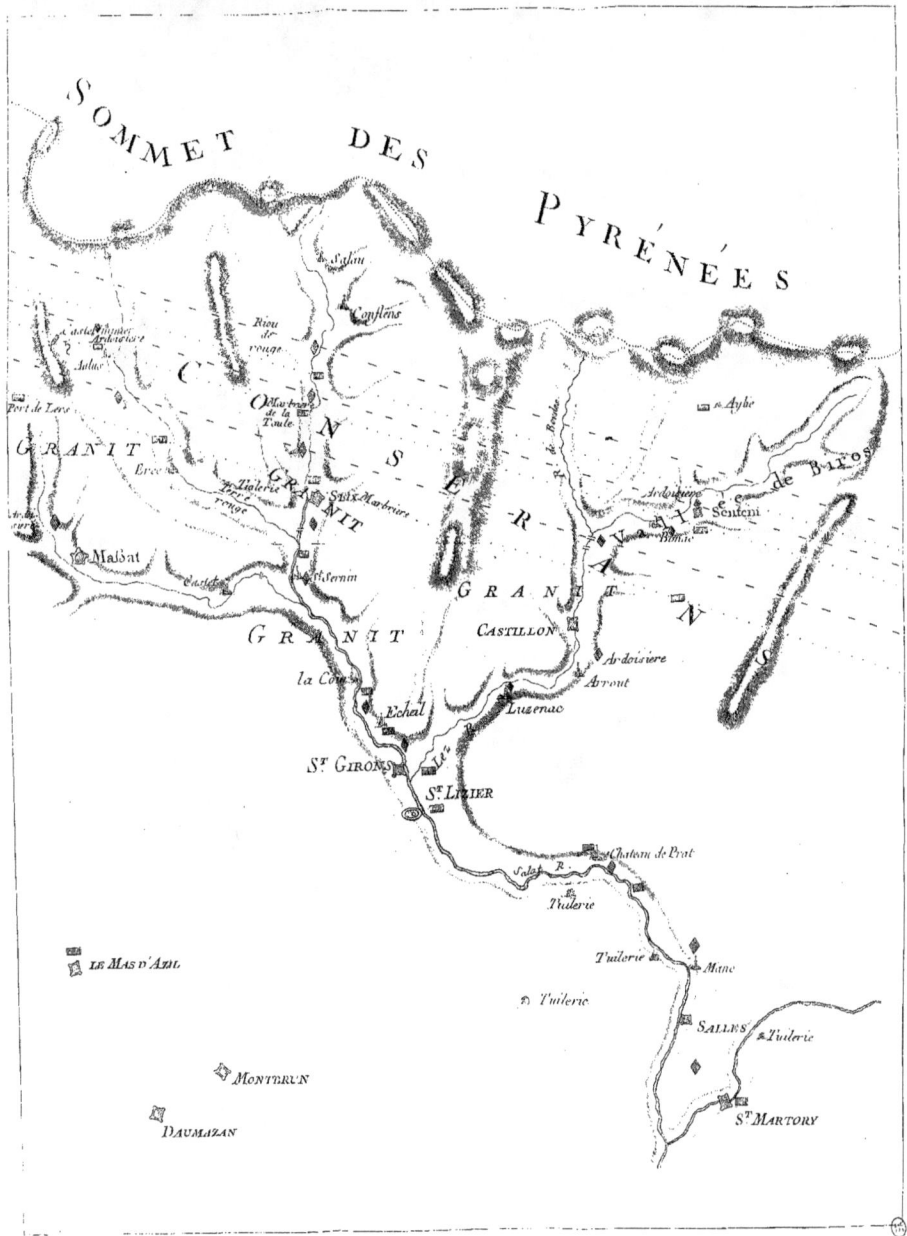

SOMMET DES PYRÉNÉES

CONSERANS

GRANIT

GRANIT

GRANIT

GRANIT

Castel Baume
Ardoueise
Aulus
Port de Lers

Riou
de
rouge

Conflens
le Salan

Aybe

Ardoueise
Senteni
Biart

Ct de Biros

Tuilerie
rouge

Six Marbriers
Ercoat

Maldat
Castel

St Sernin

la Cou

Echal

St GIRON
St LIZIER

CASTILLON
Ardoueise
Arrout
Luzenac

Chateau de Prat

Tuilerie

Tuilerie
Mane

Tuilerie

SALLES Tuilerie

St MARTORY

LE MAS D'AZIL

MONTBRUN

DAUMAZAN

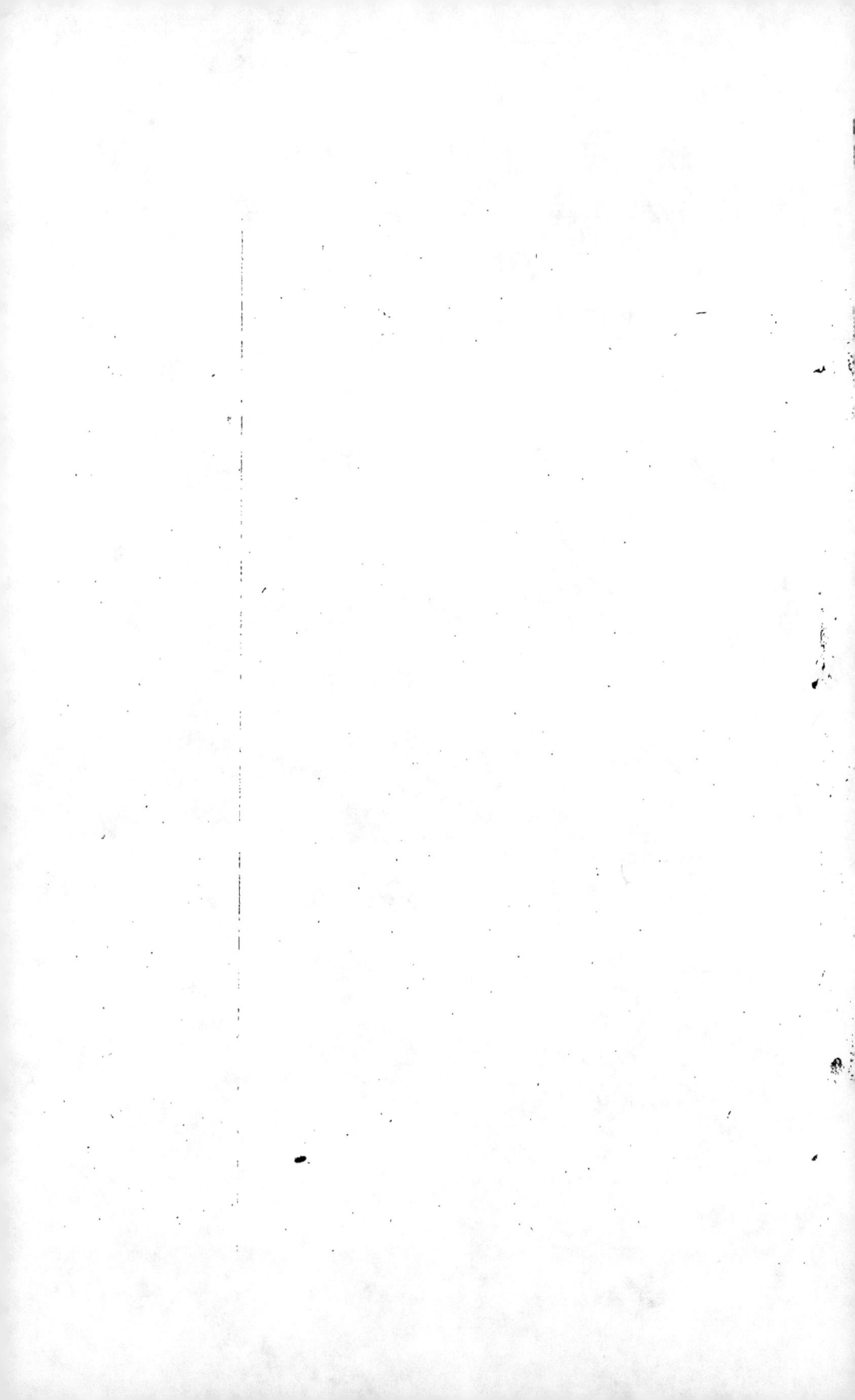

Partie des Montagnes du Comté de Foix et du Caplir.

SOMMET DES PYRÉNÉES

MONTLOUIS

GRANIT

CAPSIR

GRANIT

l'Hospitalet

Eaux mineralles Ardouisse

Puyvalador

Querygut

Chap d'Olon Rouze

Port de Paillers

Ax

Assou

Ardoisiere

Arieze R.

Chap de Lordat

COMTE DE GRANIT

GRANIT

GRANIT

Vicdessos

Levenat

TARASCON

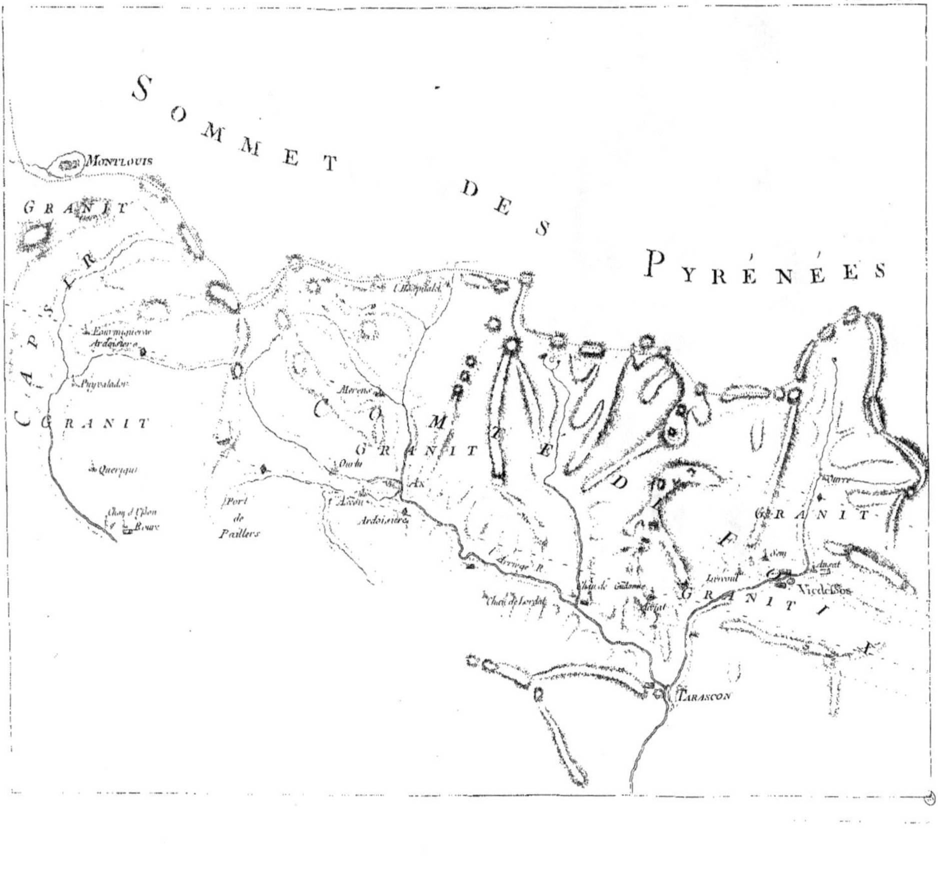

PYRÉNÉES

SOMMET

MER MÉDITERRANÉE

ROUSSILLON

PIERRES ROULÉES

PIERRES ROULÉES

PIERRES ROULÉES

GRANIT

GRANIT

GRANIT

GRANIT

GRANIT

GRANIT

GRANIT

GRANIT

CONFLENT

CAPSIR

VAL SPIR

PERPIGNAN